"十四五"职业教育国家规划教材

"十二五"职业教育国家规划教材
经全国职业教育教材审定委员会审定

"十四五"职业教育河南省规划教材

建筑装饰工程预算与清单报价

第3版

主　编　翟丽旻　韩　雪

副主编　姚　兰　魏国安

参　编　李月娟　樊志强　张小帅

主　审　徐云博

机械工业出版社

本书是"十二五"职业教育国家规划教材的修订版，编者根据《关于组织开展"十三五"职业教育国家规划教材建设工作的通知》及教育部新颁布的《高等职业学校专业教学标准》，在第2版基础上进行了修订。

全书共分八章，主要内容有绪论、工程建设定额、房屋建筑与装饰工程消耗量定额、建筑装饰工程费用、建筑装饰工程施工图预算的编制、建筑装饰工程量计算、建筑装饰工程工程量清单计价和建筑装饰工程结算与招标投标报价。正文后共有三个附录，分别为竣工结算送审报告编制案例、竣工结算审核报告编制案例和建筑装饰工程招标控制价编制案例。本书重点讲述了建筑装饰工程费用组成、建筑装饰工程计价程序、建筑装饰工程工程量的计算方法、工料分析及差价的调整、工程量清单计价的应用、建筑装饰工程招标投标文件的编制、建筑装饰工程结算的编制及审核。

本书可作为高等职业院校工程造价、建筑装饰专业的教材，还可供相关专业人员作为岗位培训教材使用。

为方便教学，本书除在书中增加了二维码微课教学视频，还配套有电子课件，选择本书作为教材的教师可登录 www.cmpedu.com 以教师身份免费注册、下载。编辑咨询电话：010-88379373。

图书在版编目（CIP）数据

建筑装饰工程预算与清单报价/翟丽旻，韩雪主编. —3版. —北京：机械工业出版社，2020.10（2025.1重印）

"十二五"职业教育国家规划教材：修订版

ISBN 978-7-111-66644-8

Ⅰ.①建… Ⅱ.①翟… ②韩… Ⅲ.①建筑装饰–建筑概算定额–高等职业教育–教材②建筑装饰–建筑造价管理–高等职业教育–教材 Ⅳ.①TU723.3

中国版本图书馆 CIP 数据核字（2020）第 184215 号

机械工业出版社（北京市百万庄大街 22 号　邮政编码 100037）
策划编辑：王莹莹　责任编辑：王莹莹
责任校对：王　欣　封面设计：马精明
责任印制：常天培
北京铭成印刷有限公司印刷
2025 年 1 月第 3 版第 9 次印刷
184mm×260mm · 16.5 印张 · 402 千字
标准书号：ISBN 978-7-111-66644-8
定价：45.00 元

电话服务　　　　　　　　　　网络服务
客服电话：010-88361066　　　机 工 官 网：www.cmpbook.com
　　　　　010-88379833　　　机 工 官 博：weibo.com/cmp1952
　　　　　010-68326294　　　金 书 网：www.golden-book.com
封底无防伪标均为盗版　　机工教育服务网：www.cmpedu.com

关于"十四五"职业教育
国家规划教材的出版说明

为贯彻落实《中共中央关于认真学习宣传贯彻党的二十大精神的决定》《习近平新时代中国特色社会主义思想进课程教材指南》《职业院校教材管理办法》等文件精神，机械工业出版社与教材编写团队一道，认真执行思政内容进教材、进课堂、进头脑要求，尊重教育规律，遵循学科特点，对教材内容进行了更新，着力落实以下要求：

1. 提升教材铸魂育人功能，培育、践行社会主义核心价值观，教育引导学生树立共产主义远大理想和中国特色社会主义共同理想，坚定"四个自信"，厚植爱国主义情怀，把爱国情、强国志、报国行自觉融入建设社会主义现代化强国、实现中华民族伟大复兴的奋斗之中。同时，弘扬中华优秀传统文化，深入开展宪法法治教育。

2. 注重科学思维方法训练和科学伦理教育，培养学生探索未知、追求真理、勇攀科学高峰的责任感和使命感；强化学生工程伦理教育，培养学生精益求精的大国工匠精神，激发学生科技报国的家国情怀和使命担当。加快构建中国特色哲学社会科学学科体系、学术体系、话语体系。帮助学生了解相关专业和行业领域的国家战略、法律法规和相关政策，引导学生深入社会实践、关注现实问题，培育学生经世济民、诚信服务、德法兼修的职业素养。

3. 教育引导学生深刻理解并自觉实践各行业的职业精神、职业规范，增强职业责任感，培养遵纪守法、爱岗敬业、无私奉献、诚实守信、公道办事、开拓创新的职业品格和行为习惯。

在此基础上，及时更新教材知识内容，体现产业发展的新技术、新工艺、新规范、新标准。加强教材数字化建设，丰富配套资源，形成可听、可视、可练、可互动的融媒体教材。

教材建设需要各方的共同努力，也欢迎相关教材使用院校的师生及时反馈意见和建议，我们将认真组织力量进行研究，在后续重印及再版时吸纳改进，不断推动高质量教材出版。

机械工业出版社

前　言

　　本书是"十二五"职业教育国家规划教材的修订版，编者根据《关于组织开展"十三五"职业教育国家规划教材建设工作的通知》及教育部新颁布的《高等职业学校专业教学标准》，在第2版基础上进行了修订。

　　编者在充分考虑前两版使用反馈意见的基础上，着重在以下方面进行了修订：

　　1. 采用现行国家标准《建设工程工程量清单计价规范》（GB 50500—2013）、《房屋建筑与装饰工程工程量计算规范》（GB 50854—2013）、《建筑工程建筑面积计算规范》（GB/T 50353—2013）和《房屋建筑与装饰工程消耗量定额》（TY01—31—2015），并根据国家有关营改增的规定对税金相关部分内容进行了更新。

　　2. 顺应"互联网+职业教育"发展需求，在书中设计有本章导入、学习目标、本节导学、知识链接等栏目，对接教育部最新的专业教学标准，全面培养学生的职业素养和专业能力，并且通过二维码的形式增加了微课教学内容，方便教师课上教学和学生课下学习。微课当中通过视频、动画等形式的展示使教学内容更直观、易学。

　　3. 本书定位于"以就业为导向"，通过对学生就业方向及工作内容的调查研究显示，工程造价及建筑装饰工程专业的毕业生较大比例会入职施工企业，出于精准对接学生毕业后的就业方向和工作内容，以及顺应全过程工程造价咨询的发展的双重目的，本书在原有基础上增加了建筑装饰工程结算部分的内容。

　　4. 本书编写思路清晰，体例结构安排合理，遵循技术技能人才成长规律，知识传授与技术技能培养并重，强化学生职业素养养成和专业技术积累，将专业精神、职业精神和工匠精神融入书中。同时，本书也遵循教育部对高职高专教育提出的"以应用为目的、以必需、够用为度"原则，从实际应用的需要出发，减少枯燥、实用性不强的理论灌输。

　　5. 本书案例丰富，便于实践教学和自学，既有针对知识点的小案例，也有综合案例。本次修订在原有基础上新增了竣工结算送审报告、竣工结算审核报告、建筑装饰工程招标控制价三个编制案例，而且新增案例均为工程造价咨询公司提供的实际工程案例。

　　此外我们遵循校企"双元"合作开发教材的原则，在全国范围遴选了具有丰富实践经验、具有较高专业水平的企业技术人员参与编写。

　　根据教学大纲要求，本书的参考学时数为64学时，各章的学时分配见下表。

章　　次	课程内容	合计	课 时 分 配	
			理论教学	实践练习
第1章	绪论	2	2	
第2章	工程建设定额	4	4	

（续）

章　次	课程内容	合计	课时分配	
			理论教学	实践练习
第3章	房屋建筑与装饰工程消耗量定额	6	4	2
第4章	建筑装饰工程费用	4	4	
第5章	建筑装饰工程施工图预算的编制	6	4	2
第6章	建筑装饰工程量计算	28	16	12
第7章	建筑装饰工程工程量清单计价	6	4	2
第8章	建筑装饰工程结算与招标投标报价	8	4	4
	合计	64	42	22

　　本书由河南建筑职业技术学院翟丽旻、韩雪担任主编，河南建筑职业技术学院姚兰、魏国安担任副主编。具体编写人员分工如下：韩雪编写第1、2、3章；魏国安编写第4、8章；河南省交通规划勘察设计院高级工程师樊志强编写第5章；姚兰编写第6章；河南建筑职业技术学院李月娟编写第7章。本书附录部分的案例由大成工程咨询有限公司造价中心副总经理张小帅提供，全书由翟丽旻统稿，河南工程学院土木工程学院徐云博教授担任主审。

　　由于编者水平有限，书中难免有不足之处，恳请广大读者批评指正。

二维码索引

名　称	图　形	页码	名　称	图　形	页码
建设项目的划分		4	阳台建筑面积的计算		96
劳动消耗定额		21	幕墙建筑面积计算		96
材料费的确定		41	外墙外保温层建筑面积的计算		97
块料用量换算		50	整体和块料楼地面		104
按照造价形成划分的建筑装饰工程费		63	楼梯与台阶		104
工料分析的方法		77	墙柱面工程		108
场馆看台、地下室、坡道建筑面积的计算		87	顶棚工程		114
飘窗的建筑面积计算		92	门窗工程		119
室外楼梯建筑面积的计算		96	措施项目		137

（续）

名 称	图 形	页码	名 称	图 形	页码
工程量清单计价和定额计价模式的区别		141	工程预付款		182
工程量清单的组成		145	工程量清单与招标投标		197
建筑装饰工程量清单计价的应用		167	建筑装饰工程报价技巧		207

目 录

前言

二维码索引

第1章 绪论 ··· 1

  1.1 基本建设项目建设程序和划分 ··· 1

  1.2 建筑装饰工程造价概述 ·· 6

  本章回顾 ·· 14

第2章 工程建设定额 ··· 15

  2.1 工程定额概念与分类 ·· 15

  2.2 基础定额 ·· 21

  2.3 企业定额 ·· 28

  本章回顾 ·· 32

第3章 房屋建筑与装饰工程消耗量定额 ···································· 33

  3.1 消耗量定额概述 ·· 33

  3.2 定额消耗量指标的确定 ··· 36

  3.3 定额单价指标的确定 ·· 39

  3.4 房屋建筑与装饰工程消耗量定额应用 ··································· 47

  本章回顾 ·· 54

第4章 建筑装饰工程费用 ··· 56

  4.1 建筑装饰工程费用的构成 ·· 56

  4.2 建筑装饰工程费用的计算方法 ·· 65

  本章回顾 ·· 68

第5章 建筑装饰工程施工图预算的编制 ···································· 69

  5.1 建筑装饰工程施工图预算概述 ·· 69

  5.2 工料分析及差价调整 ·· 77

  本章回顾 ·· 80

第6章 建筑装饰工程量计算 ··· 81

  6.1 概述 ·· 81

  6.2 建筑面积计算 ·· 84

  6.3 楼地面装饰工程 ··· 102

6.4　墙柱面装饰与隔断、幕墙工程 ···································· 108

6.5　顶棚工程 ··· 114

6.6　门窗工程 ··· 119

6.7　油漆、涂料、裱糊工程 ··· 125

6.8　其他装饰工程 ··· 131

6.9　措施项目 ··· 135

本章回顾 ··· 139

第7章　建筑装饰工程工程量清单计价 ······························· 140

7.1　概述 ·· 140

7.2　建筑装饰工程量清单的组成 ······································· 145

7.3　建筑装饰工程量清单计价表格与计价方法 ······················ 151

7.4　建筑装饰装修工程量清单报价编制实例 ·························· 172

本章回顾 ··· 177

第8章　建筑装饰工程结算与招标投标报价 ··························· 178

8.1　建筑装饰工程结算概述 ··· 178

8.2　建筑装饰工程预（结）算审查 ····································· 191

8.3　建筑装饰工程招标投标 ··· 194

8.4　建筑装饰工程报价的编制 ·· 204

本章回顾 ··· 209

附录 ·· 211

附录A　竣工结算送审报告编制案例 ·································· 211

附录B　竣工结算审核报告编制案例 ·································· 224

附录C　建筑装饰工程招标控制价编制案例 ·························· 238

参考文献 ··· 252

第 1 章

绪论

建筑装饰工程预算，是指在工程建设过程中，根据不同的设计阶段、设计文件的具体内容和国家或地区规定的定额指标以及各种取费标准，预先计算和确定每项新建、扩建、改建工程中的装饰工程所需全部投资额的活动。它是装饰工程在基本建设过程不同阶段经济上的反映，是按照国家规定的特殊计价程序，预先计算和确定装饰工程价格的文件。

通过本章的学习，我们要：了解建筑装饰工程预算的概念，熟悉并掌握基本建设程序，熟悉建设项目的组成部分，熟悉工程造价的分类、掌握各种计价方式之间的相互关系，了解建筑装饰工程的计价模式。

1.1 基本建设项目建设程序和划分

学习目标

1. 熟悉建设项目的划分。
2. 掌握基本建设程序。
3. 结合建设项目分解示意图，了解建设项目各阶段之间的内在联系。

本节导学

基本建设就是形成固定资产的经济活动过程。固定资产是指在社会再生产过程中，可供生产或生活较长时间使用，在使用过程中基本保持原有实物形态的劳动资料和其他物质资料，如建筑物、构筑物、电气设备等。基本建设项目是指在一个场地或几个场地上，按照独立的总体设计兴建的一项独立工程，或若干个互相有内在联系的工程项目的总体，简称建设项目，如工业建设的一个联合企业，文教卫生建设的独立学校、影剧院。

为了便于管理和核算，凡列为固定资产的劳动资料，一般应同时具备以下两个条件：

1）使用期限在一年以上。

2）单位价值在规定的限额以上。

不同时具备上述两个条件的应列为低值易耗品。

1.1.1 建设项目的基本建设程序

基本建设程序是指工程项目从策划、评估、决策、设计、施工到竣工验收、投入生产或交付使用的整个建设过程中，各个工作必须遵循的先后次序。基本建设程序是工程建设过程客观规律的反映，是建设工程项目科学决策和顺利进行的重要保证。

1. 项目建议书阶段

项目建议书是投资者向国家提出建设某一项目的建议性文件，它使拟建项目得到初步设想。主要内容包括建设项目提出的必要性和依据、产品的方案、拟建规模和建设地点的初步设想、资源情况、建设条件、投资估算和资金筹措设想、经济效果和社会效益等。项目建议书是国家选择建设项目和有计划地进行可行性研究的依据。

2. 可行性研究阶段

可行性研究是指在项目建议书的基础上，通过调查、研究、分析与项目有关的社会、技术、经济方面的条件和情况，对各种方案进行分析、比较、优化，对项目建成后的经济效益和社会效益进行预测、评价的一种投资决策分析研究方法和科学分析活动，其目的是保证实现建设项目的最佳经济和社会效益。

按建设项目的隶属关系，根据国家发展国民经济的长远规划和市场需求，项目建议书由国家有关主管部门、地区或业主提出，经国家有关管理部门评选后，进行可行性研究。可行性研究由建设单位或委托单位进行，经国家有关部门批准立项后，须向当地建设行政主管部门或其授权机构进行报建。

可行性研究的内容随行业不同有所差别，但基本内容是相同的。可行性研究一般包括建设项目的背景和历史，市场需求情况和建设规模，资源及主要协作条件，建厂条件和厂址方案，设计方案及其比较，对环境影响和保护，项目实施计划、进度要求、财务和经济评价等。

3. 编制设计任务书

设计任务书是确定项目建设方案的基本文件，是编制设计文件的主要依据，是在可行性研究基础上进行编制的。

设计任务书的内容，随着建设项目不同而有所差别。大中型工业项目一般应包括以下几个方面：

1）建设的目的和依据。

2）建设规模、产品方案及生产工艺要求。

3）矿产资源、水文、地质、燃料、动力、供水、运输等协作配套条件。

4）资源综合利用和"三废"治理的要求。

5）建设地点和占地面积。

6）建设工期和投资估算。

7）防空、抗震等要求。

8）人员编制和劳动力资源。

9）经济效益和技术水平。

非大中型工业建设项目设计任务书的内容，各地区可根据上述基本要求，结合各类建设项目的特点，加以补充和删改。

4. 选择建设地点

建设地点应根据区域规划和设计任务书的要求来选择。建设地点选择是落实、确定建设项目具体坐落位置的重要工作，是建设项目设计的前提。

建设地点的选择主要考虑下面几个因素：

1）原料、燃料、水源、劳动力等技术经济条件。

2）地形、工程地质、水文地质、气候等自然条件。

3）交通、动力、矿产等外部建设条件。

4）职工生活条件，"三废"治理等。

5. 编制设计文件

建设项目设计任务书和选址报告批准后，建设单位应委托设计单位，按设计任务书的要求，编制设计文件。设计文件是组织工程施工的主要依据。对于一般的大中型项目，一般采用两个阶段设计，即初步设计和施工图设计；对于技术上复杂且缺少设计经验的项目，应增加技术设计阶段，即进行三阶段设计。

初步设计的目的是确定建设项目在确定地点和规定期限内进行建设的可能性和合理性，从技术上和经济上对建设项目做出全面规划和合理安排，做出基本技术决定和确定总的建设费用，以便取得最好的经济效益。

技术设计是为了研究和解决初步设计所采用的工艺过程、建筑与结构形式等方面的主要技术问题，补充完善初步设计。

施工图设计是在批准的初步设计基础上制定的，比初步设计更具体、准确，其成果包括进行建筑安装工程、管道工程、钢筋混凝土和金属结构工程、房屋构造、构筑物等施工所采用的图样，是现场施工的依据。

6. 列入年度计划

根据批准的总概算和建设工期，合理安排建设项目的分年度实施计划。年度计划安排的建设内容，要和能取得的投资、材料、设备和劳动力相适应。配套项目要同时安排，相互衔接。

7. 施工准备

当建设项目列入年度计划后，就可以进行施工准备工作了。

施工准备的内容很多，包括办理征地拆迁，主要材料及设备的订货，建设场地的"三通一平"等。

8. 组织施工

组织施工是根据列入年度计划确定的建设任务，按照施工图样的要求进行的。

在建设项目开工之前，建设单位应按照有关规定办理开工手续，取得当地建设行政主管部门颁发的施工许可证，通过施工招标选择施工单位，方可进行施工。

9. 生产准备

建设项目投资的最终目的就是要形成新的生产能力。为保证项目建成后能及时投产使用，建设单位要根据建设项目的生产技术特点，组织专门的生产班子，抓好生产准备工作。

生产准备工作的主要内容有：招收和培训生产人员；组织生产人员参加设备安装、调试和工作验收；落实生产所需原材料、燃料、水、电等的来源；组织工具、器具的订货等。

10. 竣工验收，交付使用

建设工程按设计文件规定的内容和标准全部完成，符合要求，应及时组织办理竣工验收。

竣工验收前，施工单位应组织自检，整理技术资料，在正式验收时作为技术档案移交建设单位保存。建设单位应向主管部门提出，并组织勘察、设计、施工等单位进行验收。

竣工验收是考核建设成果、检验设计和施工质量的关键步骤，是由投资成果转入生产或使用的标志。竣工验收合格后，建设工程才能交付使用。

从竣工验收交付使用起，还有一个保修期，在这个时期内，承包单位要对工程中出现的质量缺陷承担保修与赔偿责任。

建设项目的基本建设程序可归纳为图1-1。

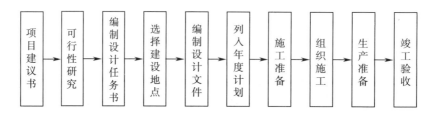

图1-1 建设项目基本建设程序图

1.1.2 建设项目的划分

基本建设工程中，建筑安装工程造价的计算比较复杂。为了准确计算建筑产品价格和进行建设工程管理，必须将建设项目按照其组成内容的不同进行科学的分解，从大到小，把一个建设项目划分为单项工程、单位工程、分部工程和分项工程。

建设项目
的划分

1. 建设项目

建设项目是指按照同一个总体设计，在一个或两个以上工地上进行建造的单项工程之和。作为一个建设项目，一般应有独立的设计任务书，行政上有独立组织建设的管理单位，经济上是进行独立经济核算的法人组织，如一个工厂、一所医院、一所学校等。建设项目的价格，一般是由编制设计总概算或修正概算来确定的。

2. 单项工程

单项工程是指具有独立的施工条件和设计文件，建成后能够独立发挥生产力或工程效益的工程项目，如办公楼、教学楼、食堂、宿舍楼等。它是建设项目的组成部分，其工程产品价格是由编制单项工程综合概预算确定的。

3. 单位工程

单位工程是具有独立的设计图样与施工条件，但建成后不能单独形成生产能力与发挥效益的工程。它是单项工程的组成部分，例如，一栋住宅楼中的土建工程、装饰装修工程、给水排水工程、电器照明工程、设备安装工程等，如果完成其中一项单位工程，是不能发挥使用效益的。单位工程是编制设计总概算、单项工程综合概预算的基本依据。单位工程价格一般可通过编制施工图预算确定。

4. 分部工程

分部工程是单位工程的组成部分。它是按照建筑物的结构部位或主要的工种划分的工程分项，例如，装饰装修工程中的楼地面工程、墙柱面工程、门窗工程等。分部工程费用组成单位工程价格，也是按分部工程发包时确定承发包合同价格的基本依据。

5. 分项工程

分项工程是分部工程的细分，是构成分部工程的基本项目，又称工程子目或子目，它是通过较为简单的施工过程就可以生产出来并可用适当计量单位进行计算的建筑装饰工程或安装工程。一般是按选用的施工方法，所使用的材料、结构构件规格等不同因素划分施工分项。例如，楼地面工程中一般分为垫层、防潮层、找平层、结合层、面层等分项工程。

综上所述，一个建设项目由一个或若干个单项工程组成，一个单项工程由若干个单位工程组成，一个单位工程又由若干个分部工程组成，一个分部工程又可划分为若干个分项工程，如图1-2所示，从建设项目分解示意图中可看出建设项目、单项工程、单位工程、分部工程和分项工程之间的内在联系与区别。

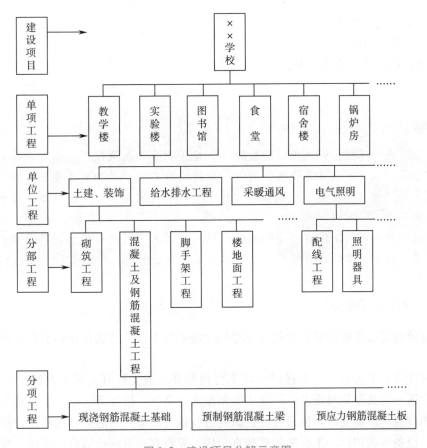

图 1-2 建设项目分解示意图

练一练

1.1-1　基本建设的实质是_____的经济活动。

1.1-2　固定资产具备两个条件：_____；_____。

1.1-3　从大到小，把一个建设项目可以划分为_____、单位工程、_____和分项工程。

1.1-4　_____是具有独立的设计图样与施工条件，但建成后不能单独形成生产能力与发挥效益的工程。

1.1-5　大型工程项目的设计文件是分阶段进行的，一般分为两阶段，即_____和_____。对于较复杂和缺少设计经验的项目应增加_____。

1.1-6　我国的基本建设程序可划分为项目建议书阶段、_____、编制设计任务书、_____、编制设计文件、列入年度计划、_____、_____、生产准备和_____。

1.2　建筑装饰工程造价概述

学习目标

1. 熟悉工程造价的概念。
2. 了解工程造价的分类及计价特点。
3. 掌握影响工程造价的因素。

本节导学

　　建设项目从设想提出到决策，经过设计、施工、验收直至投产或交付使用的整个过程中，都需要投入一定数量的资金，而每一个建设项目所支付的费用是不同的，所以要单独计算不同建设项目在整个投资活动过程中所要支付的全部费用，这就是工程造价所要解决的问题。

　　建设项目在不同的阶段有不同层次的价格，这些不同层次的价格就构成建设工程造价体系，即：投资估算、设计概算、施工图预算、施工预算、工程结算和工程决算。

1.2.1　工程造价的概念

　　工程造价通常指工程的建造价格。在市场经济条件下，广泛地存在着工程造价两种不同的含义。

　　第一种含义：工程造价是指建设一项工程预期开支或实际开支的全部固定资产投资费用。显然，这一含义是从投资者——业主的角度来定义的。投资者选定一个投资项目，为了获得预期的效益，就要通过对项目可行性研究进行投资决策，然后进行勘察设计招标、工程施工招标、设备采购招标，工程施工管理直至竣工验收等一系列投资管理活动。在整个投资活动过程中所支付的全部费用形成固定资产和无形资产，所有这些开支就构成了工程造价。

从这个意义上说，工程造价就是完成一个工程建设项目所需费用的总和。

第二种含义：工程造价是指工程价格，即为建成一项工程，预计或实际在土地市场、设备市场、技术劳务市场以及承包市场等交易活动中所形成的建筑安装工程的价格和建设工程总价格。显然，工程造价的第二种含义是以商品经济和市场经济为前提的。它以工程这种特定的商品形式作为交易对象，通过招投标或其他交易方式，在进行多次预估的基础上，最终由市场形成价格。在这里，工程范围和内涵可以是涵盖范围很大的一个建设项目，也可以是一个单项工程，或者是整个建设过程中的某个阶段，如土地开发过程、建筑安装工程、装饰安装工程等，或者是其中的某个组成部分。

知识链接

装饰装修工程是建筑工程的重要组成部分，它是在建筑主体结构工程完成之后为保护建筑主体结构、完善建筑物的使用功能和美化建筑物，采用装饰装修材料，对建筑物的内、外表面及空间进行的各种处理过程，以满足人们对建筑产品的物质需求和精神需要。由于其发展迅猛，很快成为一个独立的单位工程，单独设计、单独编制计价文件、单独招投标和施工。

1.2.2 工程造价的分类

工程计价、估价或编制工程概预算，均属于工程造价的范畴，从广义上讲是指通过编制各类价格文件对拟建工程造价进行的预先测算和确定的过程。建设工程分阶段进行，由初步构想到设计图样再到工程建设产品，逐步落实，以建设工程为主体、为对象的工程造价，也逐步地深化、逐步地细化、逐步地实现实际造价。所以，工程造价是一个由一系列不同用途、不同层次的各类价格所组成的建设工程造价体系，包括建设项目投资估算、设计概算、施工图预算、合同价、工程结算价格、竣工决算价格等。

1. 投资估算

投资估算是指在项目建议书和可行性研究阶段，对拟建工程所需投资预先测算和确定的过程，估算出的价格称为估算造价。投资估算是决算、筹资和控制造价的主要依据。

投资估算一般比较粗略，仅作投资控制用，其方法是根据建设规模结合估算指标进行估算，一般根据平方米指标、立方米指标或产量等指标进行估算。

2. 设计概算

设计概算是指在初步设计阶段，根据初步设计图样，通过编制工程概算文件对拟建工程的投资预先测算和确定的过程，计算出来的价格称为概算造价。概算造价较投资估算准确，但受到投资估算的控制。采用两阶段设计的建设项目，初步设计阶段必须编制设计概算。

设计概算示意图如图1-3所示。

3. 施工图预算

施工图预算是在设计工作完成并经过图样会审之后，根据施工图样、图纸会审记录、预算定额、费用定额、各项取费标准、建设地区设备、人工、材料、施工机械台班等预算价格编制和确定的单位工程全部建设费用的建筑安装工程造价文件。预算造价较概算造价更为详尽和准确，它是编制招投标价格和进行工程结算的重要依据。

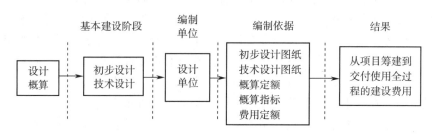

图1-3 设计概算示意图

施工图预算示意图如图1-4所示。

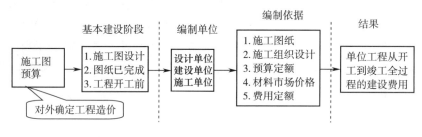

图1-4 施工图预算示意图

4. 施工预算

施工预算在施工阶段由施工单位编制。施工预算按照企业定额（施工定额）编制，是体现企业个别成本的劳动消耗量文件。

施工预算示意图如图1-5所示。

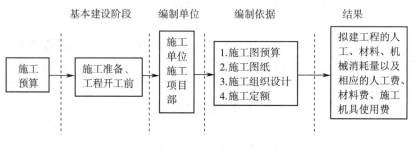

图1-5 施工预算示意图

5. 工程结算

工程结算是指承包商在施工过程中，以合同价格为基础，根据设计变更与工程索赔等情况，通过编制工程结算书对已完成的施工价格进行确定的过程。其价格称为工程结算价。

按现行规定，工程结算可采用按月结算、分段结算、竣工后一次结算（即竣工结算）和双方约定的其他结算方式等。

6. 竣工决算

竣工决算是指整个建设过程全部完工并经验收合格以后，通过编制竣工决算书计算整个项目从立项到竣工验收、交付使用全过程中实际支付的全部建设费用、核定新增资产和考核投资效果的过程，计算出来的价格称为竣工决算价格。竣工决算价是整个建设工程的最终实际价格。

从以上内容可以看出，建设工程的计价过程是一个由粗到细、由浅入深，最终确定整个工程实际造价的过程。

本书主要解决施工图预算阶段的内容，即根据施工图样计算施工图的工程量，依据施工方案，现行的计价文件、按照工程量清单计价或定额计价方法编制单位工程建设费用。

1.2.3 建设工程计价文件之间的关系

投资估算是设计概算的控制数额；设计概算是施工图预算的控制数额；施工图预算反映行业的社会平均成本；施工预算反映企业的个别成本；工程结算根据施工图预算编制；若干个单位工程的工程结算汇总为一个建设项目竣工决算。建设工程计价内容相互关系如图 1-6 所示。

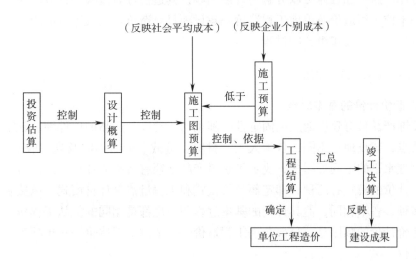

图 1-6　建设工程计价内容相互关系

1.2.4 工程造价的计价特点

工程的特点，决定了工程造价有如下计价特点。

1. 单件性计价

建设的每个项目都有特定的用途和目的，有不同的结构形式、造型及装饰要求，建设施工时可采用不同的工艺设备、建筑材料和施工方案，因此每个建设项目一般只能单独设计、单独建造，只能是单件计价，产品的个别差异性决定了每项工程都必须单独计算造价。

2. 多次性计价

项目建设周期长、规模大、造价高，因此按建设程序要分阶段进行建设实施。相应地也要在不同阶段计价，以保证工程造价计算的准确性和控制的有效性。多次性计价是个逐步深化、细化和接近实际工程造价的过程。

多次性计价示意图如图 1-7 所示。

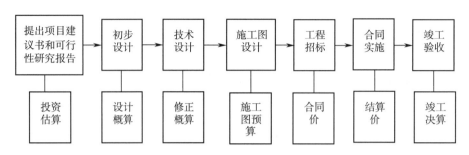

图 1-7　多次性计价示意图

3. 分部组合计价

工程造价的计算是分部组合而成的。这一特征和建设项目的组合性有关。一个建设项目是一个综合体。这个综合体可以分解为许多内容。其造价计算过程和计算顺序是：分部分项工程造价→单位工程造价→单项工程造价→建设项目总造价。建设项目的组合性决定了工程造价计价过程是一个逐步组合的过程。

1.2.5　建筑装饰工程计价方法

1. 工程造价计价的基本原理

由于装饰产品具有建设地点的固定性、施工的流动性、产品的单件性、施工周期长、涉及面广等特点，建设地点不同，各地人工、材料、机械单价的不同及规费收取标准的不同，各个企业管理水平的不同等因素，决定了建筑产品必须有特殊的计价方法。目前，在我国建筑装饰工程计价的模式有两种，即定额计价模式和工程量清单计价模式。虽然工程造价计价的方法有多种，各不相同，但其计价的基本过程和原理都是相同的。从工程费用计算角度分析，工程造价计价的顺序是：分部分项工程造价——单位工程造价——单项工程造价——建设项目总造价。

2. 定额计价模式（工料单价法）

定额计价模式是我国传统的计价方式，在招投标时，不论作为招标标底，还是投标报价，其招标人和投标人都需要按国家规定的统一工程量计算规则计算工程量，然后按建设行政主管部门颁发的预算定额计算人工费、材料费、施工机具使用费，再按有关费用标准计取其他费用，然后汇总得到工程造价。

预算造价 = ∑（定额工程量×定额工料单价）+ 企业管理费 + 利润 + 规费 + 税金

其整个计价过程中的计价依据是固定的，即法定的"定额"。定额是计划经济时代的产物，在特定的历史条件下，起到了确定和衡量工程造价标准的作用，规范了建筑市场，使专业人士在确定工程计价时有所依据，有所凭借。但定额指令性过强，反映在具体表现形式上，就是施工手段消耗部分统得过死，把企业的技术装备、施工手段、管理水平等本属于竞争内容的活跃因素固定化了，不利于竞争机制的发挥。

3. 工程量清单计价模式（综合单价法）

工程量清单计价方式是为了适应目前工程招投标竞争中由市场形成工程造价的需要而出

现的。《建设工程工程量清单计价规范》（GB 50500—2013）中强调：从 2013 年 7 月 1 日起"使用国有资金投资建设工程发承包，必须采用工程量清单计价"。

工程量清单计价方式，是指由招标人按照国家统一规定的工程量计算规则计算工程数量，由投标人按照企业自身的实力，根据招标人提供的工程数量，自主报价的一种模式。由于工程数量由招标人提供，增大了招标市场的透明度，为投标企业提供了一个公平合理的基础和环境，真正体现了建设工程交易市场的公平、公正。"工程价格由投标人自主报价"表示定额不再作为计价的唯一依据，政府不再作任何参与，而是企业根据自身技术专长、材料采购渠道和管理水平等，制定企业自己的报价定额。

工程量清单应采用综合单价计价。综合单价是指完成一个规定清单项目所需的人工费、材料和工程设备费、施工机具使用费和企业管理费、利润以及一定范围内的风险费用。风险费用是隐含于已标价工程量清单综合单价中，用于化解发承包双方在工程合同中约定的风险内容和范围的费用。

$$分部分项工程费 = \Sigma（分部分项工程量 \times 相应分部分项工程综合单价）$$
$$措施项目费 = \Sigma 各措施项目费$$
$$其他项目费 = 暂列金额 + 暂估价 + 计日工 + 总承包服务费$$
$$单位工程造价 = 分部分项工程费 + 措施项目费 + 其他项目费 + 规费 + 税金$$
$$单项工程造价 = \Sigma 单位工程报价$$
$$建设项目总造价 = \Sigma 单项工程报价$$

以招标控制价为例，用综合单价法编制单位工程造价的具体步骤如图 1-8 所示。

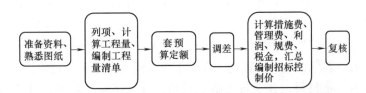

图 1-8　用综合单价法编制单位工程造价的具体步骤

1.2.6　影响工程造价的因素

影响工程造价的因素很多，主要有政策法规性因素、地区性与市场性因素、设计因素、施工因素和人员素质因素等五个方面。

1. 政策法规性因素

在整个基本建设过程中，装饰工程预算的编制必须严格遵循国家及地方主管部门的有关政策、法规和制度，按规定的程序进行。只有严格按照有关政策法规和制度执行才能有效。

2. 地区性与市场性因素

首先，不同地区的物资供应条件、交通运输条件、现场施工条件、技术协作条件不同，其次，各地区的地形地貌、地质条件不同，这都会给装饰工程概预算费用带来较大的影响，即使是同一套设计图样的建筑物或构筑物，由于所建地区的不同，在现场条件处理和基础工程费用上也会产生较大幅度的差异，从而使得工程造价不同。

建筑装饰工程涉及的材料品种多、规格多、品牌多、价格差异大。如铝塑板，有单面、双面之分，无论单面还是双面铝塑板，又有3mm厚和4mm厚之分。每种铝塑板其品牌不同，价格差异很大；即使是同一品牌，也有原厂生产的和合作厂生产的之分，更有可能是假冒产品。非专业人员，一般区分不出来；即使是专业人员，有时也很难立即鉴别出来，它们的价格相差悬殊。

3. 设计因素

影响建设投资的关键在于设计。建筑装饰工程多由装饰施工单位出图，设计图样十分简单，精细度不够，如果不加以审核，则难以达到施工要求，因此在施工过程中，导致施工的随意性相当大，特别是在隐蔽项目施工中，其工艺、用料无从控制。

有资料表明，对项目投资影响最大的阶段，是约占工程项目建设周期四分之一的技术设计结束前的工作阶段。在初步设计阶段，对地理位置、占地面积、建设标准、建设规模以及装饰标准等的确定，对工程费用影响的可能性为75%～95%。在技术设计阶段，影响工程造价的可能性为35%～75%。在施工图设计阶段，影响工程造价的可能性为5%～35%。设计是否经济合理，对工程造价会带来很大影响。

4. 施工因素

在编制装饰工程预算过程中，施工组织设计和施工技术措施的采用，和施工图一样，是编制工程概预算的重要依据之一，因此，在施工中采用先进的施工技术，合理运用新的施工工艺，采用新技术、新材料，合理布置施工现场，减少运输总量等，对节约投资有显著的作用。

在实际工程中，往往工期短，变更多。建设单位一般都急于要求装饰工程在较短的时间内完成相关工作。由于时间仓促且在装饰施工过程中，业主常常发觉做出来的东西与自己的预期有出入，于是随意变更，造成工程投资的巨大浪费。

新材料、新工艺、新方法应用多，控制难度大。随着对外交流的不断扩大以及科技的不断进步，引进和研制开发了不少新材料、新工艺、新方法。如外墙装修工程中，传统的抹灰刷涂料已逐步被幕墙、板材贴面等新工艺、新材料所取代。而新材料、新工艺、新方法的标准制定常常有些滞后，施工中因无标准可依而加大了控制难度。

5. 施工队伍素质参差不齐

装饰施工中一些不规范的投机行为，给装饰工程带来了巨大利润。由于暴利的诱惑，装饰施工企业如雨后春笋般不断涌现。不少装饰施工企业规模不大，队伍的技术、装备和管理水平不高，更有些施工企业无自己的队伍，一旦有任务，临时拼凑出散兵游勇，施工质量难以控制。

6. 编制人员素质因素

装饰工程预算的编制，是一项复杂且细致的工作，要本着公正、实事求是的原则，不能为了某一方利益，高估冒算，要严格遵守行业道德规范。要想编制一份准确的装饰工程预算，既要熟悉有关预算编制的政策、法规、制度和与定额有关的动态信息，还要求编制人员具有较全面的专业理论和业务知识，只有这样，才能准确无误地编制预算。

1.2.7 采取的应对措施

为有效控制装饰工程的质量和造价，应重点做好以下几方面工作：

1）加大设计精度，明确装饰标准。给出详细的施工图，并参照标准图集标出详细做法。对工程用料，还应标明品种、规格、档次标准和颜色等。

2）慎选施工单位，做好招标工作。应多方调查了解，选择有资质、实力强、信誉好的施工队伍参加竞标，并在合同签订前提供履约保证。

3）加强监理力度。现场监理应跟踪检查，督促施工单位按图施工，并将施工单位现场用料与合同和施工单位提供的材料样品进行对照，防止以次充好、偷工减料等现象的发生。

4）谨慎处理设计变更。如设计变更可能突破投资目标，可利用价值工程的原理进行价值分析，适当减少部分次要功能或降低部分次要项目的档次，力争将工程造价有效地控制在目标范围以内。

5）做好工程结算工作。工程结算中，应仔细核查工程变更，现场实地检查变更是否已按规定实施，签证是否有效、合理。分清责任，对于施工单位自身原因发生的变更，不应由业主承担费用；对施工单位未施工的项目，应在结算中扣减；对于业主采购或同意的材料代用，应按新的采购价与合同和清单报价做价差调整。

1.2.8 本课程与其他专业课程的关系

装饰工程预算与计量类课程是工程造价专业、建筑装饰专业开设的一门系统性、专业性、实践性、政策性较强的专业课。它与"建筑制图""建筑构造""装饰结构""建筑装饰施工"等课程具有密切的联系，通过介绍工程量清单计价规范、预算定额和工程造价的确定等知识，使学生掌握工程造价编制方法。本课程在教学内容设计时重点介绍定额的应用、工程造价的计算和工程量计算规则，最后以编制工程造价课程设计为总结，使学生掌握《建设工程工程量清单计价规范》（GB 50500—2013）、《房屋建筑与装饰工程工程量计算规范》（GB 50854—2013）和所在省建设工程工程量清单综合单价的应用方法，培养学生综合运用现行规范编制一般建筑装饰工程概预算的能力，了解工程建设各阶段工程造价的确定和控制。教学时通过讲授、作业、实训等各个环节，使学生具备二级造价师执业素质和能力。

练一练

1.2-1 工程造价的计价种类有建设项目投资估算、_____、_____、施工预算、_____、竣工决算价格。

1.2-2 _____是对应项目建议书阶段和可行性研究阶段的价格。

1.2-3 施工图预算在_____阶段计算。

1.2-4 _____是整个建设工程的最终实际价格。

1.2-5 工程造价的特点有_____。

A. 单件性计价　　　B. 多次性计价　　　C. 分部组合计价　　　D. 固定性

【本章回顾】

1. 建筑装饰工程计价，是指在执行工程建设程序过程中，根据不同的设计阶段、设计文件的具体内容和国家或地区规定的定额指标以及各种取费标准，预先计算和确定每项新建、扩建、改建和重建工程中的装饰工程所需全部投资额。

2. 基本建设就是形成固定资产的经济活动过程，是实现社会扩大再生产的重要手段。

3. 建设项目从大到小可划分为单项工程、单位工程、分部工程和分项工程。

4. 基本建设程序是指一项建设工程从设想提出到决策，经过设计、施工、验收直至投产或交付使用的整个过程中，必须遵循的先后顺序。

5. 工程造价可分为建设项目投资估算、设计概算、施工图预算、施工预算、工程结算、竣工决算。

6. 工程造价计价具有单件性计价、多次性计价、分部组合计价等特点。

7. 建筑装饰工程计价的方法为装饰工程定额计价法和工程量清单计价法。

第2章

工程建设定额

本章导入

本章主要内容包括：定额的概念及特性，工程建设定额的概念，工程建设定额从不同角度的分类，劳动定额、材料消耗定额、机械台班消耗定额三种基础定额的相关知识。

通过本章的学习，我们要：理解定额的含义，掌握工程建设定额的概念，熟悉工程建设定额的不同分类方式，理解三种基础定额的内涵。

2.1 工程定额概念与分类

学习目标

1. 熟悉工程定额的概念。
2. 掌握工程定额的分类。

本节导学

随着生产力的不断发展，在不同的行业、不同的部门、不同的地区完成合格建筑产品所需要的资源是不等的，参照的标准也是不一样的，计算建筑装饰工程的费用必须参照一定的标准或规范，而参照的这个标准或规范就是定额；另外，因为定额有不同层次的分类，这就需要我们从不同角度去认识工程建设定额的分类并深刻理解其内涵。

2.1.1 定额的概念与特性

1. 定额的概念

所谓"定"，就是规定；"额"，就是额度或限度。从广义上理解，定额就是规定的额度或限度，即标准或尺度。

在社会化生产中，为了完成一定的合格产品，就必须消耗一定数量的人工、材料、机械设备及资金。由于生产水平及生产关系的不同，在社会生产发展的各个阶段，生产一合格产品所需消耗资源的数量也就不同，但是在一定的生产条件下，必须有一个合理的数额。这个数额标准是在一定时期内，根据当前的生产水平及产品质量要求，绝大多数人可以达到的一个合理消耗标准，这个标准就是定额。综上所述，我们可以给定额下一个较为准确的定义：定额是指在合理的劳动组织和合理地使用材料和机械的条件下，完成单位合格产品所必需消耗的资源数量标准。

知识链接

　　19世纪末20世纪初，美国的工业发展速度很快，但管理上仍凭经验，所以劳动生产力低下，生产能力得不到充分发挥。在这种背景下，有个叫泰罗的工程师，开始研究企业管理，他把工人的工作时间分成若干部分，并对每部分的工作时间进行测定，制定出工时消耗量标准，并要求工人改变原来的习惯性操作方式，取消无谓的操作程序，即把制定的工时消耗量标准建立在合理操作基础上，因此大大提高了劳动生产率。

　　据传，有这样一个实例：当时工人搬运生铁装火车，每个装卸工每天只能搬运12.5t，相应的工资是1.15美元，泰罗挑选了一个强壮的工人，要他按照规定的操作程序工作，并答应给他一天的报酬是1.85美元，结果这个工人一天搬运了47.5t生铁，劳动效率一下提高了2.8倍，而支付的工资仅增长了60.9%。

2. 定额的特性

（1）法令性和指导性　定额由国家各级部门制定、颁布并供所管辖企业单位使用，在执行范围内任何单位与企业不得随意更改其内容与标准。如需修改、调整和补充，必须经主管部门批准，下达相应文件。定额统一了资源的标准，国家可据此对工程设计标准和企业经营水平进行统一的考核和有效监督，所以定额具有一定的法令性。

为了适应我国社会主义市场经济的特点，定额在一定范围内具有一定程度的指导性质，定额的法令性保证了在基本建设过程中，能实行统一的建筑安装工程造价和统一的核算标准，有利于国家和有关部门对基本建设的经济效益和管理水平进行统一的考核和有效的监督。

（2）科学性　定额的制定来源于实践，又服务于实践。它是在客观规律基础上，遵循科学的原理以及充分利用现代管理科学的理论、方法和实践研究手段制定出来的。

定额的科学性主要表现在以下几方面：

1）表现在用科学的态度制定定额。制定定额时要充分考虑施工生产技术和管理方法条件，在分析各种影响工程施工生产消耗因素的基础上，力求定额水平合理，使其符合客观实际。

2）表现在定额的内容、范围、体系和水平，既要适应社会生产力发展水平的需要，又要尊重工程建设中的施工生产消费价值等客观经济规律。

3）表现在制定定额的基本原理是同现代科学管理技术紧密结合的。它是充分利用了现代管理科学的理论、方法和手段，通过严密的测定、统计和分析整理而制定的。

4）表现在定额的制定、执行、控制、调整等管理环节，是遵循一定的科学程序开展的，彼此之间构成了一个有机的整体。制定为执行和控制提供科学依据，而执行和控制为实现定额的既定目标提供组织保证，为定额的制定和调整提供各种反馈信息。

（3）群众性　定额的群众性表现在定额的拟定和执行都有着广泛的群众基础。

定额的群众性主要表现在以下几方面：

1）定额水平的高低主要取决于建筑安装工人所创造的生产力水平的高低。反映在定额中的劳动消耗的数量标准，是建筑企业职工的劳动和智慧的结晶。

2）定额的编制是在建筑企业职工的直接参与下进行的。编制定额时，需要工人参加定额的技术测定、经验交流，使定额编制能够从实际出发，反映群众的要求和愿望，便于工人群众掌握。

3）定额的执行要依靠广大职工。定额的执行，归根到底要依靠职工的实践活动，否则再好的定额也不过是一纸空文。

4）定额是能够为群众所信任和拥护的。定额反映了广大职工的愿望，它把群众的长远利益和当前利益正确地结合起来，把广大职工的工作效率、工作质量和国家、企业、生产者的物质利益结合起来。所以，定额是能够为群众所信任和拥护的。

（4）相对稳定性和时效性　定额中所规定的各种资源消耗数量的多少，是由一定时期的社会生产力所确定的。随着科学技术水平和管理水平的不断提高，社会生产力的水平也必然提高，有一个由量变到质变的过程，因此定额的执行也有一个相对的实践过程。当生产条件变化，技术水平有了很大的提高，原有的定额已不能适应生产需要时，授权部门才会根据新的情况对定额进行补充和修改。所以，定额既不是固定不变的，也不是朝定夕改的，但对企业定额的局部修改或补充是会常常出现的。

2.1.2　工程建设定额的概念

工程建设定额，是指在一定的施工技术条件下，完成单位合格建筑产品必须消耗的人工、材料、机械台班及资金的数量标准。它反映了一定社会生产力水平条件下的产品生产和生产消费之间的数量关系，与一定时期的工人操作水平，机械化程度，新材料、新技术的应用，企业生产经营管理水平等有关，随着生产力的发展而变化，但在一定时期内相对稳定。

各类建设工程预算定额，按工程基本构造要素规定了人工、材料、机械的消耗量及其价格，主要是为了满足编制各类工程概预算的需要。装饰工程定额不仅规定了数据，而且还规定了工作内容、质量和安全要求。

知识链接

以水泥砂浆楼地面工程（在混凝土或硬基上）厚20mm的定额子目（11-6）作为一个实例（表2-1），摘自《河南省房屋建筑与装饰工程预算定额》（HA 01—31—2016）。

表2-1　水泥砂浆楼地面（在混凝土或硬基上）厚20mm

工作内容：清理基层、调运砂浆、抹面层　　　　　　　　　　　　　（单位：100m²）

定额编号	11-6
项目	水泥砂浆楼地面 （混凝土或硬基层上）20mm
基价/元	2557.93

（续）

其中	人工费/元			1471.36
	材料费/元			385.67
	机械使用费/元			67.12
	其他措施费/元			51.22
	安文费/元			111.33
	管理费/元			211.54
	利润/元			121.65
	规费/元			138.04

名　称	单位	单价/元	
综合工日	工日	—	（9.85）
干混地面砂浆 DS M20	m³	180.00	2.040
水	m³	5.13	3.600
干混砂浆罐式搅拌机 公称储量20000L	台班	197.40	0.340

2.1.3　工程建设定额的分类

在建设活动中所使用的定额种类较多，我国已形成工程建设定额管理体系。建筑装饰工程定额，是工程建设定额体系的重要组成部分。就建筑装饰工程定额而言，不同的分类方法有不同的名称，一般按生产要素、用途性质、专业与编制、执行范围进行分类。

1. 按生产要素分类

按生产要素可以分为劳动消耗定额、材料消耗定额与机械台班消耗定额。

生产要素包括劳动者、劳动手段和劳动对象三部分，所以与其相对应的定额是劳动消耗定额、材料消耗定额与机械消耗定额。按生产要素进行分类是最基本的分类方法，它直接反映出生产某种单位合格产品所必须具备的基本因素。劳动消耗定额、材料消耗定额与机械消耗定额是施工定额、预算定额、概算定额等多种定额的最基本的组成部分。

（1）劳动消耗定额　又称人工定额。它规定了在正常施工条件下，某工种的某一等级工人为生产单位合格产品所必须消耗的劳动时间；或在一定的劳动时间中，其所生产合格产品的数量。

（2）材料消耗定额　是指在节约和合理使用材料的条件下，生产单位合格产品所必须消耗的一定品种规格的原材料、燃料、半成品或构件的数量。

（3）机械台班消耗定额　又称机械台班定额，简称机械定额。是指在正常的施工条件下，利用某机械生产单位合格产品所必须消耗的机械工作时间；或在单位时间内，机械完成合格产品的数量。

知识链接

工程建设定额按生产要素分类示意图如图2-1所示。

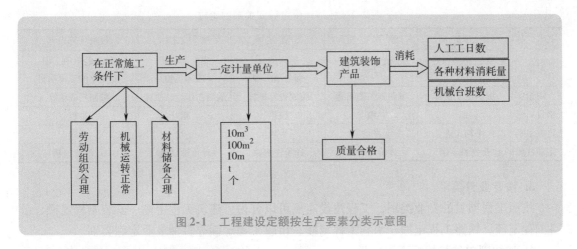

图 2-1　工程建设定额按生产要素分类示意图

2. 按定额的编制程序和用途分类

按定额的编制程序和用途可以把工程定额分为施工定额、预算定额、概算定额、概算指标、投资估算指标等。

（1）施工定额　施工定额是完成一定计量单位的某一施工过程或基本工序所需消耗的人工、材料和施工机具台班数量标准。施工定额是施工企业（建筑安装企业）为组织生产和加强管理在企业内部使用的一种定额，属于企业定额的性质。

施工定额是以某一施工过程或基本工序作为研究对象，表示生产产品数量与生产要素消耗综合关系而编制的定额。为了适应组织生产和管理的需要，施工定额的项目划分很细，是工程定额中分项最细、定额子目最多的一种定额，也是工程定额中的基础性定额。

（2）预算定额　预算定额是在正常的施工条件下，完成一定计量单位合格分项工程或结构构件所需消耗的人工、材料、施工机具台班数量及其费用标准。预算定额是一种计价性定额。从编制程序上看，预算定额是以施工定额为基础综合扩大编制的，同时它也是编制概算定额的基础。

（3）概算定额　概算定额是完成单位合格扩大分项工程或扩大结构构件所需消耗的人工、材料和施工机具台班的数量及其费用标准。是一种计价性定额。概算定额是编制扩大初步设计概算、确定建设项目投资额的依据。概算定额的项目划分粗细，与扩大初步设计的深度相适应，一般是在预算定额的基础上综合扩大而成的，每一扩大分项概算定额都包含了数项预算定额。

（4）概算指标　概算指标是以单位工程为对象，反映完成一个规定计量单位建筑安装产品的经济指标。概算指标是概算定额的扩大与合并，是以更为扩大的计量单位来编制的。概算指标的内容包括人工、材料、机具台班三个基本部分，同时还列出了分部工程量及单位工程的造价，是一种计价定额。

（5）投资估算指标　投资估算指标是以建设项目、单项工程、单位工程为对象，反映建设总投资及其各项费用构成的经济指标。它是在项目建议书和可行性研究阶段编制投资估算、计算投资需要量时使用的一种定额。它的概略程度与可行性研究阶段相适应。投资估算指标往往根据历史的预、决算资料和价格变动等资料编制，但其编制基础仍然离不开预算定额和概算定额。

（6）各种计价定额间关系的比较见表 2-2。

表 2-2　各种计价定额间关系的比较

名　称	施工定额	预算定额	概算定额	概算指标	投资估算指标
对象	分部分项工程	分部分项工程	扩大的分部分项工程	整个建筑物或构筑物	独立的单项工程或完整的工程项目
用途	编制施工预算	编制施工图预算	编制设计概算	编制初步设计概算	编制投资估算
项目划分	细	细	较粗	粗	很粗
定额水平	平均先进	平均	平均	平均	平均
定额性质	生产性定额	计价性定额	计价性定额	计价性定额	计价性定额

3. 按专业分类

按照工程项目的专业类别，工程建设定额可以分为：建筑工程定额、安装工程定额、公路工程定额、铁路工程定额、水利工程定额、市政工程定额等多种专业定额类别。

4. 按编制单位和执行范围分类

（1）全国统一定额　全国统一定额是根据全国各专业工程的生产技术与组织管理的一般情况而编制的定额，在全国范围内执行。如1995年2月颁发的《全国统一建筑工程基础定额（土建工程）》（GJD—101—1995）、2001年12月颁发的《全国统一建筑装饰装修工程消耗量定额》（GYD901—2002）、2015年9月颁发的《房屋建筑与装饰工程消耗量定额》（TY01—31—2015）。全国统一定额是编制地区消耗量定额、企业消耗量定额及地区估价表的依据，是编制工程概算定额（指标）、投资估算指标的依据（详细解释参考第3章的内容）。

（2）行业统一定额　行业统一定额是充分考虑到由于各专业主管部门的生产技术特点不同而引起的施工生产和组织管理上的不同，参照统一的定额水平编制的。行业统一定额通常只在本部门和专业性质相同的范围内执行，如铁路建设工程定额、水利工程定额、冶金工程定额等。

（3）地区消耗量定额（也称地区定额）　地区消耗量是参照全国统一定额或根据国家有关统一规定，考虑本地区特点而制定的，在本地区使用。

（4）企业消耗量定额（也称企业定额）　企业消耗量定额是指由建筑安装企业考虑本企业生产技术和组织管理等具体情况（即生产力水平和管理水平），参照统一、部门或地方定额水平制定的，只在本企业内部使用的定额。

上述工程建设定额体系可归纳为图2-2。

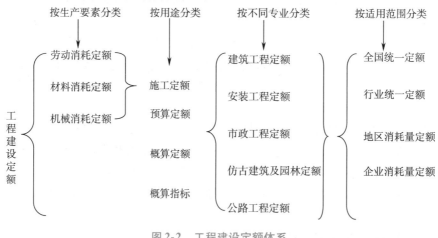

图 2-2　工程建设定额体系

练一练

2.1-1　定额就是规定的额度或限度，即_____。

2.1-2　定额具有的性质包括_____。

A. 群众性　　　　　　　　　　B. 定额的法令性和指导性

C. 科学性　　　　　　　　　　D. 定额的相对稳定性和时效性

2.1-3　定额是指在_____的条件下，完成_____数量标准。

2.1-4　建筑工程定额按生产要素可以分为_____、_____、_____。

2.1-5　劳动定额又称_____。它规定了在正常施工条件下，某工种的某一等级工人为生产单位合格产品所必须消耗的_____；或在一定的劳动时间中，_____。

2.1-6　机械台班消耗定额又称_____，简称_____，是指在单位时间内，机械完成合格产品的数量。

2.1-7　建筑工程定额按编制单位和执行范围分为全国统一定额、_____、地区消耗量定额、_____。

2.1-8　建筑工程定额按用途性质可以分为施工定额、_____、_____、_____。

2.2　基础定额

学习目标

1. 熟悉基础定额的概念。
2. 掌握劳动消耗定额、材料消耗定额、机械台班消耗定额的表现形式。
3. 掌握两个公式：损耗率 = 损耗量/净用量×100%，总消耗量 = 净用量×(1 + 损耗率)。

本节导学

根据上一节的知识我们了解到，工程建设定额按生产要素可以分为劳动定额、机械台班消耗定额与材料消耗定额这三个基础定额。在理解定额的概念基础之上，我们来学习基础定额的内容。

2.2.1　劳动消耗定额

劳动消耗定额简称劳动定额，也称人工定额，是指在正常的生产条件下，完成单位合格工程建设产品所需消耗的劳动力的数量标准。

1. 劳动定额的表现形式

劳动定额按其表现形式的不同，分为时间定额和产量定额。

（1）时间定额　时间定额亦称工时定额，是指某种专业的工人或个人，在合理的劳动组织和合理的施工技术条件下，完成单位合格产品所

劳动消耗定额

必须消耗的工作时间。它包括准备时间与结束时间、基本生产时间、辅助生产时间、不可避免的中断时间及工人必需的休息时间。

时间定额的计量单位为"工日/m³""工日/m²""工日/m""工日/t""工日/块"等，每个工日的工作时间按8个小时计算。用公式表示如下

$$单位产品时间定额 = \frac{1}{每工日产量}$$

或

$$单位产品时间定额 = \frac{小组成员工日数之和}{小组台班产量}$$

（2）产量定额　产量定额是指某种专业的工人班组或个人，在合理的劳动组织和合理的施工劳动条件下，单位时间完成合格产品的数量。

产量定额的计量单位为"m³/工日""m²/工日""m/工日""t/工日""块/工日"等，产量定额根据时间定额计算。用公式表示如下

$$单位产品产量定额 = \frac{1}{单位产品时间定额}$$

或

$$单位产品产量定额 = \frac{小组成员工日数总和}{单位产品时间定额}$$

2. 时间定额与产量定额之间的关系

时间定额与产量定额之间互为倒数关系，即

$$时间定额 = \frac{1}{产量定额} \quad 或 \quad 时间定额 \times 产量定额 = 1$$

3. 时间定额与产量定额的特点

时间定额以"工日/m³""工日/m²""工日/m""工日/t""工日/块"等单位表示，不同的工作内容有相同的时间单位，定额完成量可以相加，故时间定额适用于劳动计划的编制和统计完成的任务情况。

产量定额以"m³/工日""m²/工日""m/工日""t/工日""块/工日"等单位表示，数量直观、具体，容易为工人所理解，因此产量定额适用于向工人班组下达生产任务。

表2-3为《全国统一建筑安装工程劳动定额》中砖墙砌体项目示例。

砖墙工作内容包括：砌砖墙面艺术形式，平碳及安装平碳模板，梁板头砌砖，梁板下塞砖，楼梯间砌砖，留楼梯踏步斜槽，留孔洞，砌各种凹进处，山墙泛水墙，安放木砖、预埋件，安装60kg以内的预制混凝土过梁、隔板、垫块以及调整立好后的门窗框等。

表2-3　每1m³砌体的劳动定额　　　　（单位：工日/m³）

序　号	项　目		双 面 清 水			单 面 清 水				
			1砖	1.5砖	2砖及2砖以上	0.5砖	0.75砖	1砖	1.5砖	2砖及2砖以上
一	综合	塔吊①	1.27	1.20	1.12	1.52	1.48	1.23	1.14	1.07
二		机吊	1.48	1.41	1.33	1.73	1.69	1.44	1.35	1.28
三	砌砖		0.726	0.653	0.568	1.00	0.956	0.684	0.593	0.52

（续）

序　号	项　目		双面清水			单面清水				
			1 砖	1.5 砖	2 砖及 2 砖以上	0.5 砖	0.75 砖	1 砖	1.5 砖	2 砖及 2 砖以上
四	运输	塔吊	0.44	0.44	0.44	0.434	0.437	0.44	0.44	0.44
五		机吊	0.652	0.652	0.652	0.642	0.645	0.552	0.652	0.652
六	调制砂浆		0.101	0.106	0.107	0.085	0.089	0.101	0.106	0.107
	编号		4	5	6	7	8	9	10	11

① "塔吊" 此处为动词，表示用塔式起重机运输。

表中数字为时间定额（工日）。例如：砌筑双面清水 1 砖墙，使用塔式起重机运输的综合时间定额为 1.27 工日，即每砌筑 $1m^3$ 的双面清水 1 砖墙，综合需 1.27 工日的工作时间。

【例 2-1】　某工程有 $120m^3$ 一砖墙双面清水墙，每天有 22 名专业工人投入施工，时间定额为 1.27 工日/m^3，试计算完成该砌墙工程的定额施工天数。

【解】　完成砌墙需要的总工日数：1.27 工日/m^3 × $120m^3$ = 152.4 工日

需要的施工天数：152.4 天/22 = 7 天

【例 2-2】　某砌墙班组有 13 名工人，施工 25 天完成了一砖墙双面清水墙施工任务。试计算砌墙班组完成的砌墙体积。

【解】　砌墙班组完成的工日数量：13 × 25 = 325 工日

砌墙班组应完成的砌墙体积：325 工日/1.27（工日/m^3）= $255.9m^3$

4. 劳动定额的测定

劳动定额的测定一般有四种方法，即技术测定法、比较类推法、统计分析法、经验估计法。

（1）技术测定法　技术测定法又称计时观察法，是指在合理的生产施工技术、操作工艺、合理的劳动组织和正常的生产施工条件下，对施工过程中的具体活动进行观察测量，分析计算制定定额的方法。

技术测定法有较高的准确性和科学性，是制定新定额和典型定额的主要方法。技术测定通常采用的方法有测时法、写实记录法、工作日写实法及简易测定法等。其中，测时法和写实记录法使用较为普遍。

（2）比较类推法　比较类推法又称典型定额法，是以某种同类型或相似类型的产品或工序的定额水平或实际消耗的工时标准为依据，经过分析比较，类推出另一种工序或产品定额水平的方法。这种方法工作量小，定额制定速度快。但用来对比的两种建筑产品，必须是相似的或同类型的，否则定额水平是不准确的。

（3）统计分析法　统计分析法是把过去施工中积累的同类工程或生产同类建筑产品的工时消耗原始记录和统计资料，结合当前生产技术组织条件的变化因素，进行分析研究、整理和修正，从而制定定额的方法。其优点是方法简单，有一定的精确度。但过去的统计资料不可避免地包含某些不合理因素，定额水平也会受到不同程度的影响。

（4）经验估计法　经验估计法是根据定额专业测定人员、工程技术人员和老工人过去从事施工生产、施工管理的经验，并参照图样、施工规范等有关技术资料，经过座谈讨论、分析研究和综合计算而制定的定额。其优点在于定额制定简单、及时，工作量小，易于掌握。但由于无科学技术测定资料，精确度差，有相当的主观性和偶然性，定额水平不易控制。

2.2.2　材料消耗定额

材料消耗定额是指在先进合理的施工条件和节约与合理材料的条件下，生产单位生产合格建筑产品所必须消耗的一定规格的建筑材料、燃料、半成品、构件和水电等动力资源的数量标准。

1. 材料消耗定额的内容

（1）主要材料消耗定额　主要材料消耗定额可分为两部分：一部分是直接用于建筑工程的材料，称为材料净用量；另一部分是操作过程中不可避免的施工废料和材料施工操作损耗，称为材料损耗量。

材料消耗量、材料净用量和材料损耗量之间的关系为

$$材料消耗量 = 材料净用量 + 材料损耗量$$

$$材料损耗率 = \frac{材料损耗量}{材料消耗量} \times 100\%$$

$$材料消耗量 = \frac{材料净用量}{1 - 材料损耗率}$$

在实际工程中，为了简化计算过程，材料损耗率用材料损耗量与材料净用量的比值计算，其计算公式为

$$材料损耗率 = \frac{材料损耗量}{材料净用量} \times 100\%$$

$$材料消耗量 = 材料净用量 + 材料损耗量$$
$$= 材料净用量 \times (1 + 材料损耗率)$$

（2）周转性材料消耗定额　周转性材料是指在施工过程中多次使用、周转的工具性材料，如各种模板、脚手架、活动支架、挡土板等。定额中，周转性材料消耗量指标应当用一次使用量和摊销量两个指标表示。一次使用量是指周转材料不重复使用的使用量，供施工企业组织施工用；摊销量是指周转性材料退出使用，应分摊到每一定计量单位的结构构件的周转材料消耗量，供施工企业成本核算或预算用。

2. 材料消耗定额的测定

材料消耗定额的测定，就是确定单位产品的材料净用量和材料损耗量（率）。材料消耗定额的测定可以分为直接性消耗材料消耗定额测定、周转性材料消耗定额测定。

（1）直接性消耗材料消耗定额的测定　直接构成工程实体的材料称作直接性消耗材料，

其材料定额的测定方法包括观测法、试验法、统计法和计算法。

1）观测法。观测法又称观察法，是在施工现场合理使用材料的条件下，观察测定完成单位合格产品的材料耗用量，通过分析整理，最后得出各施工过程单位产品的材料消耗定额。

所选用的观测对象应符合下列要求：

① 建筑物具有代表性。

② 施工方法符合技术规范要求。

③ 建筑材料品种、规格、质量符合技术、设计的要求。

④ 被观测对象在节约材料和保证产品质量方面有较好成绩。

⑤ 选用标准的衡量工具和运输工具。

2）试验法。试验法又称实验室试验法，是指在材料实验室内进行实验和测定有关消耗量的数据。

这种方法适用于能在实验室条件下进行测定的塑性材料和液体材料，如：通过试验测定出混凝土的配合比，然后计算出 $1m^3$ 混凝土中的水泥、砂、石、水的消耗量。还有砂浆、沥青玛蹄脂、油漆涂料及防腐材料等均可以用此方法测定消耗量。

知识链接

由于实验室内比施工现场具有更好的工作条件，所以试验法能更深入、详细地研究各种因素对材料消耗的影响，从中得到比较准确的数据。但是，在实验室中无法充分估计到施工现场中某些外界因素对材料消耗的影响。因此，要求实验室条件尽量与施工过程中的正常施工条件一致，同时在测定后用观察法进行审核和修正。

3）统计法。统计法又称统计分析法，是以现场长期积累的分部分项工程拨付材料数量、完成产品数量、完成工作后的材料剩余数量等的统计资料为基础，经过分析计算，得出单位产品的材料消耗量。

统计法简便易行，不需组织专人观测和试验，但应注意统计资料的真实性和系统性，要有准确的领退料统计数字和完成工程量的统计资料。统计对象也应认真选择，并注意和其他方法结合使用，以提高所拟定额的准确程度。

4）计算法。计算法又称理论计算法，是根据施工图纸和建筑结构特性，用理论推导的公式计算材料消耗的一种方法。计算只能算出单位产品的材料净用量，而材料损耗量仍要在现场通过实测取得，或者通过损耗率算得。

知识链接

计算法适用于计算块状、面状、条状和体积配合比砂浆等材料。

每 $1m^3$ 砌体标准砖净用量理论计算公式为

$$标准砖净用量（块）=\frac{砌体厚度砖数×2}{砌体厚度×（砖长+灰缝厚）×（砖厚+灰缝厚）}$$

式中　砖长、砖厚——一块标准砖尺寸长×宽×厚 $=0.24m×0.115m×0.053m=0.0014628m^3$；

砌体厚度——0.5 砖墙厚 0.115m，1 砖墙厚 0.24m，1.5 砖墙厚 0.365m；

砌体厚度砖数——半砖厚为 0.5 块，一砖厚为 1 块，一砖半墙厚为 1.5 块；

灰缝厚——0.01m。

每 $1m^3$ 砖砌砂浆净用量理论计算公式为

$$砂浆净用量（m^3）= 1 - 净用砖的体积$$

（2）周转性材料消耗定额的测定　除了构成产品实体的直接性消耗材料外，在建筑工程定额中还有另一类周转性材料。它在施工过程中不是一次性消耗的材料，而是可多次周转使用，经过修理、补充而逐渐消耗尽的材料，如模板、脚手架等。

制定周转性材料的消耗定额，应当按照多次使用、分次摊销的方法计算。为了便于备料，有时还要列出一次使用量。因此，周转性材料消耗定额应该用一次使用量和摊销量两个指标来表示。

一次使用量是指为完成单位合格产品每一次生产时所需的材料数量。它根据施工图样和各分部分项工程施工工艺和施工方法来计算。

摊销量是指使用一次应分摊在单位产品中的消耗量。它根据一次使用量、周转次数、补损率等因素来确定。

周转次数是指从第一次使用起可以重复使用的次数，周转次数的确定要经过现场调查、观测及统计分析，取平均先进水平。

周转回收量是指周转材料在周转使用后除去损耗部分的剩余数量。

补损率是指在使用一次后，由于损坏而需补充的数量，用一次使用量的损耗百分数表示，其数值应由下一次使用前需补充数量多少而定。

1）现浇构件周转性材料各类用量的计算如下

$$周转使用量 = \frac{一次使用量 + 一次使用量 \times （周转次数 - 1） \times 损耗率}{周转次数}$$

$$= 一次使用量 \times \left[\frac{1 + （周转次数 - 1） \times 损耗率}{周转次数}\right]$$

令　　　　$$周转使用系数（k_1） = \left[\frac{1 + （周转次数 - 1） \times 损耗率}{周转次数}\right]$$

$$周转使用量 = 一次使用量 \times k_1$$

$$周转回收量 = \frac{一次使用量 - （一次使用量 \times 损耗率）}{周转次数}$$

$$= 一次使用量 \times \left[\frac{1 - 损耗率}{周转次数}\right]$$

$$周转材料摊销量 = 周转使用量 - 周转回收量 \times 摊销回收系数$$

其中，　　　　　　$$摊销回收系数 = \frac{回收折价率}{（1 + 间接费率）}$$

所以　周转材料摊销量 $$= 一次使用量 \times \left[k_1 - \frac{（1 - 损耗率） \times 回收折价率}{周转次数 \times （1 + 间接费率）}\right]$$

$$摊销量系数（k_2） = \left[k_1 - \frac{（1 - 损耗率） \times 回收折价率}{周转次数 \times （1 + 间接费率）}\right]$$

$$周转材料摊销量 = 一次使用量 \times k_2$$

2）预制构件模板用量计算如下

$$预制构件模板摊销量 = \frac{一次使用量}{周转次数}$$

2.2.3　机械台班消耗定额

机械台班消耗定额，简称机械台班定额、机械定额，是指在正常施工条件下，合理地劳动组织和合理使用机械的条件下，完成单位合格产品所必需的一定品种、规格的施工机械台班的数量标准。

一台班机械工作 8 小时为一个台班。

机械台班定额有两种表现形式，即机械时间定额和机械产量定额。机械时间定额与机械产量定额在数值上互为倒数。

（1）机械时间定额　机械时间定额是指在正常的施工条件下，某种机械生产合格单位产品所必须消耗的台班数量。可按下式计算

$$机械台班时间定额 = \frac{1}{机械台班产量定额}$$

（2）机械产量定额　机械产量定额是指某种机械在合理的施工组织和正常施工的条件下，单位时间内完成合格产品的数量。可按下式计算

$$机械台班产量定额 = \frac{1}{机械台班时间定额}$$

知识链接

机械台班消耗定额的表现形式与劳动定额的表现形式基本一样，只是一个指机械，一个指人工；一个以"台班"为计量单位，一个以"工日"为计量单位。

【例2-3】一台 6t 塔式起重机吊装某种混凝土构件，配合机械作业的小组成员为：司机 1 人，起重和安装工人 7 人，电焊工 2 人。已知机械台班产量为 40 块，试求吊装每一构件的机械时间定额和人工时间定额。

【解】

$$机械台班时间定额 = \frac{1}{机械产量定额} = \frac{1}{40} = 0.025（台班/块）$$

$$人工时间定额 = \frac{小组成员工日数总和}{机械产量定额} = \frac{1+7+2}{40} = 0.25（工日/块）$$

或　　　人工时间定额 = 小组成员工日数总和×机械台班时间定额

$$= (1+7+2) ×0.025 = 0.25（工日/块）$$

练一练

2.2-1　劳动定额也称_____，是建筑安装工程统一劳动定额的简称，是指在正常的

生产条件下，＿＿＿＿＿＿＿＿＿＿＿＿＿＿＿＿＿＿＿＿。

2.2-2 劳动定额按其表现形式的不同，分为＿＿＿＿＿＿＿和＿＿＿＿＿＿＿。

2.2-3 时间定额与产量定额之间互为＿＿＿＿＿＿＿。

2.2-4 劳动定额的测定方法一般有四种方法，即技术测定法、＿＿＿＿＿＿＿、统计分析法、＿＿＿＿＿＿＿。

2.2-5 材料消耗定额的测定可以分为＿＿＿＿＿＿＿、＿＿＿＿＿＿＿。

2.3 企业定额

学习目标

1. 熟悉企业定额的概念。
2. 了解企业定额的作用。
3. 掌握企业定额的编制方法。

本节导学

随着建设市场的发展，工程投标活动的进一步规范和深入，尤其是工程量清单计价方式的施行，企业定额的作用越来越明显。这就要求每个施工企业及时调整思路，制定适合本企业发展的定额，不断提高企业竞争力。

2.3.1 企业定额的概念

所谓企业定额，是指建筑安装企业根据本企业的技术水平和管理水平，编制的完成单位合格产品所必需的人工、材料和施工机械台班的消耗量，以及其他生产经营要素消耗的数量标准。

企业定额反映企业的施工生产与生产消费之间的数量关系，是施工企业生产力水平的体现，每个企业均应拥有反映自己企业能力的企业定额。各企业的技术和管理水平不同，企业定额的定额水平也就不同。因此，企业定额是施工企业进行施工管理和投标报价的基础和依据，从一定意义上讲，企业定额是企业的商业秘密，是企业参与市场竞争的核心竞争能力的具体表现。

目前大部分施工企业是以国家或行业制定的预算定额作为进行施工管理、工料分析和计算施工成本的依据。随着市场化改革的不断深入和发展，施工企业可以预算定额和基础定额为参照，逐步建立起反映企业自身施工管理水平和技术装备程度的企业定额。

企业定额具备以下特点：

1）其各项平均消耗要比社会平均水平低，体现其先进性。

2）可以体现本企业在某些方面的技术优势。

3）可以体现本企业局部或全面管理方面的优势。

4）所有匹配的单价都是动态的，具有市场性。

5）与施工方案能全面接轨。

2.3.2　企业定额的作用

企业定额是建筑安装企业内部管理的定额，具有施工定额的性质。企业定额是建筑装饰企业管理工作的基础，也包括在工程建设定额体系中。

企业定额在企业管理工作中的作用主要表现在以下几个方面：

（1）企业定额是企业计划管理的依据　企业定额在企业计划管理方面的作用，表现在它既是施工组织设计的依据，也是企业编制施工作业计划的依据。

1）施工组织设计是指导拟建工程进行施工准备和施工生产的技术经济文件，其基本任务是根据招投标文件及合同协议的规定，确定出经济合理的施工方案，在人力和物力、时间和空间、技术和组织上对拟建工程作出最佳的安排。施工中实物工作量和资源需要量的计划均要以企业定额的分项和计量单位为依据。

2）施工作业计划是根据企业的施工计划、拟建工程的施工组织设计和现场实际情况编制的。施工作业计划是施工单位计划管理的中心环节，编制时也要用企业定额进行劳动力、施工机械和运输力量的平衡，材料、构件等分期需用量和供应时间的计算，实物工程量的计算和安排施工形象进度。

（2）企业定额是组织和指挥施工生产的有效工具　企业组织和指挥施工班组进行施工，是按照作业计划通过下达施工任务单和限额领料单来实现的。

1）施工任务单，既是下达施工任务的技术文件，也是班组经济核算的原始凭证。它列出了应完成的施工任务，也记录着班组实际完成任务的情况，并且与班组工人的工资核算密切相关。施工任务单上的工程计量单位、产量定额和计价单位，均需取自企业定额中的劳动定额，工资结算也要根据劳动定额的完成情况计算。

2）限额领料单是施工队随任务单同时签发的领取材料的凭证。这一凭证是根据施工任务和企业定额中的材料定额填写的。其中领料的数量，是班组为完成规定的工程任务消耗材料的最高限额。这一限额也是评价班组完成任务情况的一项重要指标。

（3）企业定额是计算工人劳动报酬的根据　企业定额是衡量工人劳动数量和质量，提供成果评价和效益评价的标准。所以，企业定额应是计算工人工资的基础依据，这样才能做到完成定额好、工资报酬多，达不到定额、工资报酬减少的目的，真正体现多劳多得的分配原则。这对于打破企业内部分配方面的大锅饭是很有现实意义的。

（4）企业定额是激励工人的条件　激励在实现企业管理目标中占有重要位置。所谓激励，就是采取某些措施激发和鼓励员工在工作中的积极性和创造性。

行为科学研究表明，如果职工受到充分的激励，其能力可发挥 80%～90%，如果缺少激励，仅仅能够发挥出 20%～30% 的能力，但激励只有在满足人们某种需要的情形下才能被发挥。

（5）企业定额有利于推广先进技术　企业定额水平中包含着某些已成熟的先进的施工技术和经验，工人要达到和超过定额，就必须掌握和运用这些先进技术，如果工人要想大幅度超过定额，他就必须进行创造性的劳动。

促进工人使用先进技术应从三方面入手。第一，在自己的工作中，注意改进工具和改进技术操作方法，注意原材料的节约，避免原材料和能源的浪费。第二，企业定额中往往明确要求采用某些较先进的施工工具和施工方法，所以贯彻企业定额也就意味着推广先进技术。第三，企业为了推广企业定额，往往要组织技术培训，以帮助工人达到和超过定额。技术培训和技术表演等方式也都可以大大普及先进技术和先进操作方法。

（6）企业定额是编制施工预算，加强企业成本管理的基础　施工预算是施工单位用以确定单位工程人工、机械、材料等需用量的计划文件。施工预算以企业定额为编制基础，既要反映设计图样的要求，也要考虑在现有条件下可能采取的节约人工、材料和降低成本的各项具体措施。这就能够有效地控制施工中的人力、物力消耗，节约成本开支。

施工中人工、机械和材料的费用，是构成工程成本中直接费用的主要内容，对间接费用的开支也有着很大影响。严格执行企业定额不仅可以起到控制成本、降低费用开支的作用，同时为企业加强班组核算和增加盈利创造了良好的条件。

（7）企业定额是施工企业进行工程投标、编制工程投标报价的基础和主要依据　企业定额反映本企业施工生产的技术水平和管理水平，在确定工程投标报价时，首先要依据企业定额计算出施工企业拟完成投标工程需要发生的计划成本。在掌握工程成本的基础上，再根据所处的环境和条件，确定在该工程上拟获得的利润、预计的工程风险费用和其他应考虑的因素，从而确定投标报价。因此，企业定额是企业编制计算投标报价的基础。

企业定额在建筑安装企业管理的各个环节中都是不可缺少的，企业定额管理是企业的基础性工作，具有不容忽视的作用。

企业定额在工程建设定额体系中的基础作用，是由企业定额作为生产定额的基本性质决定的，企业定额和生产结合最紧密，它直接反映生产水平和管理水平，而其他各类定额则是在较高的层次上、较大的跨度上反映社会生产力水平。

企业定额作为工程建设定额体系中的基础，主要表现在企业定额水平是确定概、预算定额和指标消耗水平的基础。

以企业定额水平作为预算定额水平的计算基础，可以免除测定定额的大量繁杂工作，缩短工作周期，使预算定额与实际的生产和经营管理水平相适应，并能保证施工中的人力、物力消耗得到合理的补偿。

2.3.3　企业定额编制的原则

企业定额能否在施工管理中促进企业生产力水平的提高，主要取决于定额本身的质量。

衡量定额质量的主要标志有两个：一是定额水平；二是定额的内容和形式。因此，在编制企业定额的过程中应该贯彻以下原则。

1. 平均先进水平原则

定额水平是指规定消耗在单位建筑安装产品上的劳动力、材料、机械台班数量的多少。单位产品的劳动消耗量与生产力水平成反比。

企业定额的水平应是平均先进水平，因为具有平均先进水平的定额方能促进企业生产力水平的提高。

所谓平均先进水平，是指在正常的施工条件下多数班组或生产者经过努力才能达到的水平。一般来说，该水平应低于先进水平而高于平均水平。

在编制企业定额中贯彻平均先进水平原则，可以从以下几个方面来考虑。

1）确定定额水平时，要考虑已经成熟并得到推广使用的先进经验。对于那些尚不成熟或尚未推广的先进技术，暂不作为确定水平的依据。

2）对于编制定额的原始资料，要加以整理分析，剔除个别的、偶然的不合理数据。

3）要选择正常的施工条件和合理的操作方法，作为确定定额的依据。

4）要从实际出发，全面考虑影响定额水平的有利因素和不利因素。

5）要注意企业定额项目之间水平的综合平衡，避免有"肥"有"瘦"，造成定额执行中的困难。

定额的水平具有一定的时间性。某一时期是平均先进水平，但在执行过程中，经过工人努力后，大多数人都超过了定额，那么，这时的定额水平就不具有平均先进水平了。所以，要在适当的时候重新修订定额，以保持定额的平均先进水平。

2. 简明适用原则

简明适用就企业定额的内容和形式而言，要方便于定额的贯彻和执行。制定企业定额的目的就在于适用于企业内部管理，具有可操作性。

定额的简明性和适用性，是既有联系，又有区别的两个方面，编制企业定额时应全面加以贯彻。当两者发生矛盾时，定额的简明性应服从适应性的要求。

贯彻定额的简明性和适用性原则，关键是做到定额项目设置完全，项目划分粗细适当。还应正确选择产品和材料的计量单位，适当利用系数，并辅以必要的说明和附注。总之，贯彻简明适用性原则，要努力使企业定额达到项目齐全、粗细恰当、步距合理的效果。

3. 以专家为主编制定额的原则

编制企业定额，要以专家为主，这是实践经验的总结。企业定额的编制要求有一支经验丰富、技术与管理知识全面、有一定政策水平的稳定的专家队伍，同时也要注意必须走群众路线，尤其是在现场测试和组织新定额试点时，这一点非常重要。

4. 独立自主的原则

企业独立自主地制定定额，主要是自主确定定额水平，自主划分定额项目，自主地根据需要增加新的定额项目。但是，企业定额毕竟是一定时期企业生产力水平的反映，它不可能也不应该割断历史，因此它也是对原有国家、部门和地区性施工定额的继承和发展。

5. 时效性原则

企业定额是一定时期内技术发展和管理水平的反映，所以在一段时期内表现出稳定的状态。这种稳定性又是相对的，它还有显著的时效性。如果当企业定额不再适应市场竞争和成本监控的需要时，就应该重新编制和修订，否则就会挫伤群众的积极性，甚至产生负效应。

6. 保密原则

企业定额的指标体系及标准要严格保密。建筑市场强手林立，竞争激烈。企业现行的定额水平，工程项目在投标中如被竞争对手获取，会使本企业陷入十分被动的境地，给企业带来不可估量的损失。所以，企业要有自我保护意识和相应的加密措施。

2.3.4　企业定额的编制方法

编制企业定额最关键的工作是确定人工、材料和机械台班的消耗量，计算分项单价或综合单价。

人工消耗量的确定，首先是根据企业环境，拟定正常的施工作业条件，分别计算测定基本用工和其他用工的工日数，进而拟定施工作业的定额时间。

材料消耗量是通过企业历史数据的统计分析、理论计算、实践试验、实地考察等方法计算确定的，包括周转材料的净用量和损耗量，进而拟定材料消耗的定额指标。

机械台班消耗量的确定，同样需要按照企业的环境，拟定机械工作的正常施工条件，确定机械工作效率和利用系数，据此拟定施工机械作业的定额台班与机械作业相关的工作小组的定额时间。

练一练

2.3-1 企业定额的水平应是_____。

2.3-2 衡量定额质量的主要标志有两个：_____；_____。

2.3-3 平均先进水平是指低于_____，而高于_____。

2.3-4 企业定额的编制原则有_____。

A. 平均先进原则 　　 B. 保密原则 　　 C. 时效性原则 　　 D. 独立自主的原则

E. 以专家为主编制定额的原则 　　 F. 简明适用原则

2.3-5 定额的简明性和适用性，是既有联系，又有区别，当两者发生矛盾时，定额的_____应服从_____的要求。

【本章回顾】

1. 所谓"定"，就是规定；"额"，就是额度或限度。从广义上理解，定额就是规定的额度或限度，即标准或尺度。定额具有法令性和指导性、科学性、群众性、相对稳定性和时效性等特性。

2. 建筑装饰工程定额，是指在一定的施工技术与建筑艺术综合创作条件下，为完成该项装饰工程质量合格的产品，消耗在单位基本构造要素上的人工、机械和材料的数量标准与费用额度。这里所说的基本构造要素，就是通常所说的分项装饰工程或结构构件。

3. 工程定额一般按生产要素、用途、性质与编制范围进行分类。

按生产要素可以分为劳动定额、机械台班消耗定额与材料消耗定额。

按用途性质可以分为施工定额、预算定额、概算定额、概算指标。

按编制单位和执行范围分类，分为全国统一定额、专业部门定额、地区定额、企业定额。

4. 基础定额包括劳动定额、材料消耗定额、机械台班消耗定额，它是编制建筑安装工程其他定额的基础。

劳动定额和机械台班消耗定额按其表现形式的不同，分为时间定额和产量定额。

材料消耗定额是指在先进合理的施工条件和节约与合理使用材料的条件下，生产单位合格建筑产品所必须消耗的一定规格的建筑材料、燃料、半成品、构件和水电等动力资源的数量标准。

5. 所谓企业定额，是指建筑安装企业根据本企业的技术水平和管理水平，编制完成单位合格产品所必需的人工、材料和施工机械台班的消耗量，以及其他生产经营要素消耗的数量标准。

第 3 章

房屋建筑与装饰工程消耗量定额

本章导入

本章的主要内容有：房屋建筑与装饰工程消耗量定额的概念、编制依据及编制原则，房屋建筑与装饰工程消耗量定额消耗量指标的确定，房屋建筑与装饰工程预算定额单价指标的确定，房屋建筑与装饰消耗量定额应用。

通过本章的学习，我们要：了解房屋建筑与装饰工程消耗量定额的基本概念，熟悉房屋建筑与装饰工程消耗量定额指标的确定方法，熟悉房屋建筑与装饰工程预算定额单价指标的确定，掌握房屋建筑与装饰工程消耗量定额的应用。

3.1 消耗量定额概述

学习目标

1. 熟悉房屋建筑与装饰工程消耗量定额的概念。
2. 掌握房屋建筑与装饰工程消耗量定额的编制依据。

本节导学

建筑产品结构复杂，生产周期长，生产中要消耗大量的人力、物力和财力，因此要正确确定建筑装饰工程的造价，首先要确定人力、物力资源的用量，目前大多数建筑企业根据消耗量定额来确定各种资源的消耗量。

房屋建筑与装饰工程消耗量定额是编制建筑装饰工程施工图预算、确定建筑装饰工程工程造价的主要依据，是编制装饰装修工程概算定额、估算指标的基础，是编制企业定额、投标报价的参考。

3.1.1 房屋建筑与装饰工程消耗量定额的概念及作用

1. 建筑装饰工程消耗量定额的概念

房屋建筑与装饰工程消耗量定额是指在正常的施工技术与组织条件下，完成规定计量单位的合格产品所需的人工、材料、施工机械台班的标准。

　　房屋建筑与装饰工程消耗量定额是完成规定计量单位的分项工程计价的消耗量标准，是在正常的施工条件下多数施工企业具备的机械装备标准及合理的施工工艺、劳动组织及工期条件下的社会平均消耗水平。

　　为适应招投标竞争和市场价格的动态调整，房屋建筑与装饰工程消耗量定额实行工程实体消耗和施工措施消耗的分离和消耗量与劳务、材料、施工机械台班价格的分离，以逐步实现工程个别成本报价，通过市场竞争形成工程造价的动态调整。

　　表3-1为《房屋建筑与装饰工程消耗量定额》（TY01—31—2015）中楼地面工程——天然石材部分的定额子目表头说明和表格形式。

表3-1　大理石楼地面部分定额子目内容

工作内容：1. 清理基层　2. 试排弹线　3. 锯板修边　4. 铺抹结合层　5. 铺贴饰面　6. 清理净面

（计量单位：100m²）

定 额 编 号			11-17	11-18	11-19
项　　目			石材楼地面		
			0.36m²以内	0.64m²以内	0.64m²以外
名称		单位	消耗量		
人工	合计工日	工日	20.202	22.691	23.456
	其中 普工	工日	4.040	4.538	4.693
	一般技工	工日	7.071	7.942	8.213
	高级技工	工日	9.091	10.211	10.559
材料	天然石材饰面板 600×600	m²	102	—	—
	天然石材饰面板 800×800	m²	—	102	—
	天然石材饰面板 1000×1000	m²	—	—	102
	干混地面砂浆 DS M20	m³	2.040	2.040	2.040
	石料切割锯片	片	0.615	0.615	0.615
	白水泥	kg	10.200	10.200	10.200
	胶粘剂 DTA 砂浆	m³	0.100	0.100	0.100
	棉纱头	kg	1.000	1.000	1.000
	锯木屑	m³	0.600	0.600	0.600
	水	m³	2.300	2.300	2.300
	电	kW·h	11.070	11.070	11.070
机械	干混砂浆罐式搅拌机	台班	0.340	0.340	0.340

【例3-1】某工程有一会议室需铺150m²的红色大理石地面，大理石板规格1000mm×1000mm，依据《房屋建筑与装饰工程消耗量定额》（TY01—31—2015），确定该会议室大理石板材的消耗量为$1.02\times150m^2=153m^2$；干混地面砂浆 DS M20 的消耗量是$0.0204\times150m^2=3.06m^2$。

2. 房屋建筑与装饰工程消耗量定额的作用

1）房屋建筑与装饰工程消耗量定额是施工企业编制施工组织设计、制定施工作业计划的依据。

2）房屋建筑与装饰工程消耗量定额是统一全国房屋建筑与装饰工程预算工程量计算规则、项目划分、计量单位的依据。

3）房屋建筑与装饰工程消耗量定额是编制地区消耗量定额、企业消耗量定额及地区估价表的依据，是编制建筑装饰工程概算定额（指标）、投资估算指标的依据。

4）房屋建筑与装饰工程消耗量定额是编制建筑装饰工程单位估价表、招标工程标底、施工图预算、确定工程造价的依据。

5）房屋建筑与装饰工程消耗量定额是编制企业定额和投标报价的参考。

3.1.2　房屋建筑与装饰工程消耗量定额编制依据

编制房屋建筑与装饰工程消耗量定额，主要依据下列文件、资料：

1）国家有关现行产品标准、设计规范、施工及验收规范。

2）国家现行技术操作规程、质量评定标准和安全操作规程。

3）标准图集、通用图集及有关省、自治区、直辖市的标准图集和做法。

4）有代表性的工程设计、施工资料和其他资料。

5）有关科学实验资料、技术测定资料和可靠的统计资料等。

3.1.3　房屋建筑与装饰工程消耗量定额编制原则

1. 社会平均水平原则

社会平均水平是指编制消耗量定额时应遵循价值规律的要求，即按生产该产品的社会必要劳动量来确定其人工、材料、机械台班消耗量。这就是说，在正常的施工条件下，以平均的劳动强度、平均的技术熟练程度、平均的技术装备条件，完成单位合格建筑产品所需的劳动消耗量来确定消耗量定额的水平。这种以社会必要劳动量来确定定额水平的原则，就称为平均水平原则。

2. 简明适用原则

简明适用原则是指项目划分合理、齐全、步距大小适当，便于使用。

简明适用原则主要体现在以下几方面：

1）满足各方的需要。例如，满足编制施工图预算、编制投标报价、工程成本核算、编制各种计划等的需要，不但要注意项目齐全，而且还要注意补充新结构、新工艺项目。

2）确定消耗量定额的单位时，要考虑简化工程量的计算。例如，大理石楼地面定额的计量单位采用"m^2"要比用"块"更简便。

3）消耗量定额中的各种说明要简明扼要，通俗易懂。

3. 坚持"以专为主，专群结合"的原则

定额的编制具有很强的技术性、法规性和实践性，不但要有专门的机构和专业人员把握方针政策，经常性地积累材料，还要专群结合，及时了解定额在执行过程中的情况和存在的问题，以便及时将新工艺、新技术、新材料反映在定额中。

练一练

3.1-1 房屋建筑与装饰工程消耗量定额是指在正常的施工技术与组织条件下，完成规定计量单位的合格产品所需的_____、_____、_____的标准。

3.1-2 为适应招投标竞争和市场价格的动态调整，建筑装饰工程消耗量定额实行工程实体消耗和_____的分离和_____与劳务、材料、施工机械台班价格的分离。

3.1-3 房屋建筑与装饰工程消耗量定额编制应坚持社会平均水平原则和_____、_____原则。

3.2 定额消耗量指标的确定

学习目标

1. 熟悉人工消耗量指标的确定。
2. 掌握材料消耗量指标的确定。
3. 熟悉机械台班消耗量指标的确定。

本节导学

所谓房屋建筑与装饰工程消耗量指标是指完成定额规定计量单位的分项工程所需的人工、材料和施工机械台班消耗数量，具体包括人工消耗量指标、材料消耗量指标和施工机械台班消耗量指标。这些指标是计算和确定定额各项目人工费、材料费和施工机具使用费的基本依据。

观察表3-1，可以发现房屋建筑与装饰工程消耗量定额主要从"人工""材料"和"机械"三方面来确定完成单位建筑产品的人力、物力消耗。那么房屋建筑与装饰工程消耗量指标指的是什么？这些消耗量指标是如何确定的呢？

3.2.1 人工消耗量指标的确定

1. 人工消耗量指标的组成

房屋建筑与装饰工程消耗量定额中的人工消耗量指标是指完成一定计量单位分项工程所有用工的数量，包括基本用工和其他用工两部分。

（1）基本用工 基本用工是指完成单位合格产品所必须消耗的各种技术工种用工量。例如，装饰抹灰分项中的抹灰工、调制砂浆工等用工均属于基本用工。基本用工以技术工种相应劳动定额的工时定额计算，按不同工种列出定额工日。

（2）其他用工 其他用工是指辅助基本用工完成生产任务所需消耗的人工，是劳动定额内没有包括而在建筑装饰工程消耗量定额内又必须考虑的工时消耗，包括辅助用工、超运距用工和人工幅度差。

1）辅助用工，是指房屋建筑与装饰工程消耗量定额中基本工以外的材料加工等所用的工时消耗。如抹灰工程中筛砂、淋灰膏等用工量。

2）超运距用工，是指房屋建筑与装饰工程消耗量定额中规定的材料、半成品的运输距离超过劳动定额或施工定额所规定的运输距离而需增加的工时消耗。

3）人工幅度差，是指劳动定额中没有包括而在消耗量定额中又必须考虑的工时消耗。即在正常施工条件下，不可避免的且无法计量的各种零星工序的工时消耗量。

人工幅度差的具体内容包括：工序交叉、搭接停歇的时间消耗；机械临时维修、小修、移动不可避免的时间损失；受工程质量检验影响产生的时间消耗；受施工用水电管线移动影响产生的时间消耗；工程完工、工作面转移造成的时间损失；施工中不可避免的少量用工等。

2. 人工消耗量指标的计算

（1）基本用工　以技术工种相应劳动定额的工时定额计算，按不同工种列出定额工日。基本用工消耗量计算公式可表示为

$$基本用工消耗量 = \sum（综合取定工程量 \times 时间定额）$$

（2）其他用工

1）辅助用工消耗量计算公式可表示为

$$辅助用工消耗量 = \sum（材料加工数量 \times 相应时间定额）$$

2）超运距用工消耗量计算公式可表示为

$$超运距用工消耗量 = \sum（超运距运输材料数量 \times 相应时间定额）$$

3）人工幅度差计算公式可表示为

$$人工幅度差 = （基本用工 + 辅助用工 + 超运距用工） \times 人工幅度差系数$$

式中　人工幅度差系数——一般建筑装饰工程为 10%，设备安装工程为 12%。

综上所述，房屋建筑与装饰工程消耗量定额各分项工程的人工消耗量指标等于该分项工程的基本用工量与其他用工量之和。即

某分项工程人工消耗量指标 = 相应分项工程基本用工量 + 相应分项工程其他用工量

其中，其他用工量 = 辅助用工量 + 超运距用工量 + 人工幅度差用工量。

3.2.2　材料消耗量指标的确定

1. 材料的种类

材料可按照不同的分类方法分类。这里按照用途将其分为以下四种：

（1）主要材料　指直接构成工程实体的材料，包括成品及半成品材料，如水泥、钢筋、面砖等。

（2）辅助材料　指构成工程实体除主要材料以外的其他材料，如垫木、钉子、钢丝等。

（3）周转性材料　指不构成工程实体且多次周转使用的摊销性材料，如脚手架、模板等。

（4）其他材料　指用量较少，难以计量的零星用料，如棉纱、编号用的油漆等。

2. 材料消耗量指标的计算

消耗量定额中的材料消耗量指标由材料净用量和材料损耗量组成。材料净用量是指实际耗用在工程实体上的材料用量；材料损耗量是指材料在施工现场所发生的运输损耗、施工操作损耗以及有关施工现场材料堆放损耗的总和。其关系式如下：

$$材料损耗率 = (材料损耗量 / 材料净用量) × 100\%$$
$$材料损耗量 = 材料净用量 × 材料损耗率$$
$$材料消耗量指标 = 材料净用量 + 材料损耗量$$
或
$$材料消耗量指标 = 材料净用量 × (1 + 材料损耗率)$$

对于周转性材料消耗量指标的确定，由于周转性材料在施工中不是一次消耗完，而是随着使用次数的增多逐步消耗的，所以它的消耗量指标在定额中用摊销量表示。如模板的耗用量是根据取定图样计算出所需模板材料使用量之后，再按照多次周转使用而逐步分摊到每次使用的消耗之中，即模板摊销量。

3. 材料的消耗量指标计算示例

【例3-2】 地面贴陶瓷地砖（200mm×200mm），1:3 水泥砂浆打底，素水泥浆做结合层，地砖（周长800mm以内）的材料损耗率为2%，试确定 $1m^2$ 地面陶瓷地砖的消耗量指标（设定净用量为 $1m^2$）。

【解】 材料消耗量指标 = 材料净用量 + 材料损耗量
$$= 材料净用量 × (1 + 材料损耗率)$$
$$= 1m^2 × (1 + 2\%)$$
$$= 1.02m^2$$

3.2.3 机械台班消耗量指标的确定

消耗量定额中的机械台班消耗量指标，是指完成规定计量单位的合格产品所需的施工机械台班的计量标准，是以台班为单位计算的，每台班为 8 个工作小时。定额的机械化水平以多数施工企业已采用和推广的先进方法为标准。

机械台班消耗量指标以统一劳动定额中机械施工项目的台班产量为基础进行计算，考虑在合理施工组织条件下机械的停歇时间、机械幅度差等因素。

机械幅度差是指全国统一劳动定额规定范围内没有包括而实际中又必须增加的机械台班量。机械幅度差通常包括以下几项内容：

1）正常施工组织条件下不可避免的机械空转时间及合理停滞时间。
2）临时水电线路移动检修而发生的运转中断时间。
3）气候变化或机械本身故障影响工时利用的时间。
4）施工中机械转移及配套机械互相影响损失的时间。
5）检查工程质量影响机械操作的时间。
6）工程开工或结尾工作量不饱满所损失的时间。
7）不同品牌机械的工效差。
8）配合机械施工的工人，在人工幅度差范围以内的工作间歇影响的机械操作时间。

$$机械台班消耗量指标 = \frac{分项工程定额子目计量单位}{劳动定额规定的机械台班产量} × (1 + 机械幅度差)$$

在计算机械台班消耗量指标时，机械幅度差通常以系数表示。大型机械的机械幅度差系数为：土石方机械 1.25，吊装机械 1.3，打桩机械 1.33；其他专用机械，如打夯、钢筋加工、木工、水磨石等机械，机械幅度差系数为 1.1。

　　垂直运输的塔式起重机、卷扬机以及混凝土搅拌机、砂浆搅拌机等，是按工人小组配备使用的，应以小组产量计算机械台班产量，不另增加机械幅度差。

练一练

　　3.2-1　房屋建筑与装饰工程消耗量定额中的人工消耗量指标包括_____和_____两部分。

　　3.2-2　其他用工是辅助基本用工完成生产任务所需消耗的人工，包括_____、超运距用工和_____。

　　3.2-3　消耗量定额中的材料消耗量指标由_____和_____组成，材料消耗量指标等于材料净用量乘以_____。

　　3.2-4　消耗量定额中的机械台班消耗量指标，是以_____为单位计算的，每台班为_____个工作小时。

　　3.2-5　墙面贴瓷砖（152mm×152mm），水泥砂浆 1:3 打底，水泥砂浆 1:1 罩面，素水泥浆做结合层，墙面瓷砖的损耗率为 3.5%，试确定 1m² 瓷砖的消耗量指标（设定净用量为 1m²）。

3.3　定额单价指标的确定

学习目标

1. 熟悉人工费的确定。
2. 掌握材料费的确定。
3. 熟悉机械台班费的确定。

本节导学

　　建筑装饰工程造价的高低，不仅取决于建筑装饰工程中人工、材料和施工机械台班消耗量的大小，同时还取决于各地区建筑装饰行业人工单价、材料单价和施工机械台班单价的高低。因此，正确确定人工单价、材料单价和施工机械台班单价，从而正确确定人工费、材料费和施工机械台班费，是正确计算建筑装饰工程造价的基础。

3.3.1　人工费的确定

1. 人工单价的组成和确定方法

人工费是根据施工中的人工工日耗用量和人工单价确定的。人工工日耗用量一般可按消耗量定额规定计算；人工单价是指一个建筑安装生产工人一个工作日在预算中应计入的全部人工费，它基本上反映了建筑生产工人的工资水平和一个工人在一个工作日可以得到的报酬。

（1）人工单价的组成　按照现行规定，生产工人的人工工日单价组成见表3-2。

表3-2　人工工日单价组成

人工单价	计时工资或计件工资
	奖　金
	津贴补贴
	加班加点工资
	特殊情况下支付的工资

知识链接

人工单价 = 计时工资或计件工资 + 奖金 + 津贴补贴 + 加班加点工资 + 特殊情况下支付的工资

① 计时工资或计件工资：是指按计时工资标准和工作时间或对已做工作按计件单价支付给个人的劳动报酬。

② 奖金：是指对超额劳动和增收节支支付给个人的劳动报酬。如节约奖、劳动竞赛奖等。

③ 津贴补贴：是指为了补偿职工特殊或额外的劳动消耗和因其他特殊原因支付给个人的津贴，以及为了保证职工工资水平不受物价影响支付给个人的物价补贴。如流动施工津贴、特殊地区施工津贴、高温（寒）作业临时津贴、高空津贴等。

④ 加班加点工资：是指按规定支付的在法定节假日工作的加班工资和在法定工作时间外延时工作的加点工资。

⑤ 特殊情况下支付的工资：是指根据国家法律、法规和政策规定，因病、工伤、产假、计划生育假、婚丧假、事假、探亲假、定期休假、停工学习、执行国家或社会义务等原因按计时工资标准或计时工资标准的一定比例支付的工资。

（2）人工单价确定的依据和方法

$$人工费 = \sum （工日消耗量 \times 日工资单价）$$

$$1) \ 日工资单价 = \frac{生产工人平均月工资（计时、计件）+ 平均月\left(奖金 + 津贴补贴 + \frac{特殊情况下}{支付的工资}\right)}{年平均每月法定工作日}$$

注：主要适用于施工企业投标报价时自主确定人工费，也是工程造价管理机构编制计价定额确定定额人工单价或发布人工成本信息的参考依据。

2）日工资单价按施工企业平均技术熟练程度的生产工人在每工作日（国家法定工作时间内）按规定从事施工作业应得的日工资总额计算。

注：适用于工程造价管理机构编制计价定额时确定定额人工费，是施工企业投标报价的参考依据。

工程造价管理机构确定日工资单价应通过市场调查，根据工程项目的技术要求，参考实物工程量人工单价综合分析确定，最低日工资单价不得低于工程所在地人力资源和社会保障部门所发布的最低工资标准的：普工1.3倍、一般技工2倍、高级技工3倍。

工程计价定额不可只列一个综合工日单价，应根据工程项目技术要求和工种差别适当划分多种日人工单价，确保各分部工程人工费的合理构成。

2. 影响人工单价的因素

影响建筑生产工人人工单价的因素很多，归纳起来有以下几方面：

（1）社会平均工资水平　建筑生产工人人工单价必然和社会平均工资水平趋于相同。社会平均工资水平取决于经济发展水平。

（2）生活消费指数　生活消费指数的提高会导致人工单价的提高，以减少生活水平的下降或维持原来的生活水平。生活消费指数的变动，主要决定于生活消费品价格的变动。

（3）人工单价的组成变化　例如，养老保险、医疗保险、失业保险等列入人工单价，会使人工单价提高。

（4）劳动力市场供需变化　劳动力市场如果需求大于供给，人工单价就会提高，反之，如果供给大于需求，市场竞争激烈，人工单价就会下降。

（5）政府推行的社会保障和福利政策　这些因素也会影响人工单价的变动。

3. 消耗量定额人工费的计算：

消耗量定额单价中的人工费按以下公式计算：

消耗量定额单价人工费 = 消耗量定额工日数 × 人工单价

【例3-3】 铺贴大理石楼地面（500mm×500mm），在某地区预算定额中，完成这一分项工程100m²消耗人工31.66工日，该地区平均人工工日单价为43元/工日，试确定该定额单价人工费。

【解】 单价人工费 = 31.66工日/100m² × 43元/工日 = 1361.38元/100m²

3.3.2 材料费的确定

在建筑装饰工程中，材料费约占总造价的50%～70%，是工程直接费的主要组成部分，因此合理确定材料价格，正确计算材料费，有利于合理确定和有效控制工程造价。

材料费的确定

1. 材料单价的组成

材料价格是指材料（包括构件、成品及半成品等）从其来源地（或交货地点）到达施工工地仓库后的出库价格。材料单价一般由以下费用构成：

（1）材料原价　是指材料、工程设备的出厂价格或商家供应价格。

（2）运杂费　是指材料、工程设备自来源地运至工地仓库或指定堆放地点所发生的全部费用。

（3）运输损耗费　是指材料在运输装卸过程中不可避免的损耗费用。

（4）采购及保管费　是指在组织采购、供应和保管材料、工程设备的过程中所需要的各项费用。包括采购费、仓储费、工地保管费和仓储损耗费用。

2. 材料单价的确定方法

材料单价 =（材料原价 + 运杂费）×（1 + 运输损耗率）×（1 + 采购及保管费率）

（1）材料原价的确定 同一种材料因产地或供应单位的不同而有几种原价时，应根据不同来源地的供应数量及相应单价计算出加权平均原价。

【例3-4】某工地所需的墙面面砖由三个材料供应商供货，其数量和原价见表3-3，试计算墙面砖的加权平均原价。

表3-3 某工地面砖供货表

供 应 商	墙面砖数量/m²	供货单价/（元/m²）
甲	250	35.00
乙	300	34.50
丙	400	36.00

【解】墙面砖加权平均原价 $= \dfrac{35.00 \times 250 + 34.50 \times 300 + 36.00 \times 400}{250 + 300 + 400}$ 元/m² $= 35.26$ 元/m²

（2）材料运杂费的确定 材料运杂费应按国家有关部门和地方政府交通运输部门的规定计算，同一品种的材料有若干个来源地时，可根据材料来源地、运输方式、运输里程以及国家或地方规定的运价标准按加权平均的方法计算。

【例3-5】例3-4中的墙面砖由三个供应地点供货，根据表3-4中的资料计算墙面砖运杂费。

表3-4 墙面砖运杂费计算资料

供货地点	墙面砖数量/m²	运输单价/（元/m²）	装卸费/（元/m²）
甲	250	1.5	1.0
乙	300	1.6	1.05
丙	400	1.8	1.1

【解】（1）计算加权平均运输费

加权平均运输费 $= \dfrac{1.5 \times 250 + 1.6 \times 300 + 1.8 \times 400}{250 + 300 + 400}$ 元/m² $= 1.66$ 元/m²

（2）计算加权平均装卸费

加权平均装卸费 $= \dfrac{1.0 \times 250 + 1.05 \times 300 + 1.1 \times 400}{250 + 300 + 400}$ 元/m² $= 1.06$ 元/m²

（3）计算运杂费

墙面砖运杂费 $= (1.66 + 1.06)$ 元/m² $= 2.72$ 元/m²

（3）材料运输损耗费的确定　材料运输损耗费可以计入材料运输费，也可以单独计算。材料运输损耗率按照国家有关部门和地方交通运输部门的规定计算。

材料运输损耗费＝（加权平均原价＋加权平均运杂费）×材料运输损耗率

【例3-6】例3-4的墙面砖由三个供应地点供货，根据表3-5的资料计算墙面砖运输损耗费。

表3-5　墙面砖运输损耗费计算资料

供货地点	墙面砖数量/m²	运输损耗率（%）
甲	250	1.5
乙	300	1.5
丙	400	1.5

【解】墙面砖运输损耗费＝[（35.26＋2.72）×1.5%]元/m²＝0.57元/m²

（4）采购及保管费的确定　由于建筑材料的种类、规格繁多，采购及保管费不可能按照每种材料在采购保管过程中所发生的实际费用计算，只能规定几种费率，通常取2%左右。计算公式为

采购及保管费＝（材料原价＋运杂费＋运输损耗费）×采购及保管费率

【例3-7】例3-4中墙面砖的采购及保管费率为2%，试根据前面计算结果计算墙面砖的采购保管费。

【解】墙面砖采购及保管费＝（35.26＋2.72＋0.57）元/m²×2%＝0.77元/m²

（5）材料单价汇总　综合以上四项费用即为材料单价，计算公式为

材料单价＝[（材料原价＋运杂费）×（1＋材料运输损耗率）]×
（1＋采购及保管费率）

【例3-8】例3-4中墙面砖的检验费为2元/m²，试根据前面计算结果计算墙面砖的单价。

【解】墙面砖单价＝（35.26＋2.72）×（1＋1.5%）×（1＋2%）元/m²
　　　　　　＝39.32元/m²

【例3-9】根据以下资料，计算白石子的材料单价。白石子系地方材料，经货源调查后确定甲厂可供货20%，原价为82.20元/t；乙厂可供货25%，原价为81.4元/t；丙厂可供货30%，原价为83.60元/t；其余由丁厂供货，原价为80.8元/t。甲、丙两厂材料采用水路运输，运费0.4元/（t·km），装卸费2.9元/t，驳船费1.3元/t，途中损耗2.5%，甲厂

运距为50km，丙厂运距为66km。乙、丁两厂材料采用汽车运输，运距分别为58km和60km，运费为0.5元/(t·km)，调车费1.5元/t，装卸费2.4元/t，途中损耗3%。采购及保管费率为2.5%。（注：原价中已包含包装费，地方材料直接从厂家采购，不计供销部门手续费。）

【解】（1）加权平均原价计算

$$加权平均原价 = 82.20 元/t×20\% + 81.4 元/t×25\% + 83.60 元/t×30\% +$$
$$80.8 元/t×25\% = 82.07 元/t$$

（2）加权平均运杂费计算

1）加权平均运距 $= 50km×20\% + 58km×25\% + 66km×30\% + 60km×25\% = 59.3km$

2）加权平均调车（驳船）费 $= 1.3 元/t×(20\% + 30\%) + 1.5 元/t×(25\% + 25\%) = 1.4 元/t$

3）加权平均装卸费 $= 2.9 元/t×(20\% + 30\%) + 2.4 元/t×(25\% + 25\%) = 2.65 元/t$

4）加权平均运输费 $= [0.4 元/(t·km)×(20\% + 30\%) + 0.5 元/(t·km)×(25\% + 25\%)] ×59.3km = 26.69 元/t$

综合以上费用，加权平均运杂费 $= 1.4 元/t + 2.65 元/t + 26.69 元/t = 30.74 元/t$

（3）加权平均运输损耗率计算

加权平均运输损耗率 $= 2.5\% ×(20\% + 30\%) + 3\% ×(25\% + 25\%) = 2.75\%$

（4）白石子平均单价计算

$$白石子平均单价 = (82.07元/t + 30.74元/t)×(1 + 2.75\%)×(1 + 2.5\%)$$
$$= 118.81 元/t$$

3. 消耗量定额材料费的计算

消耗量定额单价中的材料费按以下公式计算：

$$消耗量定额单价材料费 = \sum 消耗量定额材料消耗量 × 材料单价$$

【例3-10】 铺贴大理石楼地面（500mm×500mm），在某地区预算定额中，完成这一分项工程，每100m² 消耗大理石101.5m²、1:4 水泥砂浆3.05m³、素水泥浆0.3m³、白水泥10kg、石料切割锯片0.35 片、水3.0m³，零星材料43.0 个单位。该地区各材料单价如下：大理石130.00 元/m²、1:4 水泥砂浆194.06 元/m³、素水泥浆421.78 元/m³、白水泥0.42元/kg、石料切割锯片12元/片、水4.05 元/m³，零星材料每单位的单价为1.0 元，试确定该定额单价材料费。

【解】 单价材料费 $= (101.5 ×130.00 + 3.05 ×194.06 + 0.3 ×421.78 + 10 ×0.42 +$
$$0.35 ×12 + 3.0 ×4.05 + 43 ×1) 元/100m² = 13976.96 元/100m²$$

3.3.3 机械台班费的确定

施工机械台班费是指施工作业中所发生的施工机械、仪器仪表使用费或租赁费，是根据施工中耗用的机械台班数量和机械台班单价确定的。施工机械台班数量按预算定额规定计算；机械台班单价是指一台施工机械在正常运转情况下一个台班所应支出和分摊的全部费用，每台班按 8 小时工作制计算。

1. 机械台班单价的组成及确定方法

机械台班单价 = 台班折旧费 + 台班大修费 + 台班经常修理费 + 台班安拆费及场外运费
+ 台班人工费 + 台班燃料动力费 + 台班车船税费

（1）台班折旧费　台班折旧费是指施工机械在规定使用期限内，陆续收回其原值及购置资金的时间价值。台班折旧费计算公式为

$$台班折旧费 = \frac{机械预算价格(1 - 残值率) \times 时间价值系数}{耐用总台班}$$

其中，机械预算价格计算如下：

国产机械预算价格 = 机械原值 + 供销部门手续费和一次运杂费 + 车辆购置税

进口机械预算价格 = 到岸价格 + 关税 + 增值税 + 消费税 +

外贸部门手续费和国内一次运杂费 + 财务税 + 车辆购置税

残值率指施工机械报废时回收其残余价值占机械原值的百分比。

时间价值系数指购置施工机械的资金在施工生产过程中随时间推移产生的单位增值，计算公式为

$$时间价值系数 = 1 + \frac{折旧年限 + 1}{2} \times 年折现率$$

年折现率按编制期银行年贷款利率确定；折旧年限指施工机械逐年计提固定资产折旧的期限。

耐用总台班是指施工机械从开始投入使用至报废前使用的总台班数。

耐用总台班 = 折旧年限 × 年工作台班 = 大修间隔台班 × 大修周期

大修周期 = 寿命周期大修理次数 + 1

（2）台班大修费　台班大修费是指施工机械按规定的大修间隔台班进行必要的大修，以恢复其正常的功能所需的费用。台班大修费计算公式为

$$台班大修费 = \frac{一次大修理费 \times 寿命期内大修理次数}{耐用总台班}$$

（3）台班经常修理费　台班经常修理费是指施工机械除大修以外的各级保养以及临时故障排除所需的费用。其内容包括为保障机械正常运转所需替换设备与随机配备工具附具的摊销和维护费用，机械运转及日常保养所需润滑擦拭材料费及机械停滞期间的维护和保养费用等。台班经常修理费计算公式为

$$台班经常修理费 = \frac{\sum(各级保养一次费用 \times 寿命期各级保养总次数) + 临时故障排除费}{耐用总台班} +$$

替换设备和工具附具台班摊销费 + 例保辅料费

当台班经常修理费计算公式中的各项数值难以确定时，可按下面公式计算：

$$台班经常修理费 = 台班大修理费 \times K$$

式中　K——台班经常修理费系数，可根据《全国统一施工机械台班费用编制规则》（2001）附录 A 查取。

（4）台班安拆费及场外运输费　台班安拆费是指施工机械（大型机械除外）在现场进行安装、拆卸所需人工、材料、机械和试运转费用，以及机械辅助设施的折旧、搭设、拆除等费用。

台班场外运输费是指施工机械整体或分体从停放地点运至施工现场或从一个施工地点运至另一个施工地点的运输、装卸、辅助材料以及架线等费用。

安拆费及场外运输费根据施工机械不同分为计入台班单价、单独计算和不计算三种。

工地间移动较为频繁的小型机械及部分中型机械，安拆费及场外运输费应计入台班单价，计算公式为

$$台班安拆费及场外运费 = \frac{一次安拆费及场外运费 \times 年平均安拆次数}{年工作台班}$$

移动有一定难度的特大型、大型（包括少数中型）机械，其安拆费及场外运输费应单独计算。单独计算的安拆费及场外运输费除应计算安拆费、场外运输费外，还应计算辅助设施（包括基础、底座、固定锚桩、行走轨道枕木等）的折旧、搭设和拆除等费用。

不需安装、拆卸且自身又能开行的机械和固定在车间不需安装、拆卸及运输的机械，其安拆费及场外运输费不计算。

（5）台班人工费　台班人工费是指机上驾驶人、司炉工人和其他操作人员的人工费。台班人工费计算公式为

$$台班人工费 = \frac{人工消耗量 \times (1 + 年制度工作日 \times 年工作台班) \times 人工单价}{年工作台班}$$

（6）台班燃料动力费　台班燃料动力费是指施工机械在运转作业中所耗费的固体燃料（煤炭、木材）、液体燃料（汽油、柴油）及水电等费用。

台班燃料动力费计算公式为

$$台班燃料动力费 = 台班燃料动力消耗量 \times 燃料动力单价$$

（7）台班车船税费　指施工机械按照国家规定应缴纳的车船税、保险费用、年检费用等。

2. 消耗定额中施工机械使用费的计算

消耗量定额单价中的施工机械使用费按以下公式计算：

$$消耗量定额施工机械使用费 = \sum 定额施工机械台班消耗量 \times 机械台班单价$$

【例3-11】铺贴大理石楼地面（500mm×500mm），在某地区预算定额中，完成这一分项工程，每100m² 消耗灰浆搅拌机（200L）0.51 台班、石料切割机1.4 台班，该地区灰浆搅拌机（200L）单价为61.82 元/台班、石料切割机单价为20.59 元/台班，试确定该定额单价机械费。

【解】单价机械费 = $(0.51 \times 61.82 + 1.4 \times 20.59)$ 元/100m² = 60.35 元/100m²

练一练

3.3-1　生产工人的人工工日单价由_____、_____、津贴补贴、加班加点工资和_____组成。

3.3-2　消耗量定额单价人工费等于定额工日数乘以_____。

3.3-3　材料价格是指材料（包括构件、成品及半成品等）从其来源地（或交货地点）到达施工工地仓库后的出库价格。材料单价一般由_____、_____、运输损耗费、_____、_____构成。

3.3-4　施工机械台班单价由 7 项费用组成，即_____、_____、台班经常修理费、_____、_____、台班燃料动力费、台班车船税费等。

3.4　房屋建筑与装饰工程消耗量定额应用

学习目标

1. 熟悉建筑装饰工程消耗量定额。
2. 掌握定额的直接使用、换算使用。
3. 熟悉定额的补充使用。

本节导学

正确使用消耗量定额是编制施工图预算的基础。正确使用消耗量定额，应认真阅读定额手册中的总说明、分部工程说明、分节说明、定额附注和附录，了解各分部分项工程名称、项目单位、工作内容等，正确理解和应用各分部分项工程的工程量计算规则。

在定额的应用过程中，通常会遇到以下几种情况：定额的直接使用、换算和补充。本节以《房屋建筑与装饰工程消耗量定额》（TY01—31—2015）为例，阐述建筑装饰工程消耗量定额的应用方法。

3.4.1　直接使用

当分项工程设计要求的工作内容、技术特征、施工方法、材料规格等与拟套的定额分项工程规定的工作内容、技术特征、施工方法、材料规格完全相符时，可直接套用定额。

【例3-12】某酒店大厅地面面积为300m²，施工图设计要求用干混地面砂浆 DS M20 铺贴大理石板（600mm×600mm），试计算该分项工程消耗的人工、材料、施工机械台班数量。

【解】1）根据题意查找相应的定额项目，确定定额编号、项目名称、计量单位，则可直接套用定额项目的人工、材料、施工机械台班消耗量。

2）根据定额 11-17，查得定额消耗量，见表 3-1。

3）根据定额11-17确定的消耗量及工程量，计算该分项工程消耗的人工、材料、施工机械台班数量（见表3-6）。

$$人工消耗数量=工程量×消耗量定额的人工消耗量$$
$$材料消耗数量=工程量×消耗量定额的材料消耗量$$
$$机械台班消耗数量=工程量×消耗量定额的机械台班消耗量$$

表3-6 300m² 大理石楼地面（600mm×600mm）消耗量计算表

工料机名称	工程量 ①	定额消耗量 ②	消耗数量 ③=①×②
合计工日		0.20202 工日/m²	0.20202 工日/m²×300m²=60.61 工日
白水泥		0.1020kg/m²	0.1020kg/m²×300m²=30.6kg
大理石板		1.0200m²/m²	1.0200m²/m²×300m²=306m²
石料切割锯片		0.00615 片/m²	0.00615 片/m²×300m²=1.845 片
棉纱头	300m²	0.0100kg/m²	0.0100kg/m²×300m²=3kg
水		0.0260m³/m²	0.0260m³/m²×300m²=7.8m³
锯木屑		0.0060m³/m²	0.0060m³/m²×300m²=1.8m³
干混地面砂浆 DS M20		0.0204m³/m²	0.0204m³/m²×300m²=6.12m³
干混砂浆罐式搅拌机		0.0034 台班/m²	0.0034 台班/m²×300m²=1.02 台班

3.4.2 换算使用

当建筑装饰施工图的设计要求与消耗量定额的工程内容、材料规格、施工方法等条件不一致时，不能直接套用消耗量定额，要根据消耗量定额文字说明部分的有关规定进行换算后再套用定额。消耗量定额的换算主要有砂浆换算、块料用量换算、系数换算和其他换算几种类型。

1. 砂浆换算

《房屋建筑与装饰工程消耗量定额》（TY01—31—2015）规定：

▲ 定额注明的砂浆种类、配合比、饰面材料及型号规格与设计不同时，可按设计规定调整。

▲ 抹灰砂浆厚度，当设计与定额不同时，按相应增减厚度项目调整。

（1）砂浆换算原因 当设计要求的抹灰砂浆配合比或抹灰厚度与定额的配合比或抹灰厚度不同时，就要进行抹灰砂浆换算。

（2）砂浆换算形式

1）第一种形式：当抹灰厚度不变，只有配合比变化时，人工、机械台班用量不变，只调整砂浆中原材料的用量。

2）第二种形式：当抹灰厚度发生变化且定额允许换算时，砂浆用量发生变化，人工、材料、机械台班均要调整。

（3）换算公式

1）第一种形式：人工、机械台班、其他材料不变。

$$换入砂浆用量 = 换出砂浆用量$$

$$换入砂浆原材料用量 = 换入砂浆配合比用量 \times 换出的定额砂浆用量$$

2）第二种形式：人工、材料、机械台班用量均要调整。

$$k = 换入砂浆总厚度 / 定额砂浆总厚度$$

$$换算后人工用量 = k \times 定额工日数$$

$$换算后机械台班用量 = k \times 定额台班数$$

$$换算后砂浆用量 = \frac{换入砂浆厚度}{定额砂浆厚度} \times 定额砂浆用量$$

$$换入砂浆原材料用量 = 换入砂浆配合比用量 \times 换算后砂浆用量$$

【例3-13】已知水刷石消耗量定额及水泥白石子浆配合比，见表3-7和表3-8，试确定干混抹灰砂浆 DP M10 打底，1:2 水泥白石子浆墙面水刷石的定额消耗量。

表 3-7　水刷石定额子目内容

工作内容：1. 清理基层、修补堵眼、润湿基层、调运砂浆、清扫落地灰

　　　　　2. 分层抹灰找平、抹装饰面、勾分格缝　　　　　　　　（计量单位：100m²）

定　额　编　号			12—12	12—13	12—14
项目			水刷石	干粘白石子	斩假石
名称		单位	消耗量		
人工	合计工日	工日	22.316	18.605	39.085
材料	干混抹灰砂浆 DP M10	m³	1.285	1.928	1.285
	水泥豆石子浆 1:1.25	m³	1.03	—	1.03
	白石子	t	—	0.754	—
	水	m³	3.159	0.954	0.968
机械	灰浆搅拌机 200L	台班	0.172	—	0.172
	干混砂浆罐式搅拌机	台班	0.214	0.321	0.214

表 3-8　水泥白石子浆配合比　　　　　　　　　　　　（计量单位：m³）

材料项目	单位	水泥白石子浆				
		1:1.25	1:1.5	1:2	1:2.5	1:3
水泥 42.5	t	1.099	0.915	0.686	0.550	0.458
白石子（中八厘）	kg	1072.000	1189.000	1376.000	1459.000	1459.000
水	m³	0.300	0.300	0.3000	0.3000	0.300

【解】本例符合第一种换算条件

查表3-7知，换算定额编号：12-12。

由 12-12 知，人工、机械台班、其他材料不变，只调整水泥白石子浆的用量。

1:2 水泥白石子浆用量 = 水泥豆石子浆 1:1.25 用量 = 1.03m³/100m²

查表3-8知1:2水泥白石子浆配合比，换算后1:2水泥白石子浆原材料用量计算如下。

42.5 级水泥：（686 × 1.03）kg/100m² = 706.58kg/100m²

白石子：$(1376 \times 1.03) \ kg/100m^2 = 1417.28kg/100m^2$

水：$(0.3 \times 1.03) \ m^3/100m^2 = 0.309m^3/100m^2$

块料用量
换算

2. 块料用量换算

当设计图样规定的块料规格品种与定额给定的块料规格品种不同时，就要进行块料用量换算。

$$1m^2 \ 面砖消耗量 = \frac{1}{(块料长 + 灰缝宽) \times (块料宽 + 灰缝宽)} \times (1 + 损耗率)$$

【例3-14】 某工程设计要求，外墙面干混抹灰砂浆贴 $100mm \times 100mm$ 无釉面砖，灰缝宽5mm，面砖损耗率3.5%，试计算每 $1m^2$ 外墙贴面砖的消耗量（面砖定额见表3-9）。

表3-9　面砖部分定额子目内容

工作内容：1. 基层清理、修补、调运砂浆、砂浆打底、铺抹结合层

2. 选料、贴面转、擦缝、清洁表面　　　　　　　　　　（计量单位：$100m^2$）

定额编号		12—53	12—54
项目		面砖 每块面积 $0.01m^2$ 以内预拌砂浆（干混）	
		面砖灰缝/mm	
		5	10 以内
名称	单位	消耗量	
人工 合计工日	工日	42.509	0.6151
材料 面砖 95×95	m^2	92.961	87.63
干混抹灰砂浆 DP M10	m^3	2.225	2.256
石料切割锯片	片	0.237	0.237
棉纱	kg	1.05	1.05
水	m^3	1.005	1.005
电	kW·h	6.96	6.96
机械 干混砂浆搅拌机	台班	0.371	0.376

【解】 查定额知，可根据定额12—53（表3-9）换算。

每 $1m^2$ 的 $100mm \times 100mm$ 面砖总消耗量 $= \left[\dfrac{1}{(0.1+0.005) \times (0.1+0.005)} \times (1+3.5\%) \right]$ 块/m^2

$$= \left(\frac{1}{0.011025} \times 1.035 \right) 块/m^2$$

$$= 93.87 \ 块/m^2$$

折合面积 $= (93.87 \times 0.1 \times 0.1 \times 100) \ m^2/100m^2 = 93.87m^2/100m^2$

其他材料不变，均同原定额，即同 12—53。

3. 系数换算

系数换算是指按定额规定，使用某些定额时，定额的人工、材料、机械台班乘以一定的系数。建筑装饰工程中常见的几种情况如下：

1）楼梯踢脚线按相应定额乘以系数 1.15。

2）圆弧形、锯齿形等不规则墙面抹灰、镶贴块料按相应项目人工乘以系数 1.15，材料乘以系数 1.05。

3）轻钢龙骨、铝合金龙骨定额中为双层结构，如实际工作中为单层结构，人工乘以系数 0.85。

【例 3-15】 装配式 T 形铝合金顶棚龙骨（单层结构、不上人），面层规格 450mm × 450mm，平面顶棚，试计算其定额（铝合金龙骨定额见表 3-10）。

表 3-10　铝合金龙骨部分定额子目内容

工作内容：1. 定位、弹线、射钉、膨胀螺栓及吊筋安装
2. 选料、下料组装
3. 安装龙骨及吊配附件、临时固定支撑
4. 预留孔洞、安封边龙骨
5. 调整、校正

（计量单位：$100m^2$）

定额编号			13—46	13—47	13—48	13—49
项目			装配式 T 形铝合金顶棚龙骨（不上人型）			
			规格（$\frac{长}{mm}\times\frac{宽}{mm}$）			
			300 × 300		450 × 450	
			平面	跌级	平面	跌级
名称		单位	数量			
人工	合计工日	工日	10.397	11.552	9.174	10.91
材料	铝合金龙骨不上人型（平面）300 × 300	m^2	105.000	—	—	—
	铝合金龙骨不上人型（跌级）300 × 300	m^2	—	105.000	—	—
	铝合金龙骨不上人型（平面）450 × 450	m^2	—		105.000	—
	铝合金龙骨不上人型（跌级）450 × 450	m^2	—	—	—	105.000
	吊杆	kg	31.600	35.600	31.600	35.600
	六角螺栓	kg	1.310	1.700	1.580	1.63
	膨胀螺栓	套	125.995	125.995	125.995	125.995
	射钉	10 个	15.200	14.800	15.200	14.800
	合金钢钻头	个	0.650	0.650	0.650	0.650
	铁件（综合）	kg	—	5.410	—	5.410
	角钢（综合）	kg	—	122.000	—	122.000
	杉木板	m^3	—	0.040	—	0.040
	电	kW · h	16.124	17.913	14.227	16.918

【解】定额中轻钢龙骨、铝合金龙骨为双层结构，如实际工作中为单层结构，人工乘以系数 0.85，根据定额 13—48（表 3-10）换算。

换算后

$$合计工日 = 9.174\ 工日/100m^2 \times 0.85 = 7.798\ 工日/100m^2$$

材料、机械用量不变。

4. 其他换算

其他换算是指不属于上述几种换算情况的换算。例如：

1）隔墙（间壁）、隔断（护壁）、幕墙等定额中龙骨间距、规格如与设计不同，定额用量允许调整。

2）铝合金地弹门制作型材（框料）按 101.6mm×44.5mm、厚 1.5mm 方管计算，如实际采用的型材断面及厚度与定额取定规格不符，可按图示尺寸乘以线密度加 6% 的施工损耗计算型材重量。

【例 3-16】某工程隔墙采用铝合金 T 形龙骨，$h = 35mm$，单向，间距 450mm，试计算铝合金龙骨的定额用量（铝合金龙骨定额见表 3-11）。

表 3-11 铝合金龙骨部分定额子目内容

工作内容：1. 基层清理　2. 定位　3. 弹线　4. 钻眼　5. 安膨胀螺栓　6. 安装龙骨

（计量单位：100m²）

定 额 编 号			12—132	12—133	12—134
项　目			轻钢龙骨	铝合金龙骨	型钢龙骨
			中距/mm		
			竖 603 横 1500	单向 500	单向 1500
名　称		单位	消耗量		
人工	合计工日	工日	5.220	5.539	4.212
材料	镀锌轻钢龙骨 75×50	m	198.750	—	—
	镀锌轻钢龙骨 75×40	m	106.000	—	—
	抽芯铆钉 4×13	100 个	9.350	—	—
	铝合金 T 形龙骨 h=35	m	—	247.333	—
	金属膨胀螺栓 M8	套	211.555	542.111	272.000
	角钢（综合）	kg	—	—	427.887
	底合金钢焊条 E43 系列	kg	—	—	1.641
	乙炔气	m³	—	—	0.166
	电	kW·h	30.660	56.280	29.160
机械	交流电焊机 32kV·A	台班	—	—	0.338

【解】选用定额 12—133（表 3-11），通过分析发现铝合金龙骨的断面不变，只需调整由

于间距变化的定额用量，采用比例法可以计算出需用量。

$$换算后铝合金龙骨用量 = 247.333 \times \frac{500}{450} \text{m}/100\text{m}^2 = 309.166 \text{m}/100\text{m}^2$$

3.4.3 补充使用

当分项工程的设计内容与定额项目规定的条件完全不相同时，或者由于设计采用新结构、新材料、新工艺，在消耗量定额中没有同类项目时，可编制补充定额。

编制补充定额通常有两种方法：

1）按照本章介绍的编制方法计算项目的人工、材料和机械台班消耗量标准。

2）补充项目的人工、机械台班消耗量，以同类型工序、同类型产品定额水平消耗量标准为依据，套用相应的定额项目；材料按施工图进行计算或实际测定。

补充项目的定额编号一般为"章号—补×"，"×"为序号。

练一练

3.4-1 在定额的应用过程中，通常会遇到_____、_____、_____三种情况。

3.4-2 消耗量定额的换算主要有_____、_____、_____和其他换算四种类型。

3.4-3 某宾馆大厅地面面积为400m²，施工图设计要求用干混地面砂浆 DS M20 铺贴大理石板（80mm×80mm，多色），试利用《房屋建筑与装饰工程消耗量定额》（TY01—31—2015）（表3-7），确定该分项工程消耗的人工、材料、施工机械台班数量。

3.4-4 利用《房屋建筑与装饰工程消耗量定额》（TY01—31—2015）（表3-7），确定完成200m²斩假石墙所消耗的人工、材料、施工机械台班数量。

3.4-5 利用《房屋建筑与装饰工程消耗量定额》（TY01—31—2015）（参考表3-12内容）确定单层木门单面刷油（底油一遍，刮腻子，调和漆两遍，磁漆一遍）的消耗量定额。

表3-12 木材面部分定额子目内容

工作内容：1. 清扫 2. 打磨 3. 补嵌腻子 4. 刷底油一边 5. 刷调和漆两遍 6. 磁漆一遍

（计量单位：100m²）

定额编号		14—4	14—5	14—6
项 目		单层木门		
		刷底油、调和漆两遍	润油粉、满刮腻子、调和漆一遍	每增加一遍磁漆
		磁漆一遍	磁漆两遍	
名 称	单位	消耗量		
人工	合计人工	工日	17.176	25.893	5.344
材料	醇酸磁漆各色	kg	20.91	39.73	18.82
	酚醛调合漆	kg	49.692	24.846	18.82
	熟桐油	kg	4.255	6.888	—
	油漆溶剂油	kg	8.213	5.99	—

（续）

定额编号		14—4	14—5	14—6
项　目		单层木门		
		刷底油、调和漆两遍	润油粉、满刮腻子、调和漆一遍	每增加一遍磁漆
		磁漆一遍	磁漆两遍	
名　称	单位	消耗量		
材料	石膏粉　kg	5.04	58.292	—
	清油　kg	1.733	3.541	—
	醇酸漆稀释剂　kg	—	2.122	2.122
	水砂纸　张	48.000	60.000	3.000
	大白粉　kg	—	18.662	—
	其他材料费　%	2.000	2.000	2.000

3.4-6　某工程隔墙采用铝合金T形龙骨，单向，间距400mm，利用《房屋建筑与装饰工程消耗量定额》（TY01—31—2015），确定铝合金龙骨用量。（参考表3-11）

【本章回顾】

1. 建筑装饰工程消耗量定额是指在正常的施工技术与组织条件下，完成规定计量单位的合格产品所需的人工、材料、施工机械台班的标准，它反映的是社会平均消耗水平。

2. 建筑装饰工程消耗量定额的消耗量指标是指完成定额规定计量单位的分项工程所需的人工、材料和机械台班的消耗数量，具体包括人工消耗量指标、材料消耗量指标和机械台班消耗量指标。

3. 建筑装饰工程消耗量定额中的人工消耗量指标是指完成一定计量单位分项工程所有用工的数量，此用工包括基本用工和其他用工两部分。

4. 消耗量定额中的材料消耗量指标由材料净用量和材料损耗量组成。材料净用量是指实际耗用在工程实体上的材料用量；材料损耗量是指材料在施工现场所发生的运输损耗、施工操作损耗以及有关施工现场材料堆放损耗的总和。

5. 消耗量定额中的机械台班消耗量指标，是指完成规定计量单位的合格产品所需的施工机械台班的标准，是以台班为单位计算的，每台班为8个工作小时。

6. 人工单价是指一个建筑安装生产工人一个工作日在预算中应计入的全部人工费，其基本构成包括：计时工资或计件工资、奖金、津贴补贴、加班加点工资、特殊情况下支付的工资。

7. 材料价格是指材料（包括构件、成品及半成品等）从其来源地（或交货地点）到达施工工地仓库后的出库价格。材料单价一般包括材料原价、材料运杂费、运输损耗费、采购及保管费。

8. 根据《全国统一施工机械台班费用编制规则》（2001），施工机械台班单价由 7 项费用组成，即台班折旧费、台班大修理费、台班经常修理费、台班安拆费及场外运费、台班人工费、台班燃料动力费、台班车船税费。

9. 在定额的应用过程中，通常会遇到直接套用、换算使用和补充使用三种情况。消耗量定额的换算主要有砂浆换算、块料用量换算、系数换算和其他换算四种类型。

建筑装饰工程费用

本章的主要内容有：按费用构成要素划分的建筑装饰工程费用构成、按造价形成划分的建筑装饰工程费用构成、工料单价法计价程序、综合单价法计价程序及综合单价的确定。

通过本章的学习，我们要：了解传统定额中建筑装饰工程费用构成，了解工程量清单计价方式下建筑装饰工程费用构成，了解清单计价中费用构成与定额计价的区别和联系，掌握建筑装饰工程费用的计算方法。

4.1 建筑装饰工程费用的构成

学习目标

1. 熟悉建筑装饰工程费用的构成。
2. 掌握按费用构成要素划分的建筑装饰工程费用的构成。
3. 掌握按造价形成划分的建筑装饰工程费用的构成。

本节导学

随着工程量清单计价的实施，我们面临的是建筑装饰企业将如何编制好适合自己企业的定额，这就需要工程人员必须熟悉和掌握建筑装饰工程的费用组成，更好地去推动清单计价模式的实施和完善。本节将主要介绍定额计价方式和清单计价方式下建筑装饰工程费用的构成框架和具体内容。

4.1.1 按照费用构成要素划分的建筑装饰工程费用构成

根据2013年建设部、财政部颁发的《建筑安装工程费用项目组成》（建标［2013］44号）规定，建筑安装工程费按照费用构成要素划分：由人工费、材料（包含工程设备，下同）费、施工机具使用费、企业管理费、利润、规费和增值税组成。其中人工费、材料费、施工机具使用费、企业管理费和利润包含在分部分项工程费、措施项目费、其他项目费中，如图 4-1 所示。

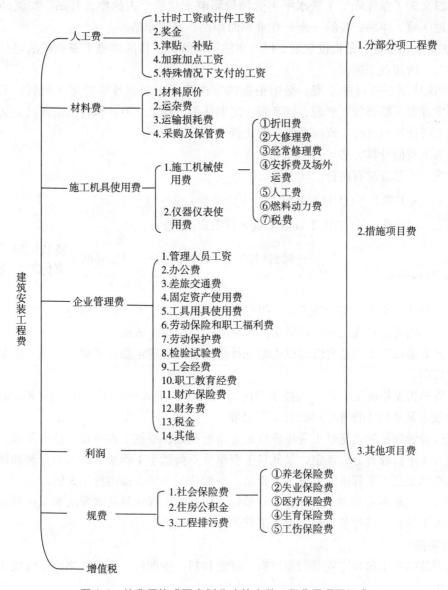

图 4-1　按费用构成要素划分建筑安装工程费用项目组成

1. 人工费

人工费是指按工资总额构成规定，支付给从事建筑安装工程施工的生产工人和附属生产单位工人的各项费用。

（1）人工费的内容

1）计时工资或计件工资：是指按计时工资标准和工作时间或对已做工作按计件单价支付给个人的劳动报酬。

2）奖金：是指对超额劳动和增收节支支付给个人的劳动报酬。如节约奖、劳动竞赛奖等。

3）津贴补贴：是指为了补偿职工特殊或额外的劳动消耗和因其他特殊原因支付给个人的津贴，以及为了保证职工工资水平不受物价影响支付给个人的物价补贴。如流动施工津贴、特殊地区施工津贴、高温（寒）作业临时津贴、高空津贴等。

4）加班加点工资：是指按规定支付的在法定节假日工作的加班工资和在法定日工作时间外延时工作的加点工资。

5）特殊情况下支付的工资：是指根据国家法律、法规和政策规定，因病、工伤、产假、计划生育假、婚丧假、事假、探亲假、定期休假、停工学习、执行国家或社会义务等原因按计时工资标准或计时工资标准的一定比例支付的工资。

（2）人工费的计算方法

人工费的计算方法有两种。

公式1：人工费 = $\sum$（工日消耗量 × 日工资单价）

公式2：人工费 = $\sum$（工程工日消耗量 × 日工资单价）

$$日工资单价 = \frac{生产工人平均月工资（计时、计件）+ 平均月\left(奖金 + 津贴补贴 + {特殊情况下 \atop 支付的工资}\right)}{年平均每月法定工作日}$$

注：①公式1主要适用于施工企业投标报价时自主确定人工费，也是工程造价管理机构编制计价定额确定定额人工单价或发布人工成本信息的参考依据。

②公式2适用于工程造价管理机构编制计价定额时确定定额人工费，是施工企业投标报价的参考依据。

日工资单价是指施工企业平均技术熟练程度的生产工人在每工作日（国家法定工作时间内）按规定从事施工作业应得的日工资总额。

工程造价管理机构确定日工资单价应通过市场调查，根据工程项目的技术要求，参考实物工程量人工单价综合分析确定，最低日工资单价不得低于工程所在地人力资源和社会保障部门所发布的最低工资标准的：普工1.3倍、一般技工2倍、高级技工3倍。

工程计价定额不可只列一个综合工日单价，应根据工程项目技术要求和工种差别适当划分多种日人工单价，确保各分部工程人工费的合理构成。

2. 材料费

材料费是指施工过程中耗费的原材料、辅助材料、构配件、零件、半成品或成品、工程设备的费用。

（1）材料费的内容

1）材料原价：是指材料、工程设备的出厂价格或商家供应价格。

2）运杂费：是指材料、工程设备自来源地运至工地仓库或指定堆放地点所发生的全部费用。

3）运输损耗费：是指材料在运输装卸过程中不可避免的损耗。

4）采购及保管费：是指为组织采购、供应和保管材料、工程设备的过程中所需要的各项费用。包括采购费、仓储费、工地保管费、仓储损耗。

工程设备是指构成或计划构成永久工程一部分的机电设备、金属结构设备、仪器装置及其他类似的设备和装置。

（2）材料费的计算方法

1）材料费 = $\sum$（材料消耗量 × 材料单价）

材料单价 = {（材料原价 + 运杂费）×［1 + 运输损耗率（%）］} ×［1 + 采购保管费率（%）］

2）工程设备费 = $\sum$（工程设备量 × 工程设备单价）

工程设备单价 =（设备原价 + 运杂费）×［1 + 采购保管费率（%）］

3. 施工机具使用费

施工机具使用费是指施工作业所发生的施工机械、仪器仪表使用费或其租赁费。

（1）施工机械使用费的内容

施工机械使用费以施工机械台班耗用量乘以施工机械台班单价表示，施工机械台班单价应由下列七项费用组成。

1）折旧费：指施工机械在规定的使用年限内，陆续收回其原值的费用。

2）大修理费：指施工机械按规定的大修理间隔台班进行必要的大修理，以恢复其正常功能所需的费用。

3）经常修理费：指施工机械除大修理以外的各级保养和临时故障排除所需的费用。包括为保障机械正常运转所需替换设备与随机配备工具附具的摊销和维护费用，机械运转中日常保养所需润滑与擦拭的材料费用及机械停滞期间的维护和保养费用等。

4）安拆费及场外运费：安拆费指施工机械（大型机械除外）在现场进行安装与拆卸所需的人工、材料、机械和试运转费用以及机械辅助设施的折旧、搭设、拆除等费用；场外运费指施工机械整体或分体自停放地点运至施工现场或由一施工地点运至另一施工地点的运输、装卸、辅助材料及架线等费用。

5）人工费：指机上驾驶人（司炉工人）和其他操作人员的人工费。

6）燃料动力费：指施工机械在运转作业中所消耗的各种燃料及水、电等的费用。

7）税费：指施工机械按照国家规定应缴纳的车船使用税、保险费及年检费等。

（2）仪器仪表使用费

仪器仪表使用费是指工程施工所需使用的仪器仪表的摊销及维修费用。

（3）施工机械使用费的计算方法

施工机械使用费 = $\sum$（施工机械台班消耗量 × 机械台班单价）

机械台班单价 = 台班折旧费 + 台班大修费 + 台班经常修理费 + 台班安拆费及场外运费 + 台班人工费 + 台班燃料动力费 + 台班车船税费

（4）仪器仪表使用费的计算方法

仪器仪表使用费 = 工程使用的仪器仪表摊销费 + 维修费

4. 企业管理费

企业管理费是指建筑安装企业组织施工生产和经营管理所需的费用。

（1）企业管理费的内容

1）管理人员工资：是指按规定支付给管理人员的计时工资、奖金、津贴补贴、加班加点工资及特殊情况下支付的工资等。

2）办公费：是指企业管理办公用的文具、纸张、账表、印刷、邮电、书报、办公软件、现场监控、会议、水电、烧水和集体取暖降温（包括现场临时宿舍取暖降温）等费用。

3）差旅交通费：是指职工因公出差、调动工作的差旅费、住勤补助费，市内交通费和误餐补助费，职工探亲路费，劳动力招募费，职工退休、退职一次性路费，工伤人员就医路费，工地转移费以及管理部门使用的交通工具的油料、燃料等费用。

4）固定资产使用费：是指管理和试验部门及附属生产单位使用的属于固定资产的房屋、设备、仪器等的折旧、大修、维修或租赁费。

5）工具用具使用费：是指企业施工生产和管理使用的不属于固定资产的工具、器具、家具、交通工具和检验、试验、测绘、消防用具等的购置、维修和摊销费。

6）劳动保险和职工福利费：是指由企业支付的职工退职金、按规定支付给离休干部的经费、集体福利费、夏季防暑降温费、冬季取暖补贴、上下班交通补贴等。

7）劳动保护费：是企业按规定发放的劳动保护用品的支出。如工作服、手套、防暑降温饮料以及在有碍身体健康的环境中施工的保健费用等。

8）检验试验费：是指施工企业按照有关标准规定，对建筑以及材料、构件和建筑安装物进行一般鉴定、检查所发生的费用，包括自设试验室进行试验所耗用的材料等费用。不包括新结构、新材料的试验费，对构件做破坏性试验及其他特殊要求检验试验的费用和建设单位委托检测机构进行检测的费用，对此类检测发生的费用，由建设单位在工程建设其他费用中列支。但对施工企业提供的具有合格证明的材料进行检测不合格的，该检测费用由施工企业支付。

9）工会经费：是指企业按《中华人民共和国工会法》规定的全部职工工资总额比例计提的工会经费。

10）职工教育经费：是指按职工工资总额的规定比例计提，企业为职工进行专业技术和职业技能培训、专业技术人员继续教育、职工职业技能鉴定、职业资格认定以及根据需要对职工进行各类文化教育所发生的费用。

11）财产保险费：是指施工管理用财产、车辆等的保险费用。

12）财务费：是指企业为施工生产筹集资金或提供预付款担保、履约担保、职工工资支付担保等所发生的各种费用。

13）税金：是指企业按规定缴纳的房产税、车船使用税、土地使用税、印花税等。

14）其他：包括技术转让费、技术开发费、投标费、业务招待费、绿化费、广告费、公证费、法律顾问费、审计费、咨询费、保险费等。

（2）企业管理费费率的计算方法

企业管理费费率按计算基础的不同，计算方法有三种。

1）以分部分项工程费为计算基础进行计算。

$$企业管理费费率（\%）= \frac{生产工人年平均管理费}{年有效施工天数 \times 人工单价} \times 人工费占分部分项工程费比例（\%）$$

2）以人工费和机械费合计为计算基础进行计算。

$$企业管理费费率（\%）= \frac{生产工人年平均管理费}{年有效施工天数 \times \left(人工单价 + \dfrac{每一工日机械使用费}{}\right)} \times 100\%$$

3）以人工费为计算基础进行计算。

$$企业管理费费率（\%）= \frac{生产工人年平均管理费}{年有效施工天数 \times 人工单价} \times 100\%$$

注：上述公式适用于施工企业投标报价时自主确定管理费，是工程造价管理机构编制计价定额确定企业管理费的参考依据。

工程造价管理机构在确定计价定额中的企业管理费时，应以定额人工费（或定额人工费＋定额机械费）作为计算基数，其费率根据历年工程造价积累的资料，辅以调查数据确定，列入分部分项工程和措施项目中。

5. 利润

利润是指施工企业完成所承包工程获得的盈利。利润的计算方法如下。

1）施工企业根据企业自身需求并结合建筑市场实际自主确定，列入报价中。

2）工程造价管理机构在确定计价定额中的利润时，应以定额人工费（或定额人工费＋定额机械费）作为计算基数，其费率根据历年工程造价积累的资料，并结合建筑市场实际确定，以单位（单项）工程测算，利润在税前建筑安装工程费的比重可按不低于 5% 且不高于 7% 的费率计算。利润应列入分部分项工程和措施项目中。

6. 规费

规费是指按国家法律、法规规定，由省级政府和省级有关权力部门规定必须缴纳或计取的费用。

（1）规费的内容

1）社会保险费。

① 养老保险费：是指企业按照规定标准为职工缴纳的基本养老保险费。

② 失业保险费：是指企业按照规定标准为职工缴纳的失业保险费。

③ 医疗保险费：是指企业按照规定标准为职工缴纳的基本医疗保险费。

④ 生育保险费：是指企业按照规定标准为职工缴纳的生育保险费。

⑤ 工伤保险费：是指企业按照规定标准为职工缴纳的工伤保险费。

2）住房公积金：是指企业按照规定标准为职工缴纳的住房公积金。

3）工程排污费：是指企业按照规定缴纳的施工现场工程排污费。

其他应列而未列入的规费，按实际发生计取。

（2）规费的计算方法

1）社会保险费和住房公积金应以定额人工费为计算基础，根据工程所在地省、自治区、直辖市或行业建设主管部门规定费率计算。

社会保险费和住房公积金 = ∑（工程定额人工费 × 社会保险费和住房公积金费率）

社会保险费和住房公积金费率可以每万元发承包价的生产工人人工费和管理人员工资含量与工程所在地规定的缴纳标准综合分析取定。

2）工程排污费。工程排污费等其他应列而未列入的规费应按工程所在地环境保护等部门规定的标准缴纳，按实计取列入。

7. 增值税

增值税是根据国家有关规定，计入建筑安装工程造价内的增值税。根据 2019 年 3 月 20 日财政部、税务总局、海关总署联合发布的《关于深化增值税改革有关政策的公告》（财政部 税务总局 海关总署公告〔2019〕39 号），建筑业增值税率自 2019 年 4 月 1 日起由 10% 调整为 9%。

知识链接

在装饰装修工程计价过程中，除了计算直接消耗在装饰装修工程上的人工、材料、机械的费用以外，还有其他一些凝结在工程上的劳动价值也以一定的费用形式被计取，这些费用包括企业管理费、规费、利润和税金等，都是根据各地区、各部门颁发的费用定额计算而来的。它们是企业得以生存和发展的基础，同时也是我国的装饰装修工程管理和装饰装修工程造价管理的必要保障。

4.1.2 按照造价形成划分的建筑装饰工程费用构成

根据2013年建设部、财政部颁发的《建筑安装工程费用项目组成》（建标［2013］44号）规定，建筑安装工程费按照工程造价形成划分：是由分部分项工程费、措施项目费、其他项目费、规费和增值税组成，详见图4-2。（本章只介绍建筑装饰工程清单计价的费用构成，详细计价方法见第7章）

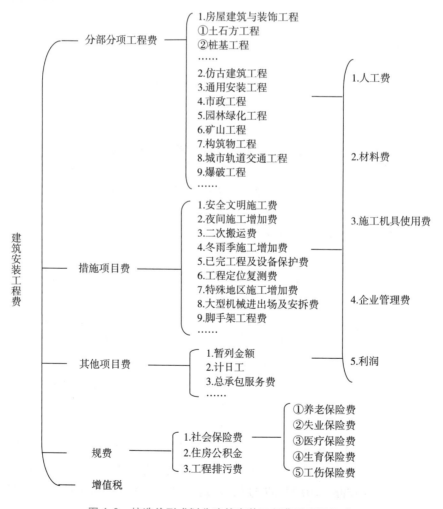

图4-2 按造价形成划分建筑安装工程费用项目组成

1. 分部分项工程费

分部分项工程费是指各专业工程的分部分项工程应予列支的各项费用。

专业工程：是指按现行国家计量规范划分的房屋建筑与装饰工程、仿古建筑工程、通用安装工程、市政工程、园林绿化工程、矿山工程、构筑物工程、城市轨道交通工程、爆破工程等各类工程。

按照造价形成划分的建筑装饰工程费

分部分项工程：是指按现行国家计量规范对各专业工程划分的项目。如房屋建筑与装饰工程划分的土石方工程、地基处理与桩基工程、砌筑工程、钢筋及钢筋混凝土工程等。

各类专业工程的分部分项工程划分见现行国家或行业计量规范。

分部分项工程费的计算方法为

$$分部分项工程费 = \sum (分部分项工程量 \times 综合单价)$$

其中，综合单价包括人工费、材料费、施工机具使用费、企业管理费和利润以及一定范围的风险费用。

2. 措施项目费

措施项目费是指为完成建设工程施工，发生于该工程施工前和施工过程中的技术、生活、安全、环境保护等方面的费用。

（1）措施项目费的内容

1）安全文明施工费。

① 环境保护费：是指施工现场为达到环保部门要求所需要的各项费用。

② 文明施工费：是指施工现场文明施工所需要的各项费用。

③ 安全施工费：是指施工现场安全施工所需要的各项费用。

④ 临时设施费：是指施工企业为进行建设工程施工所必须搭设的生活和生产用的临时建筑物、构筑物和其他临时设施的费用。包括临时设施的搭设、维修、拆除、清理费或摊销费等。

2）夜间施工增加费：是指因夜间施工所发生的夜班补助费、夜间施工降效、夜间施工照明设备摊销及照明用电等费用。

3）二次搬运费：是指因施工场地条件限制而发生的材料、构配件、半成品等一次运输不能到达堆放地点，必须进行二次或多次搬运所发生的费用。

4）冬雨季施工增加费：是指在冬季或雨季施工需增加的临时设施、防滑设施、排除雨雪设施，人工及施工机械效率降低等费用。

5）已完工程及设备保护费：是指竣工验收前，对已完工程及设备采取的必要保护措施所发生的费用。

6）工程定位复测费：是指工程施工过程中进行全部施工测量放线和复测工作的费用。

7）特殊地区施工增加费：是指工程在沙漠或其边缘地区、高海拔、高寒、原始森林等特殊地区施工增加的费用。

8）大型机械设备进出场及安拆费：是指机械整体或分体自停放场地运至施工现场或由一个施工地点运至另一个施工地点，所发生的机械进出场运输和转移费用及机械在施工现场进行安装、拆卸所需的人工费、材料费、机械费、试运转费和安装所需的辅助设施的费用。

9）脚手架工程费：是指施工需要的各种脚手架搭、拆、运输费用以及脚手架购置费的摊销（或租赁）费用。

措施项目及其包含的内容详见各类专业工程的现行国家或行业计量规范。

（2）措施项目费的计算方法

1）国家计量规范规定应予计量的措施项目，其计算公式为

$$措施项目费 = \sum（措施项目工程量 \times 综合单价）$$

2）国家计量规范规定不宜计量的措施项目计算方法为

① 安全文明施工费 = 计算基数 × 安全文明施工费费率（%）

计算基数应为定额基价（定额分部分项工程费 + 定额中可以计量的措施项目费）、定额人工费（或定额人工费 + 定额机械费），其费率由工程造价管理机构根据各专业工程的特点综合确定。

② 夜间施工增加费 = 计算基数 × 夜间施工增加费费率（%）

③ 二次搬运费 = 计算基数 × 二次搬运费费率（%）

④ 冬雨期施工增加费 = 计算基数 × 冬雨季施工增加费费率（%）

⑤ 已完工程及设备保护费 = 计算基数 × 已完工程及设备保护费费率（%）

上述② ~ ⑤项措施项目的计费基数应为定额人工费（或定额人工费 + 定额机械费），其费率由工程造价管理机构根据各专业工程特点和调查资料综合分析后确定。

3. 其他项目费

（1）其他项目费的内容

1）暂列金额：是指建设单位在工程量清单中暂定并包括在工程合同价款中的一笔款项。用于施工合同签订时尚未确定或者不可预见的所需材料、工程设备、服务的采购，施工中可能发生的工程变更、合同约定调整因素出现时的工程价款调整以及发生的索赔、现场签证确认等的费用。

2）计日工：是指在施工过程中，施工企业完成建设单位提出的施工图纸以外的零星项目或工作所需的费用。

3）总承包服务费：是指总承包人为配合协调发包人进行的专业工程发包，对发包人自行采购的材料、工程设备等进行保管以及施工现场管理、竣工资料汇总整理等服务所需的费用。

（2）其他项目费的计算方法

1）暂列金额由招标人根据工程特点，按有关计价规定估算。施工过程中由发包人掌握使用，扣除合同价款调整后如有余额，归发包人。

2）计日工由发包人和承包人按施工过程中的签证计价。

3）总承包服务费由招标人在招标控制价中根据总包服务范围和有关计价规定编制，总承包人投标时自主报价，施工过程中按签约合同价执行。

规费及增值税的定义同本章4.1节中的相关内容。

知识链接

1. 暂列金额由招标人根据工程特点、工期长短，按有关计价规定进行估算确定，一般可以分部分项工程费的10% ~ 15%为参考。

2. 当招标人仅要求对分包的专业工程进行总承包管理和协调时，总承包服务费按分包的专业工程估算造价的 1.5% 计算。当招标人要求对分包的专业工程进行总承包管理和协调并同时要求提供配合服务时，总承包服务费根据招标文件中列出的配合服务内容和提出的要求按分包的专业工程估算造价的 3%～5% 计算。当招标人自行供应材料的，总承包服务费按招标人供应材料价值的 1% 计算。

练一练

4.1-1　按费用构成要素划分的建筑装饰工程费用由_____、_____、_____、_____、_____、_____、_____七部分组成。

4.1-2　按造价形成划分建筑装饰工程费用由_____、_____、_____、_____、_____五部分组成。

4.2　建筑装饰工程费用的计算方法

学习目标

1. 熟悉建筑装饰工程计价程序。
2. 掌握综合单价法计价程序。
3. 掌握综合单价的确定。

本节导学

本节将介绍建筑装饰工程费用计算中的综合单价法计价程序，介绍综合单价的确定，使我们在了解费用构成的基础上，更进一步地去了解和掌握费用的计算方法。

4.2.1　建筑装饰工程计价程序

根据 2013 年建设部、财政部颁发的《建筑安装工程费用项目组成》（建标［2013］44号）规定，建筑装饰工程计价程序见表 4-1～表 4-3。

表 4-1　建设单位工程招标控制价计价程序

工程名称：　　　　　　　　　　　　标段：

序号	内　　容	计算方法	金额/元
1	分部分项工程费	按计价规定计算	
1.1			
1.2			
1.3			

（续）

序号	内　　容	计算方法	金额/元
1.4			
1.5			
…	…	…	…
2	措施项目费	按计价规定计算	
2.1	其中：安全文明施工费	按规定标准计算	
3	其他项目费		
3.1	其中：暂列金额	按计价规定估算	
3.2	其中：专业工程暂估价	按计价规定估算	
3.3	其中：计日工	按计价规定估算	
3.4	其中：总承包服务费	按计价规定估算	
4	规费	按规定标准计算	
5	增值税	$(1+2+3+4)\times 9\%$	
招标控制价合计 = 1 + 2 + 3 + 4 + 5			

表 4-2　施工企业工程投标报价计价程序

工程名称：　　　　　　　　　　标段：

序号	内　　容	计算方法	金额/元
1	分部分项工程费	自主报价	
1.1			
1.2			
1.3			
1.4			
1.5			
…	…	…	…
2	措施项目费	自主报价	
2.1	其中：安全文明施工费	按规定标准计算	
3	其他项目费		
3.1	其中：暂列金额	按招标文件提供金额计列	
3.2	其中：专业工程暂估价	按招标文件提供金额计列	
3.3	其中：计日工	自主报价	
3.4	其中：总承包服务费	自主报价	
4	规费	按规定标准计算	
5	增值税	$(1+2+3+4)\times 9\%$	
投标报价合计 = 1 + 2 + 3 + 4 + 5			

表 4-3　竣工结算计价程序

工程名称：　　　　　　　　　　　　　标段：

序号	汇总内容	计算方法	金额/元
1	分部分项工程费	按合同约定计算	
1.1			
1.2			
1.3			
1.4			
1.5			
...	...	...	...
2	措施项目	按合同约定计算	
2.1	其中：安全文明施工费	按规定标准计算	
3	其他项目		
3.1	其中：专业工程结算价	按合同约定计算	
3.2	其中：计日工	按计日工签证计算	
3.3	其中：总承包服务费	按合同约定计算	
3.4	索赔与现场签证	按发承包双方确认数额计算	
4	规费	按规定标准计算	
5	增值税	$(1+2+3+4)×9\%$	
竣工结算总价合计 = 1 + 2 + 3 + 4 + 5			

4.2.2　建筑装饰工程费用计算

根据 2013 年建设部、财政部颁发的《建筑安装工程费用项目组成》（建标〔2013〕44 号）的规定，某地区规定的建筑装饰工程费用计算见表 4-4。

表 4-4　按照工程造价形成划分建筑装饰工程费用计算表

序号	名称	计算公式
1	分部分项工程费	$\sum$（清单工程量×综合单价）
2	措施项目费	按规定计算（包括利润）
3	其他项目费	按招标文件规定计算
4	规费	$(1+2+3)×费率$
5	不含税工程造价	1 + 2 + 3 + 4
6	增值税	$5×9\%$
7	含税工程造价	5 + 6

【例 4-1】某工程分部分项工程费为 219 800 元，措施项目费为 46 720 元，其他项目费 20 000 元，若规费费率为 4.72%，计取基数为分部分项工程费、措施项目费、其他项目费 之和，税率为 9%，试根据表 4-4 确定该工程含税工程造价。

【解】该工程含税造价计算见表 4-5。

表 4-5 某工程含税造价计算表

序号	名称	费率（%）	费用/元
1	分部分项工程费		219 800
2	措施项目费		46 720
3	其他项目费		20 000
4	规费	4.72	13 523.74
5	不含税工程造价		300 043.74
6	增值税	9	27 003.94
7	含税工程造价		327 047.68

练一练

4.2-1 建筑安装工程费按照费用构成要素划分：由_____、_____、_____、_____、_____、_____、_____组成。

4.2-2 建筑安装工程费按照工程造价形成划分：由_____、_____、_____、_____、_____五部分组成。

4.2-3 安全文明施工费是指_____、_____、_____、_____费用。

【本章回顾】

1. 根据 2013 年建设部、财政部颁发的《建筑安装工程费用项目组成》（建标〔2013〕44 号）规定，建筑安装工程费按照费用构成要素划分：由人工费、材料（包含工程设备，下同）费、施工机具使用费、企业管理费、利润、规费和增值税组成。

2. 根据 2013 年建设部、财政部颁发的《建筑安装工程费用项目组成》（建标〔2013〕44 号）规定，建筑安装工程费按照工程造价形成划分：由分部分项工程费、措施项目费、其他项目费、规费和增值税组成。

3. 根据 2013 年建设部、财政部颁发的《建筑安装工程费用项目组成》（建标〔2013〕44 号）规定，建筑装饰工程计价要依据计算程序进行。

第5章

建筑装饰工程施工图预算的编制

本章导入

本章的主要内容有：建筑装饰工程施工图预算的概念及作用、建筑装饰工程施工图预算的编制依据和方法、工料分析及差价调整方法。

通过本章的学习，我们要：了解建筑装饰工程施工图预算的基本概念，熟悉建筑装饰工程施工图预算的内容，掌握建筑装饰工程施工图预算的编制方法、工料分析及差价调整方法。

5.1 建筑装饰工程施工图预算概述

学习目标

1. 熟悉建筑装饰工程施工图预算的概念。
2. 掌握建筑装饰工程施工图预算的编制依据及内容。
3. 掌握建筑装饰工程施工图预算的编制方法及步骤。

本节导学

由于建筑装饰产品具有单件性和结构比较复杂的特点，要对这类产品进行统一定价，不太容易办到，这就需要按照一定的规则，采用编制建筑装饰工程施工图预算的方法来确定工程造价。

本节阐述了将建筑装饰工程项目划分为分项工程和确定分项工程消耗量标准的方法，这是确定建筑装饰工程造价的两个基本前提。完成前面两项工作后，可运用单价法和实物法两种施工图预算的编制方法，实现对建筑产品定价的目的。

5.1.1 建筑装饰工程施工图预算的概念及作用

1. 建筑装饰工程施工图预算的概念

施工图预算也称为设计预算，它是指建筑装饰工程施工图设计完成后，在工程施工前，施工组织设计已确定的前提下，根据已批准的施工图样、图样会审记录、预算定额、费用定额、各项取费标准、建设地区设备、人工、材料、施工机械台班等预算价格编制和确定的单位工程工程造价技术经济文件。

建筑工程施工图预算又可分为一般土建工程预算、装饰工程预算、给水排水工程预算、暖通工程预算等。

本章只讨论"建筑装饰工程施工图预算"的编制。

2. 建筑装饰工程施工图预算的作用

（1）建筑装饰工程施工图预算是确定装饰工程造价的依据　建筑装饰工程施工图预算是建设单位编制"标底"的依据，也是建筑装饰施工企业投标时"报价"的依据。

（2）建筑装饰工程施工图预算是签订施工合同的依据　建筑装饰施工单位与建设单位签订施工合同，必须以建筑装饰工程施工图预算为依据。否则，施工合同就失去了约束力。也可以通过建设单位与建筑装饰施工单位协商，在建筑装饰工程施工图预算的基础上，考虑设计或施工变更后可能发生的费用增加一定系数作为工程造价等。

（3）建筑装饰工程施工图预算是建筑装饰施工企业与建设单位进行工程结算的依据　建筑装饰施工企业与建设单位以工程变更后的建筑装饰工程施工图预算为依据进行工程结算。

（4）建筑装饰工程施工图预算是建筑装饰施工企业调配施工力量，组织材料供应的依据　建筑装饰施工企业各职能部门可依据建筑装饰工程施工图预算编制劳动力计划和材料供应计划，做好施工前的准备工作。

（5）建筑装饰工程施工图预算是建筑装饰企业实行经济核算和进行成本管理的依据　正确编制建筑装饰工程施工图预算，有利于巩固与加强建筑装饰企业的经济核算工作，有利于发挥价值规律的作用。

（6）建筑装饰工程施工图预算是评价设计方案的依据　建筑装饰工程施工图是将设计师的设计理念变成工程实体的基础文件，也是造价师进行装饰工程预算价格计算的依据。编制建筑装饰工程施工图预算是评价设计方案经济合理性的基础。

5.1.2　建筑装饰工程施工图预算的编制依据及内容

1. 建筑装饰工程施工图预算的编制依据

编制建筑装饰工程施工图预算，主要依据下列技术文件、资料及有关规定。

1）现行的各地预算定额。

2）国家、省、市颁发的与综合基价相应配套执行的全部文件。

3）单位工程全套施工图样（包括设计说明）及图样会审记录。

4）已批准的施工组织设计或施工方案。

5）施工图样中引用的有关标准图集。

6）甲、乙双方签订的工程合同或协议。

7）其他工具性资料、手册，如《材料分析手册》《五金手册》等。

2. 建筑装饰工程施工图预算编制的条件

1）建筑装饰施工图样必须经过审批、交底和会审，必须由建设单位、设计单位和施工单位共同认可。

2）施工单位编制的建筑装饰工程施工组织设计或施工方案，必须经其建设单位及主管部门批准。

3）建设单位和施工单位在材料、构件、配件和半成品等加工、定货和采购方面，都必须有明确分工或合同规定。

4）参加编制预算的人员，必须具有由有关部门进行资格培训、考核合格后签发的相应证书。

3. 建筑装饰工程施工图预算的内容

（1）封面　主要概括表示建筑装饰施工图预算的内容。建筑装饰工程施工图预算书封面示例如图 5-1 所示。

建筑装饰工程施工图预算书

建设单位：　　　　　　　　　工程名称：

建筑面积：　　　　　　　　　结构类型：

工程造价：　　　　　　　　　单方造价：

编制单位：　　　　　　　　　审核单位：

编制人（签字盖章）：　　　　审核人（签字盖章）：

　　　　　　　　　　　　　　　　年　月　日

图 5-1　建筑装饰工程施工图预算书封面示例

（2）编制说明　主要包括建筑装饰施工图预算的文字说明部分。建筑装饰施工图预算编制说明见表 5-1。

表 5-1　建筑装饰施工图预算编制说明

工程概况	
编制依据	
编制说明	

（3）工程造价计算表　工程造价计算表是按照工程造价计算程序编制的，主要表示分部分项工程的人工费、材料费、机械费合计，施工措施费（包括施工技术措施费、施工组织措施费）、利润、规费、增值税等的计算构成，反映最终的工程造价。工程造价计算表格式见表 5-2。

表 5-2　工程造价计算表

序　号	费用项目	计算方法	金额/万元
（1）	人材机合计		
（2）	措施费		
（3）	企业管理费		
（4）	利润		
（5）	规费		
（6）	增值税		
（7）	工程造价		

（4）差价计算表 主要包括按文件规定计算的人工费差价、材料费差价、机械费差价等，是预算定额单价与市场价的差额。差价计算表格式见表5-3。

表5-3 差价计算表

序 号	材料名称	单位	数量	预算价格	市场价格	单价差额	合价差额

（5）工程预算表 主要是根据工程量计算表计算出的各分项工程量，套用相应定额单价，计算各分项工程的人工费、材料费、机械费合计；还包括材料的量差调整的计算价格等。工程预算表格式见表5-4。

表5-4 工程预算表

序号	定额项目	项目名称	单位	工程量	预算/元		其中					
							人工费/元		材料费/元		机械费/元	
					单价	合价	单价	合价	单价	合价	单价	合价

（6）工程量计算表 主要根据施工图样、工程量计算规则、总说明、分部说明及有关资料，按定额要求计算出的各分项工程所需要完成的工程数量的多少。工程量计算表见表5-5。

表5-5 工程量计算表

序 号	定额编号	项目名称	单 位	数 量	计 算 公 式
		建筑面积	m²		
一		楼地面工程			
1	1—24	大理石楼地面	m²		

（7）材料分析表 主要包括单位工程材料用量分析表、汇总表。通过分析可以得出工程所需的各种主要材料的定额用量。材料分析表（常将人工、材料分析进行结合，称为"工料分析表"）格式见表5-6。

表5-6 材料分析表

序号	定额编号	项目名称	单位	数量	人工/工日	主 要 材 料			

（8）单价调整计算表 主要反映预算定额应用中单价的调整过程，是定额应用的一个重要环节。单价调整计算表见表5-7。

表 5-7　单价调整计算表

序　号	定额编号	换算单价	原　单　价	换算过程

以上（1）~（5）项为建筑装饰工程预算书的全部提交正式文件内容；（6）~（8）项为预算编制人的自存档资料。

5.1.3　建筑装饰工程施工图预算编制的方法及步骤

1. 建筑装饰工程施工图预算编制的方法

建筑装饰工程施工图预算主要有单价法和实物法两种编制方法。

（1）工程造价的数学表示式

建筑装饰工程造价 = 人工费 + 材料费 + 机械费 + 企业管理费 + 利润 + 规费 + 增值税

（2）单价法

1）工料单价。我国传统定额计价模式下长期以来采用的都是工料单价。即定额单价中包括人工费、材料费和机械费，比如砌 $1m^3$ 的标准砖墙需要 380 元，表示砌这样的 $1m^3$ 砖墙需要的人工费、材料费和施工机具使用费合计 380 元。

采用工料单价时，依据施工图样计算出来的工程量乘以工料单价得到的仅是包含人工费、材料费、机械费在内的直接工程费，其他费用还需要在一定的计算基础上进行取费来计算，对于建筑工程，一般选用以直接工程费为计算基础乘以规定的取费费率来计算间接费、利润等费用。

2）清单综合单价。为了简化计价程序，实现与国际惯例接轨，我国从 2003 年开始实行工程量清单计价。工程量清单计价采用综合单价，我国现行的工程量清单计价规范中的综合单价包括除规费、增值税以外的全部费用，即综合单价是指完成一个规定计量单位的清单项目所需要的人工费、材料费、施工机具使用费和企业管理费、利润以及一定范围内的风险费用。

采用综合单价时，依据施工图样计算出来的工程量乘以综合单价得到的是除规费、增值税以外的全部费用，只需要按照规定再计取规费和增值税即可。可按下列计算式计算

分部分项工程费 = ∑分部分项工程量×相应综合单价

措施项目费 = ∑单价措施项目工程量×相应综合单价 + 总价措施项目费

单位工程施工图预算 = 分部分项工程费 + 措施项目费 + 其他项目费 + 规费 + 增值税

3）全费用单价。全费用单价是指构成工程造价的全部费用均包括在单价中。采用全费用单价时，工程造价的计算直接就表现为工程量乘以全费用单价求和的简洁形式。比如我们去商场买部手机，要价 2000 元，这个 2000 元就是全费用单价的形式，包括卖家的进货价、商场租赁费、水电费、管理费等一切成本以及卖家需要挣得的利润和上缴国家的税费。全费用综合单价及综合单价中综合了分项工程人工费、材料费、施工机具使用费、企业管理费、利润、规费、增值税以及一定范围的风险等全部费用。可按下列计算式计算

分部分项工程费 = ∑分部分项工程量×相应全费用单价

措施项目费 = 单价措施项目工程量×相应全费用单价 + 总价措施项目费

单位工程施工图预算 = 分部分项工程费 + 措施项目费 + 其他项目费

（3）实物法 实物法是首先根据施工图样分别计算出分项工程量，然后套用相应预算人工、材料、机械台班的定额用量，再分别乘以工程所在地当时的人工、材料、机械台班的实际单价，求出单位工程的人工费、材料费和施工机具使用费，汇总求和进而求得直接工程费，然后按规定计取其他各项费用，最后汇总就可得出单位工程施工图预算造价。实物法编制施工图预算中直接费的计算公式为

单位工程施工图预算直接费 = $\sum$（工程量×人工预算定额用量×当时当地人工单价）+ $\sum$（工程量×材料预算定额用量×当时当地材料单价）+ $\sum$（工程量×机械预算定额台班用量×当时当地机械台班单价）

实物法编制建筑装饰施工图预算，由于所用的人工、材料、机械的单价都是当时的市场实际价格，所以编制出的预算能比较准确地反映实际水平，误差较小，不用调整价差，比较适合于市场经济条件下价格波动较大的情况。但是计算要用人工、材料、机械单价分别乘以相应的人工、材料、机械消耗量，才可得单位工程人工费、材料费和机械使用费的合计。因此，计算比较麻烦，计算工程量较大。

2. 建筑装饰工程施工图预算的编制步骤

（1）单价法编制建筑装饰施工图预算的步骤

工料单价法编制施工图预算的公式为

单位工程施工图预算直接工程费 = $\sum$（工程量×预算定额单价）

工料单价法编制单位工程施工图预算的具体步骤如下。

1）熟悉施工图样。施工图样是编制预算的基本依据。只有在对设计图样有全面详细的了解之后，才能结合预算定额进行项目划分，正确且全面地分析该工程中各分部分项工程，才能有步骤地按照既定的工程项目计算其工程量并正确地计算出工程造价。

2）了解现场情况和施工组织设计资料及有关技术规范。应全面了解现场的地质条件、施工条件、施工方法、技术规范要求、技术组织措施、施工设备、材料供应等情况，并通过踏勘施工现场补充有关资料。

3）熟悉预算定额。预算定额是编制工程预算的主要依据。只有对预算定额的形式、使用方法和包括的工作内容有了较明确的了解，才能结合施工图样迅速而准确地确定其相应的工程项目和工程量计算。

4）列出工程项目。在熟悉图样和预算定额的基础上，根据定额的项目划分，列出所需计算的分部分项工程项目名称。

分部分项工程项目名称的确定方法有两种：①定额法，即自定额的第一个字母开始逐项核对施工图样中是否发生，直至定额的全部内容核对完毕。②施工图法，即按照施工过程的顺序自准备施工开始逐项在定额中查找应该套用的定额子目，直至工程完工。虽然施工图法比定额法的工作量小，但是要求预算编制人员对定额的内容比较熟悉。建议初学者先从定额法入手并逐步加深对定额的了解。

5）计算工程量。工程量计算是编制工程预算的原始计算，数据要求"不重不漏"，即不重项，不漏项、不重算、不漏算。计算工程量要严格按照工程量计算规则的规定进行，特别注意应该扣除和不应该扣除、应该增加和不应该增加的相关规定，同时要按照一定的计算顺序进行，即"先基础、后主体、再装饰；装饰工程先外后内；同一项目内容自下而上顺序计算；同一张图样先上后下，先左后右顺序计算；需要重复利用的数据先行计算；先整体、后扣

除、再增加"等。从而避免和防止"重""漏"现象的发生，同时也便于校对和审核。

6）套定额单价。当分项工程量计算完成并经自检无误后，就可按照定额分项工程的排列顺序，在表格中逐项填写分项工程项目名称、工程量、计量单位、定额编号及预算单价等。

应当注意的是，在选用预算单价时，分项工程的名称、材料品种、规格、配合比及做法必须与定额中所列的内容相符合。在编制预算应用定额时，通常会遇到定额的套用、换算和补充三种情况，定额应用正确与否直接影响工程造价。

将预算表内每一分项工程的工程量乘以相应预算单价，得到该项目的合价，即为分项工程费用，再将预算表内某一个分部工程中各个分项工程的合价相加得到该分部工程的小计，即为分部工程的费用，最后将各分部工程的小计汇总合计，即得到该工程费用合计。

7）工料分析。工料分析是计算人工、机具和材料差价的重要准备工作，在计算工程量和编制预算表之后，对单位工程所需用工的人工工日数、机械台班及各种材料需要进行的分析计算称为工料分析。由于定额中的人工、机具、材料的单价是按照某一特定时期的价格取定的，具体工程预算编制期的价格必然与其存在单价差异（简称价差），价差乘以"工料分析"出来的数量就得到所需的差价（简称差价调整），鉴于此，必须进行工料分析。

8）工料差价调整。需要工料差价调整的人工、材料、机具有两类调整方法：一种是按照工程造价管理部门公布的调整系数及其计算方法进行差价调整；另一类是按照实际价差进行差价调整。对于第二种调整，其调整金额为单位工程工料分析的数量（包括允许按实调整数量的材料调整量）乘以市场价与定额取定价的差额（正增，负减）。在编制预算时，材料的市场价一般多按照工程造价管理部门公布的信息价计算。

9）材料数量按实调整。对于工程造价管理部门允许按实进行材料数量调整的材料，进行材料数量调整的方法为：先按照工程造价管理部门规定的计算方法进行该种材料的"预算用量"计算，再按照工料分析的方法进行该种材料的"定额用量"计算；然后计算该种材料的量差（即"预算用量"与"定额用量"的差额），最后按照规定套用有关定额子目进行量差调整。如钢筋混凝土楼梯的混凝土量，定额用量是按楼梯的水平投影面积计算出来的，这与施工图用量存在差异。需要注意"预算用量"是"施工图净用量"与"损耗量"之和，而"损耗量"大多是按照定额或工程造价管理部门规定的损耗率计算的。

10）计算单位工程预算造价。

① 计算措施项目费、企业管理费、规费等各种费用和利润、增值税。

② 单位工程预算造价为人工费、材料费、施工机具使用费、人材机差价、措施项目费、企业管理费、规费、利润和增值税之和。

③ 单方造价（元/m²）为单位工程预算造价除以建筑面积所得到的数值。

11）复核。工程预算编制出来之后，由预算编制人所在单位的其他预算专业人员进行检查核对，复核的内容主要是：检查该分项工程项目有无漏项或重项；工程量有无少算、多算或错算；预算单价、换算单价或补充单价是否选用合适；各项费用及取费标准是否符合规定等。

12）编写工程预算编制说明。预算编制完成后，还应填写编制说明。其目的是使有关单位了解该工程预算的编制依据、施工方法、材料差价以及采取其他编制时特殊情况的处理方法等内容。

13）装订签章。将单位工程的预算书封、预算编制说明、工程预算表、工料分析表、补充单价编制表等，按顺序编排并装订成册。工程量计算书单独装订，以备查用。在已经装订成册的工程预算书上，预算编制人应填写封面有关内容并签字，加盖有资格证号的印章，经有关负责人审阅签字后，最后加盖公章。至此，完成了施工图预算的编制工作。

（2）实物法编制建筑装饰工程施工图预算的步骤　在满足编制条件的前提下，一般可按图5-2所示步骤进行。

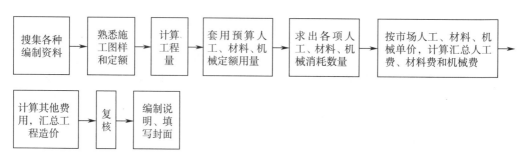

图5-2　实物法编制建筑装饰工程施工图预算步骤

可见，采用实物法与单价法编制施工图预算，其首尾部分的步骤是相同的，所不同的主要是中间的定额套用部分，以下为实物法与单价法不同的三个步骤。

1）工程量计算后，套用相应预算定额人工、材料，机械台班的定额用量。

2）求出各分项工程人工、材料、机械台班消耗数量，并汇总单位工程所需各类人工工日、材料和机械台班的消耗量。

3）用当时当地的人工、材料和机械台班的实际单价分别乘以相应的人工，材料和机械台班的消耗量，汇总得出单位工程的人工费、材料费和施工机具使用费。

在市场经济条件下，人工、材料和机械台班单价是随市场而变化的，而且他们是影响工程造价最活跃、最主要的因素，用实物法编制施工图预算，是采用工程所在地的当时人工、材料、机械台班价格，较好地反映实际价格水平，工程造价的准确性高，因此，实物法是与市场经济体制相适应的预算编制方法。

知识链接

定额计价时，分项工程是按计价定额划分的分项工程项目；清单计价时，分项工程是指按照工程量清单计量规范规定的清单项目。

预算定额单价是指与分项工程相对应的单价。定额计价时是指定额单价，即包括人工费、材料费、施工机具使用费在内的工料单价；清单计价时是指除包括人工费、材料费、施工机具使用费外，还包括企业管理费、利润和风险因素在内的综合单价。

我国自2003年实行工程量清单计价以来；为了更好地实现计价定额与清单的对接，各省现行计价定额大多采用综合单价形式。

练一练

5.1-1　建筑装饰工程施工图预算的费用由_____、_____、_____、_____组成。

5.1-2　建筑装饰工程施工图预算的编制主要有_____和_____两种编制方法。

5.1-3　建筑装饰工程施工图预算书主要由_____、_____、_____、_____、_____等组成。

5.1-4　影响建筑装饰工程施工图预算的因素很多，有_____、_____、_____、_____等。

5.2　工料分析及差价调整

学习目标

1. 熟悉工料分析、差价调整的概念。
2. 掌握工料分析、差价调整的方法。

本节导学

在建筑装饰工程造价中，人工费、材料费占用了很大的比重，有些项目的造价主要是由人工费和材料费组成的。因此，人工费和材料费计算的准确与否直接影响到工程造价的准确性。进行工料分析，可以合理地调配人工和使用材料，这也是降低工程成本的主要措施之一。差价调整是一种动态管理价格的方法，即把定额计价中定额价与市场价相结合是正确地计算工程造价的根本保障，而采用清单计价时差价调整不发生。

由于建筑装饰产品具有单件性和结构比较复杂的特点，要对这类产品进行统一定价，不太容易办到，这就需要按照一定的规则，采用编制工料分析、差价调整的方法来计算，从而反映出单位工程中全部分项工程的人工和各种材料的预算用量，便于工程管理。再者，由于市场价格变动频繁，往往与定额中的预算单价有较大差别，所以，也需要在计算工程造价时对人工、材料、机械台班预算单价进行调整，调整时所用的人工、材料、机械台班数量可以工料分析总消耗量为准。

5.2.1　工料分析

1. 工料分析的概念

工料分析就是指计算完成各分部分项工程项目所需的各工种用工数量和各种材料的消耗量的过程。计算时，根据定额中人工消耗量和材料消耗量分别乘以各个分部分项工程的实际工程量，可求出各个分部分项工程的各工种用工数量和各种材料的数量，从而反映出单位工程中全部分项工程的人工和各种材料的预算用量。

工料分析
的方法

2. 工料分析的作用

1）工料分析是施工企业编制劳动力计划和材料需用量计划的依据。

2）工料分析是进行"两算"对比和进行成本分析、降低成本的依据。

3）工料分析是签发施工任务书、限额领料单、考核工料消耗以及对工人班组进行核算的依据。

4）工料分析是施工单位和建设单位材料结算和调整材料价差的主要依据。

由于人工、材料费用在建筑装饰工程造价中占有很大比重，因此进行工料分析，合理地调配劳动力，正确地管理和使用材料，是加强施工企业经营管理、加强经济核算和降低工程成本的重要措施。

3. 工料分析的方法

建筑装饰工程的工料分析，一般以表格的形式进行。就是用所算工程量和已经填写好的工程预算表为依据，查出各项目单位定额用工用料量，用工程量分别与其定额用量相乘，即可得到每一分项的用工数量和各种材料的消耗数量，并填入相应的栏内，最后逐项分别相加得到总消耗量。

工料分析一般分两步进行，即分部分项的工料分析和单位工程所需的主要材料用量和用工量的汇总。工料汇总表一般按钢材、木材、水泥、块状材料、玻璃、型材、油漆、涂料、油毡等所需装饰材料，按不同的规格及消耗量一一列出，其数据主要来源于工料分析表。在实际工程中，工料分析表也常与工程预算表合在一起使用，以减少翻阅定额的次数，减少计算时间。

（1）工料分析数学表示式

$$分项工程人工用量 = 分项工程量 \times 人工预算定额用量$$
$$分项工程材料用量 = 分项工程量 \times 材料预算定额用量$$

在进行工料分析时，应注意经过换算的定额项目，应用换算后的定额项目内容进行计算。对于配合比材料要进行二次分析才能计算出各单项材料的用量，但也有些地区在定额中已将单项材料列出，减少了工料分析工作量，可不进行二次分析。

（2）二次分析数学表示式

$$配合比材料用量 = 分项工程量 \times 配合比材料预算定额用量$$
$$各单项材料的用量 = 配合比材料用量 \times 配合比表中相应单项材料用量$$

【例5-1】 某教学楼地面镶贴 500mm×500mm 大理石地板砖，面积为 1000m²，试进行工料分析。

【解】 利用工料分析表 5-6 计算，结果见表 5-8。

表 5-8 工料分析结果

定额编号	项目名称	单位	数量	人工/工日	主要材料			
					大理石板/m²	1:4 水泥砂浆/m³	水泥/t	砂/m³
1—24	500mm×500mm 大理石地面	100m²	10	31.66	101.5	3.05	0.351×3.05	1.182×3.05
合计				316.6	1015	30.5	10.701	36.051

注：其中 1:4 水泥砂浆的配合比可查定额附表知。

5.2.2 差价调整

1. 差价调整的概念

差价调整是指在合同规定的施工期间，市场单价与预算单价之间的单价差的调整。

目前，在编制建筑装饰施工图预算时，常以定额单价作为计算的依据，预算定额单价中的人工费、材料费、机械费是根据编制定额所在省、市的省会所在地的价格市场测定计算的。由于市场价格变动频繁，往往与定额中的预算单价有较大差别，因此在计算工程造价时要对人工、材料、机械预算单价进行调整。调整时所用的人工、材料、机械数量即以工料分析汇总表中的工料分析总消耗量为准。调整计算的费用计入税前工程造价中，只计取增值税，不计利润。

随着国家标准《建设工程工程量清单计价规范》（GB 50500—2013）的全面实施，工程量清单计价方法的广泛使用，投标企业可以结合本企业的管理水平、生产效率、企业消耗量水平（即企业定额）和已积累的本企业的人工工日、各种材料和施工机械台班的市场单价，进行投标报价，价格的风险完全由投标人承担。工程造价的最终确定是由承、发包双方在市场竞争中按价值规律通过合同确定，不再按预算定额规定的人工、材料、机械的预算单价计算工程造价，这样以后就不存在差价调整问题了。

2. 差价调整的方法

材料预算价格的调整方法，通常采用两种形式：

（1）单项价差调整法（按实调整法）　各省、市、自治区定额管理部门依据国家物价部门批准的产品调价，每季度（或半年）相应公布调整的人工、材料、机械预算单价即市场单价。在编制预算时，把单位工程需要调价的各种人工、材料、机械预算用量，分别乘以相应调价前后的单位产品的单价差额，汇总后即得单位工程差价调整额。

差价调整的计算，可用下式表示

人工费调整 =（市场人工单价 - 定额人工单价）× 单位工程人工消耗量

机械费调整 =（市场机械单价 - 定额机械单价）× 单位工程机械消耗量

主要材料费调整 =（材料市场单价 - 材料预算单价）× 单位工程某种材料消耗量

（2）价差综合系数调整法（系数调整法）　此方法主要用于次要材料的费用调整。对于用量较少、价格变化影响小的次要材料，为了计算方便，可结合各地区或当时实际情况，确定调整系数，在编制建筑装饰工程预算时进行一次性的调整。具体做法是用单位建筑装饰工程定额材料费或定额（人工费 + 材料费 + 机械费）乘以调价系数，求出单位工程材料价差。

差价调整的计算，可用下式表示

单位工程次要材料费调整 = 单位工程定额材料费 × 调整系数

【例 5-2】计算某装饰施工图所需大理石板（中国红）、铝型材、玻璃的材料差价。

【解】利用材料差价调整表 5-3 计算，结果见表 5-9。

表 5-9　材料差价计算表

序号	材料名称	单位	数量	预算价格	市场价格	单价差额	合价差额/元
1	大理石板（中国红）	m^2	1000	145 元/m^2	150 元/m^2	**5**	**5000**
2	90 系列 1.5 厚铝型材	kg	150	21 元/kg	28 元/kg	**7**	**1050**
3	玻璃 5mm	m^2	200	16.5 元/m^2	15 元/m^2	**-1.5**	**-300**
4	合计						**5750**

注：表中粗体字为计算数据。

练一练

5.2-1 建筑装饰工程的工料分析，一般是用_____的形式进行计算。主要分析_____、_____、_____、_____、_____等指标的预算用量。

5.2-2 材料预算价格的调整方法，通常采用_____、_____两种方式进行。

5.2-3 建筑装饰工程施工图预算的差价调整是指在合同规定的施工期间，_____与_____之间的单价差的调整。

5.2-4 利用本地区预算定额对下述工程项目进行工料分析及要求材料的差价调整：某装饰工程施工图设计，楼地面为 600mm×600mm 地板砖、1:4 水泥砂浆结合层，工程量 200m²；墙面用 1:3 水泥砂浆粘贴 300mm×200mm 瓷砖，工程量 400m²。已知水泥市场单价每吨 240 元，砂市场单价每立方米 80 元，地板砖市场单价每千块 13200 元，瓷砖市场单价每千块 3000 元。

【本章回顾】

1. 建筑装饰工程施工图预算的费用由人工费、材料费、施工机具使用费、利润、企业管理费和增值税组成。

2. 建筑装饰工程施工图预算的编制主要有单价法和实物法两种编制方法。

3. 建筑装饰工程施工图预算由封面、编制说明、工程造价计算表、差价计算表和工程预算表等组成。

4. 建筑装饰工程施工图预算的编制步骤是搜集各种编制相关资料→熟悉施工图样及预算定额→计算工程量→套用预算定额单价→计算分部分项工程人工费、材料费、机械费合计→编制工料分析表→计算其他费用及工程造价→复核→编制说明、填写封面→装订成册、签字、盖章后生效。

5. 建筑装饰工程施工图预算的工料分析是指计算完成各分部分项工程项目所需的各工种用工数量和各种材料的消耗量的过程。

6. 建筑装饰工程施工图预算的差价调整是指在合同规定的施工期间，市场单价与预算单价之间的单价差的调整。

影响建筑装饰工程施工图预算的因素很多，有政策性因素、设计因素、市场性因素、施工因素、人员素质因素等。学习时，要结合本工程所在地区的实际情况，及时掌握主管部门制定的费用定额及有关规定，及时了解市场变化，正确地掌握建筑装饰工程施工图预算计算方法。另外，预算人员应本着公正、实事求是的原则从事本工作，严格遵守职业道德，还要不断提高业务水平，不断学习新知识，掌握工程量清单计价方法，这样才能适应社会需要，做好相关工作。

第6章

建筑装饰工程量计算

本章导入

本章依据《房屋建筑与装饰工程消耗量定额》（TY01—31—2015）及《房屋建筑与装饰工程工程量计算规范》（GB 50854—2013），结合具体工程实例，分析、讲解建筑装饰楼地面工程分部，墙柱面工程分部，顶棚工程分部，门窗工程分部，油漆、涂料、裱糊工程分部及其他建筑装饰工程分部工程量的计算规则。

通过本章的学习，我们要：了解建筑装饰工程量的概念，熟悉建筑装饰工程量的计算步骤，掌握建筑面积的计算规则及建筑装饰工程各分部的工程量计算规则。

6.1 概述

学习目标

1. 熟悉工程量的概念。
2. 掌握工程量的计算依据及方法。

本节导学

计算工程量是编制施工图预算的基础工作，是施工图预算的重要组成部分。准确地计算工程量对正确确定工程造价有直接影响，并对建设单位、施工企业、管理部门的管理工作有重要的现实意义。

6.1.1 工程量的概念

工程量是把设计图样的内容按一定的顺序划分，并按统一的计算规则进行计算，以物理计量单位或自然计量单位表示的各种具体工程或结构构件的数量。

物理计量单位以物体的某种物理属性为计量单位，一般是指以公制度量表示的长度、面积、体积等的单位。如建筑面积以"m^2"为计量单位，管道工程、装饰线等工程量以"m"为计量单位。

自然计量单位以施工对象本身自然属性为计量单位，一般以个、台、套等为计量单位。如门窗、五金工程量以个（套）为计量单位。

工程量是编制施工图预算的原始数据，也是作业计划、资源供应计划、建筑统计、经济核算的依据，正确地计算工程量对正确确定工程造价和建设单位、施工企业、管理部门加强管理工作有重要的现实意义。

6.1.2　工程量的计算依据

1. 施工图样、设计说明和图样会审记录

施工图样上所反映的工程的构造、材料作法、材料品种和各部位尺寸等设计要求，是工程计价的重要依据，也是计算工程量的基础资料。

图样会审记录是设计人员进行设计意图技术交底的文件。一般由业主组织设计单位和承包商，对于设计单位提供的施工图样，进行认真细致的审查，并做出会审记录，作为设计文件的一部分在施工时一并执行。图样会审记录也是工程量计算的重要依据。

2. 现行定额和规范中的工程量计算规则

工程量计算规则规定了工程量计量单位和计算方法，是计算工程量的主要依据。

3. 经审定的施工组织设计或施工方案

施工图为施工的依据，但是这个工程采用什么方法、选择哪些机械进行施工，则由施工组织设计或施工方案确定。计算工程量时，还必须参照施工组织设计或施工方案进行。

4. 工程施工合同、招标文件等其他有关技术经济文件

6.1.3　工程量的计算方法及步骤

1. 工程量的计算方法

工程量的计算方法，就是指工程量的计算顺序。一个单位工程的工程项目（指分项工程）少则几十项，多则上百项，为了节约时间加快计算进度，避免漏算和重复计算，同时为了方便审核，必须按一定的顺序依次进行。工程量计算时，常用以下的计算顺序。

（1）单位工程计算顺序

1）按施工顺序计算法，即按工程的施工先后顺序来计算工程量。计算时先地下，后地上；先底层，后上层。如一般的民用建筑工程可按照土石方、基础、主体、楼面、屋面、门窗安装、内外墙抹灰、油漆等顺序进行计算。

2）按定额项目分部顺序计算法，即按《房屋建筑与装饰工程消耗量定额》（TY01—31—2015）中的顺序分别计算每个分项的工程量。这种方法尤其适用于初学人员计算工程量。

（2）分项工程计算顺序　为了防止漏算和重复计算，对于同一分项内容，一般有以下几种计算方法：

1）按照顺时针方向计算法，即从施工平面图的左上角开始，自左至右，然后再由上而下，最后回到左上角为止，按顺时针方向逐步计算。例如计算外墙、外墙基础等分项，可以按照此种方法进行计算。

2）按先横后竖、先上后下、先左后右顺序计算法，即从施工平面图左上角开始按照先横后竖、先上后下、先左后右顺序进行工程量计算。例如楼地面工程、顶棚工程等分项，可以按照此种方法进行计算。

3）按图纸编号顺序计算法，即按照施工图上所标注的构件编号顺序进行工程量计算。例如门窗、屋架等分项工程，可以按照此种方法进行计算。

实际计算时，几种方法经常结合起来使用。

2. 工程量的计算步骤

（1）列出分项工程项目名称　根据拟建工程施工图，按照一定的计算顺序，列出分项工程名称。

（2）列出工程量计算式　分项工程名称列出后，按规定的计算规则列出计算式。

（3）工程量计算　计算式列出后，应对取定数据进行一次复核，核定无误后，对工程量进行计算。

（4）调整计量单位　工程量计算通常以"m""m²""m³"等为计量单位，而定额中往往以"10m""100m²""100m³"等为计量单位，因此应对工程量单位进行调整，使其与定额单位一致。

6.1.4　统筹法计算工程量

统筹法是一种科学的计划和管理方法，它是在吸收和总结运筹学的基础上，经过广泛的调查研究，在 20 世纪 50 年代中期由著名数学家华罗庚首创和命名的。

统筹法计算工程量不是按施工顺序及定额项目分部顺序计算工程量，而是根据工程量自身各分项工程量计算之间固有的规律和相互之间的依赖关系，运用统筹法原理来合理安排工程量的计算顺序，以达到节约时间、简化计算、提高工效的目的。统筹法计算工程量时，其基本要点是：统筹程序、合理安排，利用基数、连续计算，一次计算、多次应用，联系实际、灵活机动。

1. 统筹程序、合理安排

工程量计算程序安排得是否合理，关系到进度的快慢。运用统筹法原理，根据分项工程量计算规律，先主后次、统筹安排。例如：室内地面工程中的室内回填土、地面垫层、地面面层，如果按施工顺序计算工程量，其计算顺序可按图 6-1 所示计算程序进行。

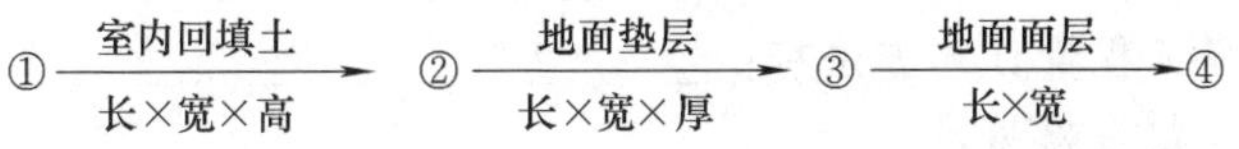

图 6-1　室内地面工程量计算程序示意图

从图 6-1 中可以看出，按施工顺序计算工程量时，重复计算了三次长×宽，而利用统筹法计算工程量，可按图 6-2 所示计算程序进行：

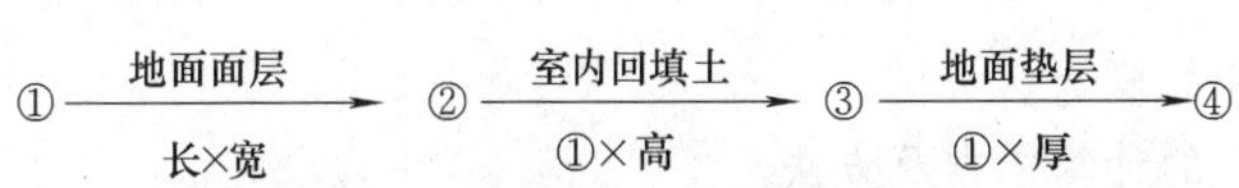

图 6-2　室内地面工程量统筹法计算程序示意图

从图 6-2 中可以看出，按统筹法计算工程量时，只需计算一次长×宽，就可以把其他工程量连带算出一部分，以达到减少重复计算和简化计算、提高工程量计算速度的目的。

2. 利用基数、连续计算

所谓的基数，即"三线一面"（外墙中心线、外墙外边线、内墙净长线和底层建筑面积），它是计算许多分项工程量的基础。

利用外墙中心线可以计算外墙挖地槽、外墙基础垫层、外墙基础、外墙墙身等分项工程。

利用外墙外边线可以计算勒脚、外墙抹灰、散水等分项工程。

利用内墙净长线可以计算内墙挖地槽、内墙基础垫层、内墙基础、内墙墙身、内墙抹灰等分项工程。

利用底层建筑面积可以计算平整场地、地面垫层、地面面层、顶棚等分项工程。

根据工程量计算规则，把"三线一面"数据先计算好作为基础数据，然后利用这些基础数据计算与它们有关的分项工程量，使前面项目的计算结果能运用于后面的计算中，以减少重复计算。

3. 一次计算、多次应用

把各种定型门窗、钢筋混凝土预制构件等分项工程以及常用的工程系数，预先一次计算出工程量，编入手册，在后续工程量计算时，可以反复使用。

4. 联系实际、灵活机动

统筹法计算工程量是一种简捷的计算方法，但在实际工程中，对于一些较为复杂的项目，应结合工程实际，灵活运用。如某建筑物每层楼地面面积均相同，其中地面构造中除了一层大厅为大理石外，其余均为水泥砂浆地面，可以先按每层均为水泥砂浆地面计算各楼层工程量，然后再减去大厅的大理石工程量。

练一练

6.1-1 工程量是以_____或_____表示的各种具体工程或结构构件的数量。

6.1-2 工程量的计算依据有：_____、_____、_____、_____。

6.1-3 单位工程工程量计算方法有：_____、_____等。

6.1-4 分项工程工程量计算方法有：_____、_____、_____等。

6.1-5 工程量计算步骤为：_____、_____、_____、_____。

6.2 建筑面积计算

学习目标

1. 熟悉建筑面积的概念。
2. 掌握建筑面积的计算依据及方法。

本节导学

建筑面积是工程计量与计价的一项重要技术经济指标，也是计算某些分项工程量的基础数据。正确地计算建筑面积不仅有利于计算相关分项的工程量，控制建设规模和进行技术经济分析，同时对于设计、施工管理等方面都有重要的意义。现行的建筑面积计算依据是《建筑工程建筑面积计算规范》（GB/T50353—2013）。

6.2.1 建筑面积的概念

建筑面积是指建筑物各层面积的总和，它包括使用面积、辅助面积和结构面积。

使用面积：是指建筑物各层平面中直接为生产、生活使用的净面积的总和。如：教学楼中各层教室面积的总和。

辅助面积：是指建筑物各层平面中，为辅助生产或生活活动所占的净面积的总和。如：教学楼中的楼梯、厕所等面积的总和。

结构面积：是指建筑物中各层平面中的墙、柱等结构所占的面积的总和。

建筑面积是一项重要的技术经济指标。年度竣工建筑面积的多少，是衡量和评价建筑承包商的重要指标。在国民经济一定时期内，完成建设工程建筑面积的多少，也标志着国家人民生活居住条件的改善程度。有了建筑面积，才能够计算出另外一个重要的技术经济指标——单方造价（元/m^2）。建筑面积和单方造价又是计划部门、规划部门和上级主管部门进行立项、审批、控制的重要依据。

在编制工程建设概预算时，建筑面积也是计算某些分项工程量的基础数据，利用建筑面积数据可以减少概预算编制过程中的计算工作量。如：场地平整、地面抹灰、地面垫层、室内回填土、顶棚抹灰等项的工程量计算，均可利用建筑面积这个基数来计算。

现行的建筑面积计算依据是《建筑工程建筑面积计算规范》（GB/T50353—2013）。

6.2.2 建筑面积计算规则

《建筑工程建筑面积计算规范》（GB/T50353—2013）由总则、术语、计算建筑面积的规定三部分内容组成。其中在计算建筑面积的规定中详细解释了现行的建筑面积计算方法。其规定摘录见下面带阴影部分文字。

3.0.1 建筑物的建筑面积应按自然层外墙结构外围水平面积之和计算。结构层高在 2.20m 及以上的，应计算全面积；结构层高在 2.20m 以下的，应计算 1/2 面积。

说明：自然层是指按楼地面结构分层的楼层。"外墙结构外围水平面积"主要强调建筑面积计算应计算墙体结构的面积，按建筑平面图结构外轮廓尺寸计算，而不应包括墙体构造所增加的抹灰厚度、材料厚度等。如图 6-3 所示单层建筑物高度在 2.20m 及以上应计算全面积，则其建筑面积应为

$$S = 15\text{m} \times 5\text{m} = 75\text{m}^2$$

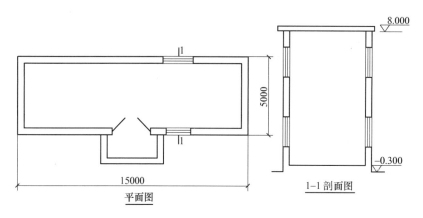

图 6-3　某单层建筑物示意图

说明：建筑物的建筑面积应按自然层外墙结构外围水平面积之和计算。如图 6-4 所示为某建筑物平面和剖面示意图，该建筑物各层平面图相同，且各层层高均在 2.20m 以上，则其建筑面积为

$$S = （18 + 0.24）\text{m} \times （12 + 0.24）\text{m} \times 7\text{层} = 1562.80\text{m}^2$$

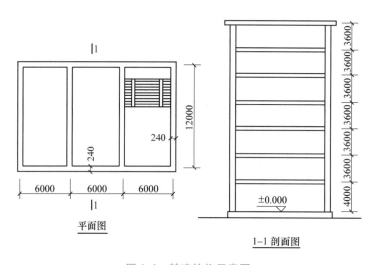

图 6-4　某建筑物示意图

3.0.2　建筑物内设有局部楼层时，对于局部楼层的二层及以上楼层，有围护结构的应按其围护结构外围水平面积计算，无围护结构的应按其结构底板水平面积计算，且结构层高在 2.20m 及以上的，应计算全面积，结构层高在 2.20m 以下的，应计算 1/2 面积。

说明：围护结构是指围合建筑空间的墙体、门、窗。围护设施是指为保障安全而设置的栏杆、栏板等围挡。如图 6-5 所示建筑物，该建筑物层高为 9.0m，局部楼层层高为 3.0m，当层高在 2.20m 以上时，其建筑面积为 $AB + 2ab$。

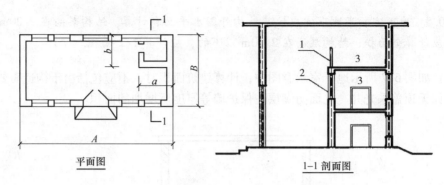

图 6-5　建筑物有局部楼层示意图

1，2—围护结构　3—二层及以上楼层

3.0.3　形成建筑空间的坡屋顶，结构净高在 2.10m 及以上的部位应计算全面积；结构净高在 1.20m 及以上至 2.10m 以下的部位应计算 1/2 面积；结构净高在 1.20m 以下的部位不应计算建筑面积。

说明：如图 6-6 所示为某建筑物坡屋顶平面和剖面示意图，有部分坡屋顶结构净高为 1.2~2.1m，有部分坡屋顶结构净高在 2.1m 以上，则其建筑物坡屋顶的建筑面积为

$$S = 5.4 \times (6.9 + 0.24) \, \text{m}^2 + (2.7 + 0.3) \times (6.9 + 0.24) \times 0.5 \times 2 \, \text{m}^2 = 59.98 \, \text{m}^2$$

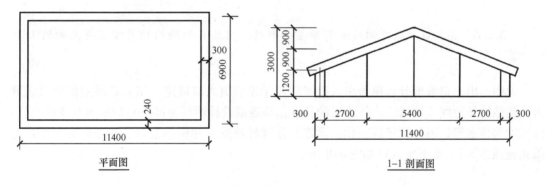

图 6-6　建筑物坡屋顶平面和剖面示意图

3.0.4　场馆看台下的建筑空间，结构净高在 2.10m 及以上的部位应计算全面积；结构净高在 1.20m 及以上至 2.10m 以下的部位应计算 1/2 面积；结构净高在 1.20m 以下的部位不应计算建筑面积。室内单独设置的有围护设施的悬挑看台，应按看台结构底板水平投影面积计算建筑面积。有顶盖无围护结构的场馆看台应按其顶盖水平投影面积的 1/2 计算面积。

场馆看台、地下
室、坡道建筑
面积的计算

说明："有顶盖无围护结构的场馆看台"中所称的"场馆"为专业术语，指各种"场"类建筑，如：体育场、足球场、网球场、带看台的风雨操场等。

3.0.5　地下室、半地下室应按其结构外围水平面积计算。结构层高在2.20m及以上的，应计算全面积；结构层高在2.20m以下的，应计算1/2面积。

说明：如图6-7所示地下室示意图中，计算建筑面积时，不应包括由于构造需要所增加的面积，如无顶盖采光井、立面防潮层、保护墙等厚度所增加的面积。

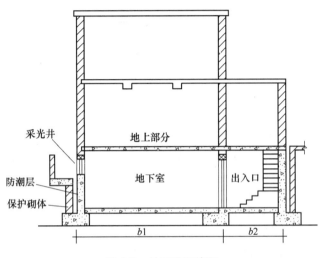

图6-7　地下室示意图

3.0.6　出入口外墙外侧坡道有顶盖的部位，应按其外墙结构外围水平面积的1/2计算面积。

说明：出入口坡道分有顶盖出入口坡道和无顶盖出入口坡道，出入口坡道的挑出长度，为顶盖结构外边线至外墙结构外边线的长度；顶盖以设计图样为准，对后增加及建设单位自行增加的顶盖等，不计算建筑面积。顶盖不分材料种类（如钢筋混凝土顶盖、彩钢板顶盖、阳光板顶盖等）。地下室入口如图6-8所示。

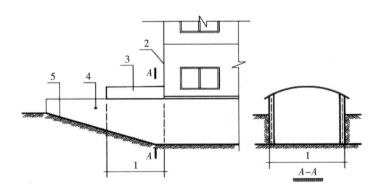

图6-8　地下室出入口

1—计算1/2投影面积部分　2—主体建筑　3—出入口顶盖
4—封闭出入口侧墙　5—出入口坡道

3.0.7 建筑物架空层及坡地建筑物吊脚架空层，应按其顶板水平投影计算建筑面积。结构层高在 2.20m 及以上的，应计算全面积；结构层高在 2.20m 以下的，应计算1/2 面积。

说明：架空层是指仅有结构支撑而无外围结构的开敞空间层。

本条既适用于建筑物吊脚架空层、深基础架空层的建筑面积计算，也适用于目前部分住宅、学校教学楼等工程在底层架空或在二楼以上某个甚至多个楼层架空，作为公共活动、停车、绿化等空间的建筑面积计算。架空层中有围护结构的建筑空间按相关规定计算。建筑物吊脚架空层如图 6-9 所示。

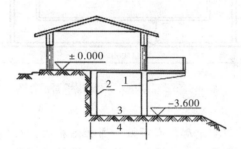

图 6-9 建筑物吊脚架空层
1—柱 2—墙 3—吊脚架空层 4—计算建筑面积部位

3.0.8 建筑物的门厅、大厅应按一层计算建筑面积，门厅、大厅内设置的走廊应按走廊结构底板水平投影面积计算建筑面积。结构层高在 2.20m 及以上的，应计算全面积；结构层高在 2.20m 以下的，应计算 1/2 面积，如图 6-10 和图 6-11 所示。

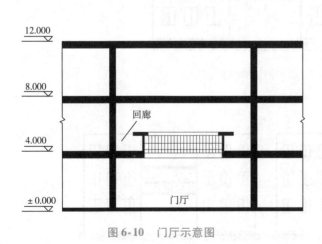

图 6-10 门厅示意图

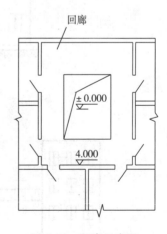

图 6-11 回廊示意图

说明：如图 6-12 所示为某大厅内设置回廊的二层结构平面示意图，已知二层层高 2.9m，该回廊层高在 2.20m 以上，则其建筑面积为

$$S = (15 - 0.24) \times 1.6 \times 2m^2 + (10 - 0.24 - 1.6 \times 2) \times 1.6 \times 2m^2 = 68.22m^2$$

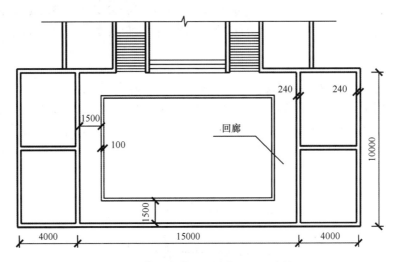

图6-12　带回廊的二层结构平面示意图

3.0.9　建筑物间的架空走廊，有顶盖和围护结构的，应按其围护结构外围水平面积计算全面积；如图6-13所示。无围护结构、有围护设施的，应按其结构底板水平投影面积计算1/2面积，如图6-14所示。

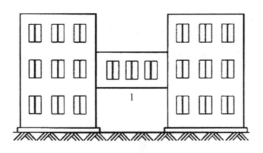

图6-13　有围护结构的架空走廊
1—架空走廊

图6-14　无围护结构的架空走廊
1—栏杆　2—架空走廊

说明：架空走廊即专门设置在建筑物二层或二层以上，作为不同建筑物之间的水平交通空间。

说明：如图 6-15 所示为有围护结构的架空走廊，建筑物墙体厚为 240mm，则其架空走廊建筑面积为

$$S = (6 - 0.24)\,\mathrm{m} \times (3 + 0.24)\,\mathrm{m} = 18.66\,\mathrm{m}^2$$

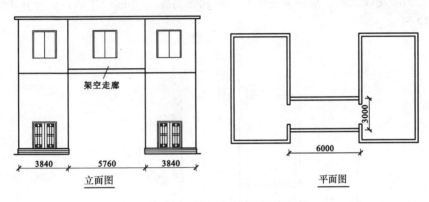

图 6-15　某架空走廊示意图

3.0.10　立体书库、立体仓库、立体车库，有围护结构的，应按其围护结构外围水平面积计算建筑面积；无围护结构、有围护设施的，应按其结构底板水平投影面积计算建筑面积。无结构层的应按一层计算，有结构层的应按其结构层面积分别计算。结构层高在 2.20m 及以上的，应计算全面积；结构层高在 2.20m 以下的，应计算 1/2 面积，如图 6-16 所示。

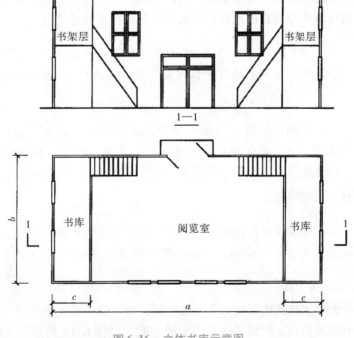

图 6-16　立体书库示意图

说明：起局部分隔、储存等作用的书架层、货架层或可升降的立体钢结构停车层均不属于结构层，故该部分分层不计算建筑面积。

3.0.11 有围护结构的舞台灯光控制室，应按其围护结构外围水平面积计算。结构层高在2.20m及以上的，应计算全面积；结构层高在2.20m以下的，应计算1/2面积，如图6-17所示。

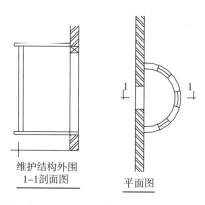

维护结构外围
1—1剖面图

平面图

图6-17 舞台灯光控制室示意图

3.0.12 附属在建筑物外墙的落地橱窗，应按其围护结构外围水平面积计算。结构层高在2.20m及以上的，应计算全面积；结构层高在2.20m以下的，应计算1/2面积。

说明：落地橱窗是指凸出外墙面根基落地的橱窗。在商业建筑临街面设置的下槛落地、可落在室外地坪也可落在室内首层地板，用来展览各种样品的玻璃窗。

飘窗的建筑
面积计算

3.0.13 窗台与室内楼地面高差在0.45m以下且结构净高在2.10m及以上的凸（飘）窗，应按其围护结构外围水平面积计算1/2面积。

说明：凸窗（飘窗）是指凸出建筑物外墙面的窗户。凸窗（飘窗）既作为窗，就有别于楼（地）板的延伸，也就是不能把楼（地）板延伸出去的窗称为凸窗（飘窗）。凸窗（飘窗）的窗台应只是墙面的一部分且距（楼）地面应有一定的高度。

3.0.14 有围护设施的室外走廊（挑廊），应按其结构底板水平投影面积计算1/2面积；有围护设施（或柱）的檐廊，应按其围护设施（或柱）外围水平面积计算1/2面积。

说明：檐廊是指建筑物挑檐下的水平交通空间，是附属于建筑物底层外墙有屋檐作为顶盖，其下部一般有柱或栏杆、栏板等的水平交通空间，如图6-18所示。挑廊指挑出建筑物外墙的水平交通空间。

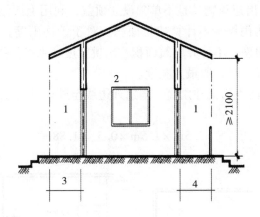

图 6-18　檐廊

1—檐廊　2—室内　3—不计算建筑面积部位　4—计算 1/2 建筑面积部位

3.0.15　门斗应按其围护结构外围水平面积计算建筑面积。结构层高在 2.20m 及以上的，应计算全面积；结构层高在 2.20m 以下的，应计算 1/2 面积。

说明：门斗是建筑物入口处两道门之间的空间，如图 6-19 所示。

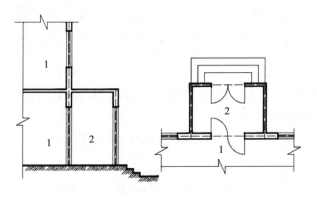

图 6-19　门斗示意图

1—室内　2—门斗

3.0.16　门廊应按其顶板的水平投影面积的 1/2 计算建筑面积；有柱雨篷应按其结构板水平投影面积的 1/2 计算建筑面积；无柱雨篷的结构外边线至外墙结构外边线的宽度在 2.10m 及以上的，应按雨篷结构板的水平投影面积的 1/2 计算建筑面积。

说明：门廊指建筑物入口前有顶棚的半围合空间，是在建筑物出入口，无门、三面或二面有墙，上部有板（或借用上部楼板）围护的部位。雨篷指建筑物出入口上方为遮挡雨水而设置的部件，是建筑物出入口上方、凸出墙面、为遮挡雨水而单独设立的建筑部件。雨篷划分为有柱雨篷（包括独立柱雨篷、多柱雨篷、柱墙混合支撑雨篷、墙支撑雨篷）和无柱雨篷（悬挑雨篷）。如凸出建筑物，且不单独设立顶盖，利用上层结构板（如楼板、阳台底板）进行遮挡，则不视为雨篷，不计算建筑面积。对于无柱雨篷，如顶盖高度达到或超过两个楼层时，也不视为雨篷，不计算建筑面积。出挑宽度，系指雨篷结构外边线至外墙结构外边线的宽度，弧形或异形时，取最大宽度。

由图 6-20 可知，该雨篷为无柱雨篷，雨篷外边线至外墙外边线的宽度超过 2.10 m，则雨篷的建筑面积为

$$S = 2.5\text{m} \times 1.5\text{m} \times 0.5 = 1.88\text{m}^2$$

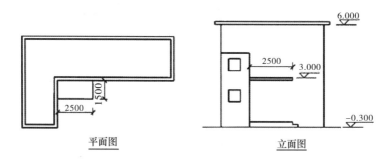

平面图　　　　　　立面图

图 6-20　雨篷示意图

3.0.17　设在建筑物顶部的、有围护结构的楼梯间、水箱间、电梯机房等，结构层高在 2.20m 及以上的应计算全面积；结构层高在 2.20m 以下的，应计算 1/2 面积。

说明：根据 3.0.17 条、3.0.15 条规定，由图 6-21 可知，门斗高 2.80m，水箱间高 2.00m，则门斗的建筑面积为

$$S = 3.5\text{m} \times 2.5\text{m} = 8.75\text{m}^2$$

水箱间的建筑面积为

$$S = 2.5\text{m} \times 2.5\text{m} \times 0.5 = 3.13\text{m}^2$$

3.0.18　围护结构不垂直于水平面的楼层，应按其底板面的外墙外围水平面积计算。结构净高在 2.10m 及以上的部位，应计算全面积；结构净高在 1.20m 及以上至 2.10m 以下的部位，应计算 1/2 面积；结构净高在 1.20m 以下的部位，不应计算建筑面积，如图 6-22 所示。

3.0.19　建筑物的室内楼梯、电梯井、提物井、管道井、通风排气竖井、烟道，应并入建筑物的自然层计算建筑面积。有顶盖的采光井应按一层计算面积，结构净高在 2.10m 及以上的，应计算全面积；结构净高在 2.10m 以下的，应计算 1/2 面积。

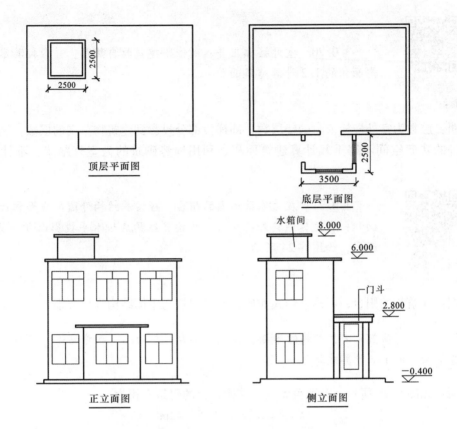

图 6-21　门斗、水箱间示意图

说明：建筑物的楼梯间层数按建筑物的层数计算。有顶盖的采光井包括建筑物中的采光井和地下室采光井，地下室采光井如图 6-23 所示。

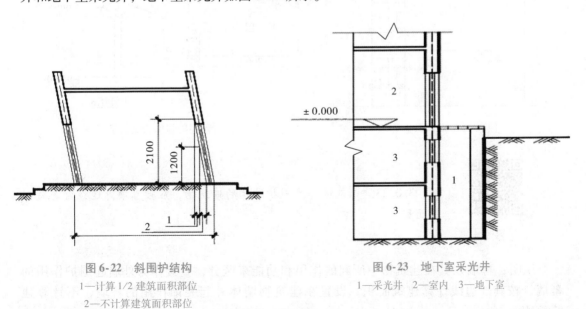

图 6-22　斜围护结构
1—计算 1/2 建筑面积部位
2—不计算建筑面积部位

图 6-23　地下室采光井
1—采光井　2—室内　3—地下室

室外楼梯建筑
面积的计算

3.0.20 室外楼梯应并入所依附建筑物自然层，并应按其水平投影面积的 1/2 计算建筑面积。

说明：层数为室外楼梯依附的楼层数，即梯段部分投影到建筑物范围的层数。利用室外楼梯下部的建筑空间不得重复计算建筑面积；利用地势砌筑的为室外踏步，不计算建筑面积。

阳台建筑
面积的计算

3.0.21 在主体结构内的阳台，应按其结构外围水平面积计算全面积；在主体结构外的阳台，应按其结构底板水平投影面积计算 1/2 面积，如图 6-24 所示。

说明：建筑物的阳台，不论其形式如何，均以建筑物主体结构为界分别计算建筑面积。

3.0.22 有顶盖无围护结构的车棚、货棚、站台、加油站、收费站等，应按其顶盖水平投影面积的 1/2 计算建筑面积。

说明：如图 6-25 所示，有顶盖无围护结构站台的建筑面积为
$$S = 7\text{m} \times 12\text{m} \times 0.5 = 42\text{m}^2$$

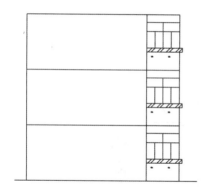

图 6-24　阳台示意图

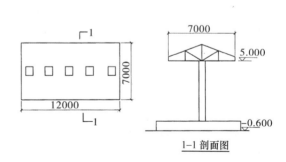

1—1 剖面图

图 6-25　无围护结构的站台示意图

幕墙建筑
面积计算

3.0.23 以幕墙作为围护结构的建筑物，应按幕墙外边线计算建筑面积。

说明：幕墙以其在建筑物中所起的作用和功能来区分，直接作为外墙起围护作用的幕墙，按其外边线计算建筑面积；设置在建筑物墙体外起装饰作用的幕墙，不计算建筑面积。

3.0.24　建筑物的外墙外保温层，应按其保温材料的水平截面积计算，并计入自然层建筑面积。

　　说明：建筑物外墙外侧有保温隔热层的，保温隔热层以保温材料的净厚度乘以外墙结构的外边线长度按建筑物的自然层计算建筑面积，其外墙外边线长度不扣除门窗和建筑物外的已计算建筑面积构件（如阳台、室外走廊、门斗、落地橱窗等部件）所占长度。当建筑物外已计算面积的构件有保温隔热层时，其保温隔热层也不再计算建筑面积。外墙是斜面者按楼面楼板处的外墙外边线长度乘以保温材料的净厚度计算。外墙外保温以沿高度方向满铺为准，某层外墙外保温铺设高度未达到全部高度时（不包含阳台、室外走廊、门斗、落地橱窗、雨篷、飘窗等），不计算建筑面积。保温隔热层的建筑面积是以保温隔热材料的厚度来计算，不包含抹灰层、防潮层、保护层（墙）的厚度。建筑外墙外保温如图 6-26 所示。

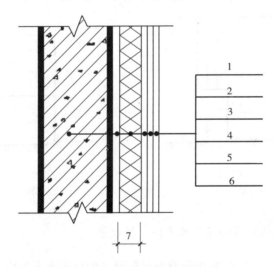

图 6-26　建筑外墙外保温

1—墙体　2—黏结胶浆　3—保温材料　4—标准网
5—加强网　6—抹面胶浆　7—计算建筑面积部位

　　3.0.25　与室内相通的变形缝，应按其自然层合并在建筑物建筑面积内计算。对于高低联跨的建筑物，当高低跨内部连通时，其变形缝应计算在低跨面积内。

　　说明：变形缝指防止建筑物在某些因素作用下引起开裂甚至破坏而预留的构造缝。变形缝一般分为伸缩缝、沉降缝、抗震缝三种。与室内相通的变形缝，是指暴露在建筑物内，在建筑物内可以看得见的变形缝。

　　3.0.26　对于建筑物内的设备层、管道层、避难层等有结构层的楼层，结构层高在 2.20m 及以上的，应计算全面积；结构层高在 2.20m 以下的，应计算 1/2 面积。

说明：设备层、管道层虽然其具体功能与普通楼层不同，但在结构上及施工消耗上并无本质区别，且本规范定义自然层为"按楼地面结构分层的楼层"，因此设备、管道楼层归为自然层，其计算规则与普通楼层相同。在吊顶空间内设置管道的，则吊顶空间部分不能被视为设备层、管道层。

　　3.0.27　下列项目不应计算面积：

1. 与建筑物内不相连通的建筑部件。

说明：指的是依附于建筑物外墙外不与户室开门连通，起装饰作用的敞开式挑台（廊）、平台，以及不与阳台相通的空调室外机搁板（箱）等设备平台部件。

2. 骑楼、过街楼底层的开放公共空间和建筑物通道。

说明：骑楼指建筑底层沿街面后退且留出公共人行空间的建筑物，过街楼指跨越道路上空并与两边建筑物相连接的建筑物，如图 6-27 和图 6-28 所示。

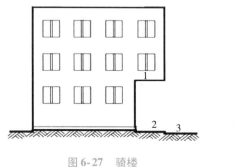
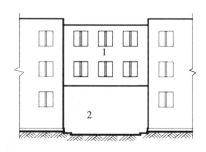

图 6-27　骑楼

1—骑楼　2—人行道　3—街道

图 6-28　过街楼

1—过街楼　2—建筑物通道

3. 舞台及后台悬挂幕布和布景的天桥、挑台等。

说明：本条款指的是影剧院的舞台及为舞台服务的可供上人维修、悬挂幕布、布置灯光及布景等搭设的天桥和挑台等构件设施。

4. 露台、露天游泳池、花架、屋顶的水箱及装饰性结构构件。

5. 建筑物内的操作平台、上料平台、安装箱和罐体的平台。

6. 勒脚、附墙柱、垛、台阶、墙面抹灰、装饰面、镶贴块料面层、装饰性幕墙，主体结构外的空调室外机搁板（箱）、构件、配件，挑出宽度在 2.10m 以下的无柱雨篷和顶盖高度达到或超过两个楼层的无柱雨篷。

7. 窗台与室内地面高差在 0.45m 以下且结构净高在 2.10m 以下的凸（飘）窗，窗台与室内地面高差在 0.45m 及以上的凸（飘）窗。

8. 室外爬梯、室外专用消防钢楼梯。

说明：室外钢楼梯需要区分具体用途，如果是专用于消防的楼梯，则不计算建筑面积；如果是建筑物唯一通道，兼用于消防，则需要按本规范 3.0.20 条计算。

9. 无围护结构的观光电梯。

10. 建筑物以外的地下人防通道，独立的烟囱、烟道、地沟、油（水）罐、气柜、水塔、贮油（水）池、贮仓、栈桥等构筑物。

【例6-1】如图6-29所示为某建筑标准层平面图，已知墙厚240mm，层高3.0m，求该建筑物标准层建筑面积。

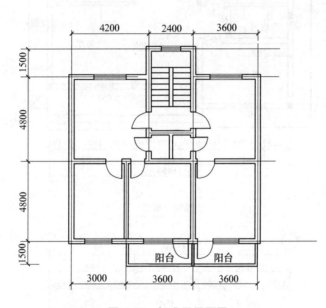

图 6-29　标准层平面图

【解】房屋建筑面积为

$$S_1 = (3 + 3.6 + 3.6 + 0.12 \times 2)\,\text{m} \times (4.8 + 4.8 + 0.12 \times 2)\,\text{m} +$$
$$(2.4 + 0.12 \times 2)\,\text{m} \times (1.5 - 0.12 + 0.12)\,\text{m}$$
$$= 102.73\,\text{m}^2 + 3.96\,\text{m}^2$$
$$= 106.69\,\text{m}^2$$

阳台建筑面积为

$$S_2 = 0.5 \times (3.6 + 3.6)\,\text{m} \times 1.5\,\text{m}$$
$$= 5.4\,\text{m}^2$$

则该建筑物标准层建筑面积为

$$S = S_1 + S_2 = 112.09\,\text{m}^2$$

【例6-2】如图6-30所示为某两层建筑物的底层和二层平面图，已知墙厚为240mm，层高2.90m，求该建筑物底层和二层的建筑面积。

解：底层建筑面积为

$$S_1 = (8.5 + 0.12 \times 2)\,\text{m} \times (11.4 + 0.12 \times 2)\,\text{m} - 7.2\,\text{m} \times 0.9\,\text{m} = 95.25\,\text{m}^2$$

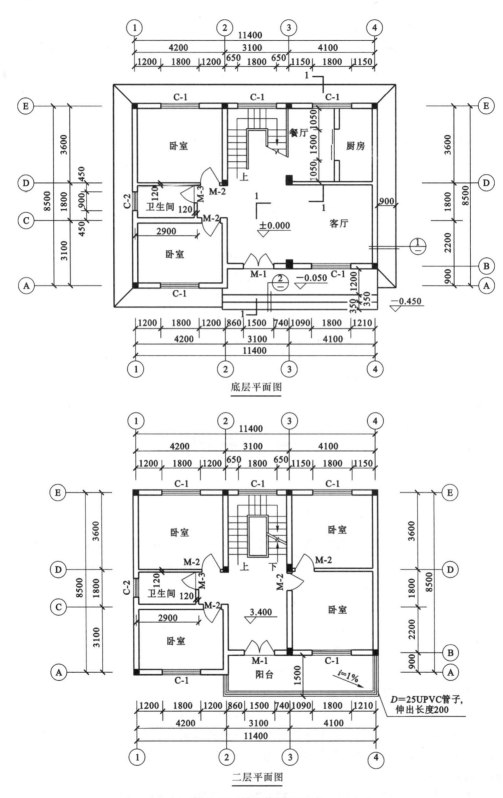

底层平面图

二层平面图

图6-30 某建筑物平面图

二层建筑面积为底层建筑面积加上阳台建筑面积，即

$$S_2 = S_1 + S_3 = 95.25\text{m} + [7.2 \times 0.9 + (7.2 + 0.24) \times 0.6] \times 12\text{m}^2 = 100.72\text{m}^2$$

练一练

6.2-1　已知单层建筑物平面图如图 6-31 所示，层高 4.5m，求该单层建筑物的建筑面积。

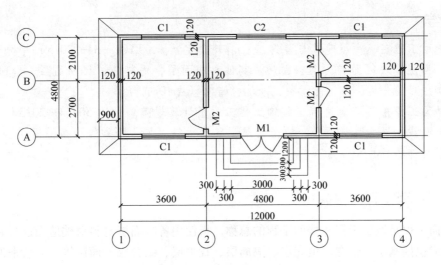

图 6-31　单层建筑物平面图

6.2-2　某六层建筑物各层的建筑面积相同，层高均为 2.9m，其中底层外墙尺寸如图 6-32所示，墙厚均为 240mm，试计算其建筑面积（图中尺寸均为轴线尺寸）。

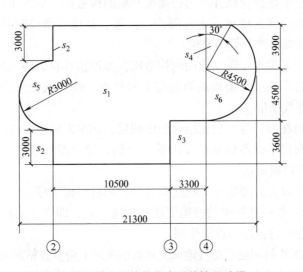

图 6-32　某六层建筑物底层外墙尺寸图

6.3 楼地面装饰工程

1. 熟悉楼地面装饰工程构造。
2. 掌握楼地面装饰工程计算规则。

本节导学

楼地面工程在《房屋建筑与装饰工程消耗量定额》（TY01—31—2015）中分为找平层及整体面层，块料面层，塑料面层，其他材料面层，踢脚线，楼梯面层，台阶装饰，零星装饰项目，分格嵌条、防滑条，酸洗打蜡内容共10节内容。

楼地面工程在《房屋建筑与装饰工程工程量计算规范》（GB 50854—2013）中分为整体面层及找平层、块料面层、橡塑面层、其他材料面层、踢脚线、楼梯面层、台阶装饰、零星装饰项目共8节内容。

6.3.1 楼地面工程的相关知识

楼地面工程是地面工程和楼面工程的总称，指使用各种面层材料对楼地面进行装饰的工程。其构成包括基层、垫层、填充层、隔离层、找平层、结合层、面层等。一般来说地面主要由垫层、找平层、面层组成，楼面主要由结构层、找平层、保温隔热层和面层组成。面层可分为整体面层、块料面层两类。

（1）基层　指基层、夯实土基。

（2）垫层　指承受地面荷载并均匀传递给基层的构造层，如灰土垫层、混凝土垫层等。

（3）填充层　指在建筑楼地面上起隔声、保温、找坡或敷设暗管、暗线等作用的构造层，如炉渣、水泥膨胀珍珠岩等填充层。

（4）隔离层　指起防水、防潮作用的构造层，如油毡卷材、防水涂料等隔离层。

（5）找平层　指在垫层、楼板或填充层上起找平、找坡或加强作用的构造层，如水泥砂浆、细石混凝土等找平层。

（6）结合层　指在面层与下层相结合的中间层，如水泥砂浆、冷底子油等结合层。

（7）面层　指直接承受各种荷载作用的表面层，如水泥砂浆、细石混凝土整体面层或地砖、石材、地板等块料面层。

（8）其他　除此以外，楼地面工程还有各种辅助材料或工序。

1）楼地面点缀：是一种简单的楼地面块料拼铺方式，即在块料四角相交处各切去一个角另镶一小块深颜色块料，起到点缀作用。

2）粘贴的楼地面块料面层：指楼地面块料面层采用干粉型胶粘剂或万能胶粘贴的形式。

3）零星项目：指小面积少量分散的楼地面装饰、台阶的牵边、小便池、蹲台、池槽以及面积在 $1m^2$ 以内且定额未列的项目。

4）压线条：指地毯、橡胶板、橡胶卷材铺设的压线条，如铝合金、不锈钢等线条。

5）嵌条材料：指用于水磨石的分隔、图案等的嵌条，如玻璃嵌条、铝合金嵌条等。

6）防护材料：指耐酸、耐碱、耐老化、防火、防油渗等材料。

7）防滑条、固定件等：其中固定件指用于楼梯、台阶的栏杆柱、栏杆、栏板与扶手相连接的固定件，靠墙扶手与墙相连接的固定件等。

6.3.2 《房屋建筑与装饰工程消耗量定额》（TY01—31—2015）楼地面工程分部说明

1）楼地面工程分部包括找平层及整体面层、块料面层、塑料面层、其他材料面层，踢脚线、楼梯面层、台阶装饰、零星装饰项目、分格嵌条、防滑条、酸洗打蜡内容。

2）水磨石楼地面水泥石子浆的配合比，设计与定额不同时，可以调整。

3）同一铺贴面上有不同种类、材质的材料，应分别按相应项目执行。

4）厚度≤60mm 的细石混凝土按找平层项目执行，厚度 >60mm 的按本定额"混凝土与钢筋混凝土工程"中垫层项目执行。

5）采用地暖属地板垫层，按不同材料执行相应项目，人工乘以系数 1.3，材料乘以系数 0.95。

6）块料面层。

① 镶贴块料面层是按规格料考虑的，如需现场倒角、磨边者按"其他装饰工程"相应项目执行。

② 石材楼地面拼花按成品考虑。

③ 镶嵌规格在 100mm×100mm 以内的石材执行点缀项目。

④ 玻化砖按陶瓷地面砖相应项目执行。

7）木地板。

① 木地板安装按成品企口考虑，若采用平口安装，其人工乘以系数 0.85。

② 木地板填充材料按"保温、隔热、防腐工程"相应项目执行。

8）弧形踢脚线、楼梯段踢脚线按相应项目人工、机械乘以系数 1.15。

9）石材螺旋形楼梯，按弧形楼梯项目人工乘以系数 1.2。

10）零星项目面层适用于楼梯侧面、台阶的牵边，小便池、蹲台、池槽以及面积在 0.5m² 以内且未列项目的工程。

11）圆弧形等不规则地面镶贴面层、饰面面层按相应项目人工乘以系数 1.15，块料消耗量损耗量按实际计算。

12）水磨石地面包含酸洗打蜡，其他块料项目如需做酸洗打蜡者，单独执行相应酸洗打蜡项目。

6.3.3 《房屋建筑与装饰工程消耗量定额》（TY01—31—2015）楼地面工程工程量计算规则

1）楼地面找平层及整体面层按设计图示尺寸面积计算，扣除凸出地面构筑物、设备基础、室内铁道、地沟等所占面积，不扣除间壁墙及单个面积≤0.3 m² 柱、垛、附墙烟囱及孔洞所占面积。门洞、空圈、暖气包槽、壁龛的开口部分不增加面积。

2）块料面层、橡塑面层。

① 块料面层、橡塑面层及其他材料面层按设计图示尺寸以面积计算。门洞、空圈、暖气包槽、壁龛的开口部分并入相应的工程量内。

② 石材拼花按最大外围尺寸以矩形面积计算。有拼花的石材地面，按设计图示尺寸扣除拼花的最大外围矩形面积计算面积。

③ 点缀按"个"计算，计算主体铺贴地面面积时，不扣除点缀所占面积。

④ 石材底面刷养护液包括侧面涂刷，工程量的设计图示尺寸以底面积计算。

⑤ 石材表面刷保护液按设计图示尺寸以表面积计算。

⑥ 石材勾缝按石材的设计图示尺寸以面积计算。

3）踢脚线按设计图示长度乘以高度以面积计算，楼梯靠墙踢脚线（含锯齿形部分）贴块料按设计图示尺寸以面积计算。

4）楼梯面层按设计图示尺寸以楼梯（包括踏步、休息平台及≤500mm 宽的楼梯井）水平投影面积计算。楼梯与楼地面相连时，算至梯口梁内侧边沿；无梯口梁者，算至最上一层踏步边沿加 300mm。

5）台阶面层按设计图示尺寸以台阶（包括最上层踏步边沿加 300mm）水平投影面积计算。

6）零星项目按设计图示尺寸以面积计算。

7）分格嵌条按设计图示尺寸以"延长米"计算。

8）块料楼地面做酸洗打蜡者，按设计图示尺寸以表面积计算。

6.3.4 《房屋建筑与装饰工程工程量计算规范》（GB 50854—2013）楼地面装饰工程工程量计算规则

1）整体面层：按设计图示尺寸以面积计算。扣除凸出地面的构筑物、设备基础、室内铁道、地沟等所占面积，不扣除间壁墙及≤0.3m^2 的柱、垛、附墙烟囱及孔洞所占面积。门洞、空圈、暖气包槽、壁龛的开口部分不增加面积。

整体和块料楼地面

2）块料面层：按设计图示尺寸以面积计算。门洞、空圈、暖气包槽、壁龛的开口部分并入相应的工程量内。

3）橡塑面层：按设计图示尺寸以面积计算。门洞、空圈、暖气包槽、壁龛的开口部分并入相应的工程量内。

4）其他材料面层：按设计图示尺寸以面积计算。门洞、空圈、暖气包槽、壁龛的开口部分并入相应的工程量内。

楼梯与台阶

5）踢脚线：①以平方米计量，按设计图示长度乘以高度以面积计算；②以米计量，按延长米计算。

6）楼梯面层：按设计图示尺寸以楼梯（包括踏步、休息平台及500mm 以内的楼梯井）水平投影面积计算。楼梯与楼地面相连时，算至梯口梁内侧边沿；无梯口梁者，算至最上一层踏步边沿加 300mm，如图 6-33所示。

7）台阶装饰：按设计图示尺寸以台阶（包括最上层踏步边沿加 300mm）水平投影面积计算。

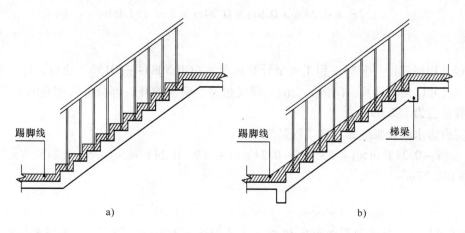

图 6-33　楼梯段剖面图

a）无梯口梁　b）有梯口梁

8）零星装饰项目：按设计图示尺寸以面积计算。

知识链接

《房屋建筑与装饰工程工程量计算规范》（GB 50854—2013）中，工程量清单项目中的工程内容一般是综合的，我们在工程量清单计价时，应按照上述内容考虑组合报价。

【**例 6-3**】某建筑平面图如图 6-34 所示，已知墙厚 240mm，室内铺设 500mm×500mm大理石地面，求大理石地面的工程量。

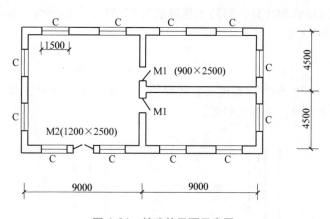

图 6-34　某建筑平面示意图

【**解**】依据《房屋建筑与装饰工程消耗量定额》（TY01—31—2015），块料面层按设计图示尺寸以面积计算，门洞、空圈、暖气包槽、壁龛的开口部分并入相应的工程量内，则其工程量为

$$(9 - 0.24)\text{m} \times (4.5 + 4.5 - 0.24)\text{m} + (9 - 0.24)\text{m} \times (4.5 + 4.5 - 0.24)\text{m} \times 2 +$$

$$1.2m \times 0.24m + 0.9m \times 0.24m \times 2 = 152.09m^2$$

依据《房屋建设与装饰工程工程量计算规范》（GB 50854—2013），块料面层工程量按设计图示尺寸以面积计算。门洞、空圈、暖气包槽、壁龛的开口部分并入相应的工程量内。则其工程量也为152.093m²。

如室内为水泥砂浆地面，则工程量为

$$(9-0.24) \ m \times (4.5+4.5-0.24) \ m + (9-0.24) \ m \times (4.5-0.24) \ m \times 2$$
$$= 151.37m^2$$

【例6-4】某建筑平面图如图6-34所示，已知墙厚240mm，墙面铺设中国黑花岗岩踢脚线，踢脚线做法为水泥砂浆粘贴，门套贴至花岗岩踢脚线上沿，踢脚线高为150mm，求踢脚线的工程量。

【解】依据《房屋建筑与装饰工程消耗量定额》（TY01—31—2015），踢脚线按设计图示长度乘以高度以m²计算，楼梯靠墙踢脚线（含锯齿形部分）贴块料按设计图示尺寸以面积计算。

踢脚线长度为

$$[(9-0.24)+(4.5+4.5-0.24)]m \times 2 + [(9-0.24)+(4.5-0.24)]m \times$$
$$2 \times 2 - 1.2m - 0.9m \times 4 + 0.24m \times 4 + 0.12 \times 2 = 83.52m$$

则踢脚线工程量为$83.52m \times 0.15m = 12.53m^2$

依据《房屋建筑与装饰工程工程量计算规范》（GB 50854—2013），踢脚线工程量按设计图示长度乘以高度以面积计算，则其工程量也为12.53m²。踢脚线工程量按设计图示长度计算，则其工程量为83.52m。

【例6-5】如图6-35所示为某建筑物楼梯间入口处，用水泥砂浆铺贴500mm×500mm花岗岩地面及花岗岩台阶，求其工程量。

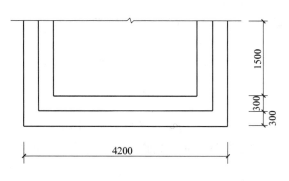

图6-35 某建筑花岗岩台阶示意图

【解】 依据《房屋建筑与装饰工程消耗量定额》（TY01—31—2015），台阶面层按设计图示尺寸以台阶（包括最上层踏步边沿加 300mm）水平投影面积计算。

则水泥砂浆铺贴 500mm×500mm 花岗岩地面工程量为

$$(4.2 - 0.3 \times 6) \text{ m} \times (1.5 - 0.3) \text{ m} = 2.88 \text{m}^2$$

水泥砂浆铺贴 500mm×500mm 花岗岩台阶工程量为

$$4.2 \text{m} \times (1.5 + 0.3 \times 2) \text{ m} - 2.880 \text{m}^2 = 5.94 \text{m}^2$$

依据《房屋建筑与装饰工程工程量计算规范》（GB 50854—2013），台阶装饰工程量按设计图示尺寸以台阶（包括最上层踏步边沿加 300mm）水平投影面积计算，则其工程量也分别为 2.880m²、5.940m²。

【例 6-6】 如图 6-36 所示为某建筑物内一楼梯，同走廊连接，采用直线双跑形式，墙厚 240mm，楼梯满铺中国红大理石，试计算该层大理石楼梯面层的工程量。

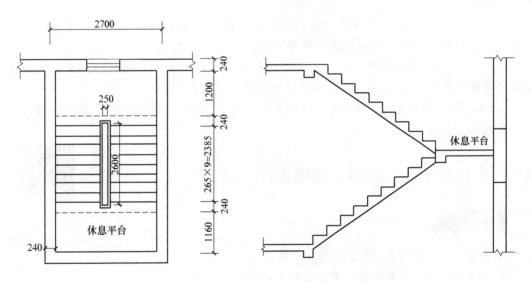

图 6-36　某建筑楼梯间示意图

【解】 依据《房屋建筑与装饰工程消耗量定额》（TY01—31—2015），楼梯面层按设计图示尺寸以楼梯（包括踏步、休息平台以及 ≤500mm 宽的楼梯井）水平投影面积计算，则其工程量为

$$(2.7 - 0.24) \text{ m} \times (1.16 + 0.24 + 2.385 + 0.24) \text{ m} = 9.90 \text{m}^2$$

依据《房屋建筑与装饰工程工程量计算规范》（GB 50854—2013），楼梯装饰工程量按设计图示尺寸以楼梯（包括踏步、休息平台及 500mm 以内的楼梯井）水平投影面积计算。楼梯与楼地面相连时，算至梯口梁内侧边沿；无梯口梁者，算至最上一层踏步边沿加 300mm，则其工程量也为 9.901m²。

【例6-7】 如图6-36所示为某建筑物内一楼梯，同走廊连接，采用直线双跑形式，踏步镶嵌1.5m长4mm×10mm铜嵌条，试计算该楼梯铜嵌条的工程量。

【解】 依据《房屋建筑与装饰工程消耗量定额》（TY01—31—2015），嵌条工程量按其长度计算，则其工程量为

$$1.5m \times 9 \times 2 = 27.00m$$

练一练

6.3-1　楼地面工程是_____和_____的总称，指使用各种面层材料对楼地面进行装饰的工程。

6.3-2　依据《房屋建筑与装饰工程消耗量定额》（TY01—31—2015），楼地面整体面层装饰面积按_____计算，不扣除0.3m² 以内的孔洞所占的面积。

6.3-3　依据《房屋建筑与装饰工程工程量计算规范》（GB 50854—2013），楼地面整体面层工程量按_____计算。

6.3-4　依据《房屋建筑与装饰工程消耗量定额》（TY01—31—2015），楼梯面积（包括踏步、休息平台以及500mm宽的楼梯井）按_____计算。

6.3-5　依据《房屋建筑与装饰工程消耗量定额》（TY01—31—2015），台阶面层（包括最上层踏步边沿加_____mm）按水平投影面积计算。

6.3-6　依据《房屋建筑与装饰工程消耗量定额》（TY01—31—2015），踢脚线按设计图示长度乘以_____计算。

6.4　墙柱面装饰与隔断、幕墙工程

墙柱面工程

学习目标

1. 熟悉墙柱面装饰与隔断、幕墙工程构造。
2. 掌握墙柱面装饰与隔断、幕墙工程计算规则。

本节导学

墙柱面工程在《房屋建筑与装饰工程消耗量定额》（TY01—31—2015）中分为墙面抹灰、柱（梁）面抹灰、零星抹灰、墙面块料面层、柱（梁）面镶贴、镶贴零星块料、墙饰面、柱（梁）饰面、幕墙工程及隔断共10节内容。

墙柱面工程在《房屋建筑与装饰工程工程量计算规范》（GB 50854—2013）中分为墙面抹灰、柱（梁）面抹灰、零星抹灰、墙面块料面层、柱（梁）面镶贴块料、镶贴零星块料、墙饰面、柱（梁）饰面、幕墙、隔断共10节内容。

6.4.1　墙柱面装饰与隔断、幕墙工程的相关知识

墙柱面装饰与隔断、幕墙工程按施工类型包括抹灰、镶贴块料面层、墙柱面装饰（护壁）、隔断与隔墙（间壁墙）、幕墙工程。

1. 抹灰

抹灰又称粉刷，它的主要作用是保护墙面和装饰美观，还可提高房屋的使用效能。内墙抹灰可改善室内清洁卫生条件和增加光亮，并起装饰美观作用。用于浴室、厕所、厨房的抹灰，主要作用是保护墙身不受水和潮气的影响。对于一些有特殊要求的房屋，抹灰还能改善它的热工、声学、光学等物理性能。外墙抹灰可提高墙身防潮、防风化、防腐蚀的能力，增强墙身的耐久性，也是装饰美化建筑物的重要措施之一。

抹灰分为一般抹灰、装饰抹灰。一般抹灰包括石灰砂浆、混合砂浆、水泥砂浆及其他砂浆等抹灰；装饰抹灰包括水刷石、干粘石、斩假石、拉条灰、甩毛灰等。

抹灰按质量要求不同，分为普通抹灰、中级抹灰、高级抹灰三级。不同规格标准的建筑对抹灰质量的要求也不同，采用哪种级别标准的抹灰应遵从设计要求。

知识链接

普通抹灰为一遍底层、一遍面层或不分层一遍成活；中级抹灰为一遍底层、一遍中层、一遍面层或一遍底层、一遍面层两遍成活；高级抹灰为一遍底层、两遍或两遍以上中层、一遍面层成活。

底层抹灰主要起与基层的粘结作用，并起初步找平的作用；中层抹灰主要起找平作用，可分层或一次抹成；面层抹灰起装饰作用。

---

2. 镶贴

饰面板（砖）工程又称镶贴工程，多用于要求较高的装饰工程。所谓饰面板（砖）工程，就是把天然或人造的装饰块料镶贴在建筑物室内外墙柱表面的一种装饰方法。镶贴块料面层包括大理石、花岗岩、麻石块、陶瓷锦砖、瓷板、面砖等。施工时一般采用挂贴法、粘贴法、干挂法。

挂贴法是对大规格的石材（大理石、花岗岩等）使用的先挂后灌浆的施工方式。

粘贴法是对小规格块料（一般边长小于400mm以下）的施工。

干挂法分直接干挂法和间接干挂法。直接干挂法是通过不锈钢膨胀螺栓、不锈钢挂件、不锈钢连接件、不锈钢钢针等，将外墙饰面板连接在外墙墙面；间接干挂法是通过固定在墙、柱、梁上的龙骨，再通过各种挂件固定外墙饰面板。

龙骨有木龙骨、轻钢龙骨、铝合金龙骨、型钢龙骨、石膏龙骨等。木龙骨以方木为支撑骨架，由上槛、下槛、主柱、斜撑组成，从构成上分为单层和双层两种。轻钢龙骨是采用镀锌铁皮、黑铁皮带钢或薄壁冷轧退火卷带为原料，经冷弯或冲压而成的骨架支撑材料。

3. 隔断与隔墙（间壁墙）、护壁

隔墙，亦称间壁墙，是指不承受荷载只用于分隔室内房间的墙。

不到顶的隔墙称为隔断。护壁是指在原墙面基层上铺钉木龙骨、木基层（有的不带木基层），然后铺钉或粘贴饰面材料的墙面装饰。

4. 幕墙工程

幕墙工程，是指先在建筑物外面安装立柱和横梁，然后再安装玻璃或金属板的结构外墙面，包括玻璃幕墙、铝板幕墙等。

6.4.2 《房屋建筑与装饰工程消耗量定额》（TY01—31—2015）墙柱面工程分部说明

1）本章定额包括墙面抹灰、柱（梁）面抹灰、零星抹灰、墙面块料面层、柱（梁）面镶贴、镶贴零星块料、墙饰面、柱（梁）饰面、幕墙工程及隔断10节。

2）圆弧型、锯齿型、异形等不规则墙面抹灰、镶贴块料、幕墙按相应项目乘以系数1.15。

3）干挂石材骨料及玻璃幕墙型钢骨架均按钢骨架项目执行。预埋铁件按本定额"混凝土及钢筋混凝土工程"铁件制作安装项目执行。

4）女儿墙（包括泛水、挑砖）内侧、阳台栏板（不扣除花格所占孔洞面积）内侧与阳台栏板外侧抹灰工程量按其投影面积计算，块料按展开面积计算；女儿墙无泛水挑砖者，人工及机械乘以系数1.10，女儿墙有泛水挑砖，人工及机械乘以系数1.30按墙面相应项目执行；女儿墙外侧并入外墙计算。

5）抹灰面层。

① 抹灰项目中砂浆配合比与设计不同者，按设计要求调整；如设计厚度与定额取定厚度不同者，按其相应增减厚度项目调整。

② 砖墙中的钢筋混凝土梁、柱侧面抹灰 >0.5m² 的并入相应墙面项目执行，≤0.5m² 的按"零星抹灰"项目执行。

③ 抹灰工程的"零星项目"适用于各种壁柜、碗柜、空调搁板、暖气罩、池槽、花台以及 ≤0.5m² 的其他各种零星抹灰。

④ 抹灰工程的装饰线条适用于门窗套、挑檐、腰线、压顶、遮阳板外边宣传栏边框等项目的抹灰，以及凸出墙面且展开宽度 ≤300mm 的竖、横线条抹灰。线条展开宽度 >300mm 且展开宽度 ≤400mm 者，按相应项目乘以系数1.33；展开宽度 >400mm 且展开宽度 ≤500mm 者，按相应项目乘以系数1.67。

6）块料面层。

① 墙面贴块料、饰面高度在300mm以内者，按踢脚线项目执行。

② 勾缝镶贴面砖子目，面砖消耗量分别按缝宽5mm和10mm考虑，如灰缝宽度与取定不同者，其块料及灰缝材料（预拌水泥砂浆）允许调整。

③ 玻化砖、干挂玻化砖或玻岩板按面砖相应项目执行。

7）除已列有挂贴石材柱帽、柱墩项目外，其他项目的柱帽、柱墩并入相应柱面积内，每个柱帽或柱墩另增人工：抹灰0.25工日，块料0.38工日，饰面0.5工日。

8）木龙骨基层是按双向计算的，如设计为单向时，材料、人工乘以系数0.55。

9）隔断、幕墙。

① 玻璃幕墙中的玻璃按成品玻璃考虑，幕墙中的避雷装置已综合，但幕墙的封边、封顶的费用另行计算。型钢、挂件设计用量与定额取定用量不同时，可以调整。

② 幕墙饰面中的结构胶与耐候胶设计用量与定额取定用量不同时，消耗量按设计计算

的用量加 15% 的施工损耗计算。

③ 玻璃幕墙设计带有平开、推拉窗者，并入幕墙面积计算，窗的型材用量应予以调整，窗的五金用量相应增加，五金施工损耗按 2% 计算。

④ 面层、隔墙（间壁）、隔断（护壁）项目内，除注明外均未包括压条、收边、装饰线（板），如设计有要求，应按"其他装饰工程"相应项目执行；浴厕隔断已综合了隔断门所增加的工料。

⑤ 隔墙（间壁）、隔断（护壁）幕墙等项目中龙骨间距、规格如与设计不同，允许调整。

10) 本章设计要求做防火处理者，应按"油漆、涂料、裱糊工程"相应项目执行。

6.4.3 《房屋建筑与装饰工程消耗量定额》（TY01—31—2015）墙柱面工程工程量计算规则

1. 抹灰

1) 内墙面、墙裙抹灰面积应扣除门窗洞口和单个 $>0.3m^2$ 以上的空圈所占的面积，不扣除踢脚线、挂镜线及单个面积 $\leq0.3m^2$ 的孔洞和墙与构件交接处的面积。且门窗洞口、空圈、孔洞的侧壁面积亦不增加，附墙柱的侧面抹灰并入墙面、墙裙抹灰工程量内计算。

2) 内墙面、墙裙的长度以主墙间的图示净长计算。墙面高度按室内地面至顶棚底面净高计算；墙面抹灰面积应扣除墙裙抹灰面积，如墙面与墙裙抹灰种类相同者，工程量合并计算。

3) 外墙抹灰面积按垂直投影面积计算，应扣除门窗洞口、外墙裙（墙面与墙裙抹灰种类相同者应合并计算）和单个面积 $>0.3m^2$ 的孔洞所占的面积，不扣除单个面积 $\leq0.3m^2$ 的孔洞所占的面积，门窗洞口及孔洞的侧壁面积亦不增加，附墙柱侧面抹灰面积应并入外墙面抹灰工程量内。

4) 柱抹灰按结构断面周长乘以抹灰高度计算。

5) 装饰线条抹灰按设计图示尺寸以长度计算。

6) "零星项目"按设计图示尺寸以展开面积计算。

2. 块料面层

1) 挂贴石材零星项目中柱墩、柱帽是按圆弧形成品考虑的，按其圆的最大外径以周长计算；其他类型的柱帽、柱墩工程量按设计图示尺寸以展开面积计算。

2) 镶贴块料面层，按镶贴表面积计算。

3) 柱镶贴块料面层按设计图示饰面外围尺寸乘以高度以面积计算。

3. 墙饰面

1) 龙骨、基层、面层墙饰面项目按设计图示饰面尺寸以面积计算，扣除门窗洞口及单个面积 $>0.3m^2$ 以上的空圈所占的面积，不扣除单个面积 $\leq0.3m^2$ 的孔洞所占的面积，门窗洞口及孔洞的侧壁面积亦不增加。

2) 柱（梁）饰面的龙骨、基层、面层按设计图示饰面尺寸以面积计算，柱帽、柱墩并入相应柱面积计算。

4. 幕墙、隔断

1) 玻璃幕墙、铝板幕墙以框外围面积计算；半玻璃隔断、全玻璃幕墙如有加强肋者，工程量按其展开面积计算。

2）隔断按设计图示框外围尺寸以面积计算，扣除门窗洞口及单个面积 $>0.3m^2$ 的孔洞所占面积。

6.4.4 《房屋建筑与装饰工程工程量计算规范》（GB 50854—2013）墙柱面装饰与隔断、幕墙工程工程量计算规则

1）墙面抹灰：按设计图示尺寸以面积计算。扣除墙裙、门窗洞口及单个 $>0.3m^2$ 的孔洞面积，不扣除踢脚线、挂镜线和墙与构件交接处的面积，门窗洞口和孔洞的侧壁及顶面不增加面积。附墙柱、梁、垛、烟囱侧壁并入相应的墙面面积内。

外墙抹灰面积按外墙垂直投影面积计算。

外墙裙抹灰面积按其长度乘以高度计算。

内墙抹灰面积按主墙间的净长乘以高度计算。无墙裙的，高度按室内楼地面至顶棚底面计算；有墙裙的，高度按墙裙顶至顶棚底面计算；有吊顶顶棚抹灰的，高度算至顶棚底。

内墙裙抹灰面按内墙净长乘以高度计算。

2）柱面抹灰：柱面抹灰按设计图示柱断面周长乘以高度以面积计算；梁面抹灰按设计图示梁断面周长乘以长度以面积计算。

3）零星抹灰：按设计图示尺寸以面积计算。

4）墙面块料面层：石材墙面、碎拼石材、块料墙面，按设计图示尺寸以镶贴面积计算；干挂石材钢骨架按设计图示尺寸以质量计算。

5）柱（梁）面镶贴块料：按设计图示尺寸以镶贴表面积计算。

6）镶贴零星块料：按设计图示尺寸以镶贴表面积计算。

7）墙饰面：墙面装饰板按设计图示墙净长乘以净高以面积计算，扣除门窗洞口及单个 $>0.3m^2$ 的孔洞所占面积；墙面装饰浮雕按设计图示尺寸以面积计算。

8）柱（梁）饰面：柱（梁）饰面按设计图示饰面外围尺寸以面积计算，柱帽、柱墩并入相应柱饰面工程量内。成品装饰柱以根计量，按设计数量计算；以米计量，按设计长度计算。

9）幕墙工程：带骨架幕墙按设计图示框外围尺寸以面积计算，与幕墙同种材质的窗所占面积不扣除；全玻幕墙按设计图示尺寸以面积计算，带肋全玻幕墙按展开面积计算。

10）隔断：按设计图示框外围尺寸以面积计算。不扣除单个 $\leq0.3m^2$ 的孔洞所占面积；木隔断、金属隔断的浴厕门的材质与隔断相同时，门的面积并入隔断面积内。

【例6-8】某建筑平面图如图6-34所示，已知墙厚240mm，外墙为混凝土墙面，设计为水刷白石子（12mm厚水泥砂浆1:3，10mm厚水泥白石子浆1:1.5），外墙装饰抹灰高度为4.9m，窗C尺寸：$1.5m \times 1.5m$，求外墙面装饰抹灰的工程量。

【解】依据《房屋建筑与装饰工程消耗量定额》（TY01—31—2015），外墙面装饰抹灰面积，按垂直投影面积计算，扣除门窗洞口和单个 $>0.3m^2$ 的孔洞所占的面积，门窗洞口及空洞侧壁面积亦不增加，附墙柱侧面抹灰并入外墙抹灰面积工程量内，则其工程量为

$[(9 \times 2 + 0.24) + (4.5 \times 2 + 0.24)]m \times 2 \times 4.9m - 1.5m \times 1.5m \times 12 - 1.2m \times 2.5m$
$= 239.30m^2$

依据《房屋建筑与装饰工程工程量计算规范》（GB 50854—2013），墙面抹灰按设计图示尺寸以面积计算。扣除墙裙、门窗洞口及单个 $>0.3\text{m}^2$ 的孔洞面积，不扣除踢脚线、挂镜线和墙与构件交接处的面积，门窗洞口和孔洞的侧壁及顶面不增加面积，附墙柱、梁、垛、烟囱侧壁并入相应的墙面面积内。外墙抹灰面积按外墙垂直投影面积计算。则其工程量也为 239.30m^2。

【例 6-9】 某建筑物室外有 2 个直径为 1.0m 的钢筋混凝土圆柱，如图 6-37 所示，高度为 3.6m，设计为斩假石柱面，试计算其工程量。

【解】 依据《房屋建筑与装饰工程消耗量定额》（TY01—31—2015），柱抹灰按结构断面周长乘抹灰高度计算，则其工程量为

$$(3.14 \times 1)\ \text{m} \times 3.6\text{m} \times 2 = 22.61\text{m}^2$$

依据《房屋建筑与装饰工程工程量计算规范》（GB 50854—2013），柱面抹灰按设计图示柱断面周长乘以高度以面积计算，则其工程量也为 22.61m^2。

【例 6-10】 如图 6-38 所示为一卫生间平面示意图，已知室内净高为 2.7m，门洞尺寸为 900mm×2100mm，窗洞尺寸为 1200mm×1500mm，蹲便区隔断内起地台，高度为 200mm，墙面为水泥砂浆结合层粘贴面砖 95mm×95mm，灰缝 5mm，求内墙面砖工程量。

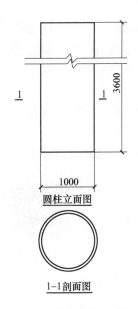

图 6-37　某室外圆柱示意图

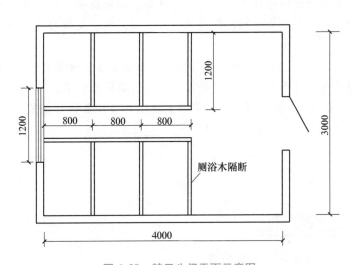

图 6-38　某卫生间平面示意图

【解】 依据《房屋建筑与装饰工程消耗量定额》（TY01—31—2015），墙面贴块料面层按镶贴表面积计算，则其工程量为

$(4+3)$ m$\times 2 \times 2.7$m-1.5m$\times 1.2$m-0.9m$\times 2.1$m-0.2m$\times (1.2+3\times 0.8)$ m$\times 2$
$=32.67$m^2

依据《房屋建筑与装饰工程工程量计算规范》（GB 50854—2013），块料墙面按设计图示尺寸以镶贴面积计算，则其工程量也为32.67m^2。

练一练

6.4-1 依据《房屋建筑与装饰工程消耗量定额》（TY01—31—2015），外墙面装饰抹灰面积，按_____面积计算，扣除门窗洞口和单个>0.3m^{2}的孔洞所占的面积，门窗洞口及孔洞侧壁面积_____。附墙柱侧面抹灰并入外墙抹灰面积工程量内。

6.4-2 依据《房屋建筑与装饰工程消耗量定额》（TY01—31—2015），柱抹灰按_____计算。

6.4-3 依据《房屋建筑与装饰工程消耗量定额》（TY01—31—2015），女儿墙（包括泛水、挑砖）、阳台栏板（不扣除花格所占孔洞面积）内侧抹灰按_____，女儿墙带泛水挑砖者，人工及机械乘以系数1.30，按墙面相应项目执行。

6.4-4 依据《房屋建筑与装饰工程消耗量定额》（TY01—31—2015），墙面贴块料面层，按_____计算。

6.4-5 依据《房屋建筑与装饰工程消耗量定额》（TY01—31—2015），墙面贴块料、饰面高度在_____mm以内者，按踢脚线项目执行。

6.4-6 依据《房屋建筑与装饰工程消耗量定额》（TY01—31—2015），柱镶贴块料面层按_____计算。

6.4-7 依据《房屋建筑与装饰工程工程量计算规范》（GB 50854—2013），墙面抹灰工程量按设计图示尺寸以_____计算。扣除墙裙、门窗洞口及单个>0.3m^{2}的孔洞面积，不扣除_____的面积，门窗洞口和孔洞的侧壁及顶面不增加面积。附墙柱、梁、垛、烟囱侧壁并入相应的墙面面积内。

6.4-8 依据《房屋建筑与装饰工程工程量计算规范》（GB 50854—2013），柱面抹灰工程量按设计图示_____乘以_____以面积计算。

6.4-9 依据《房屋建筑与装饰工程工程量计算规范》（GB 50854—2013），柱面镶贴块料工程量按设计图示尺寸以_____计算。

6.5 顶棚工程

顶棚工程

学习目标

1. 熟悉顶棚工程构造。
2. 掌握顶棚工程计算规则。

顶棚工程在《房屋建筑与装饰工程消耗量定额》（TY01—31—2015）中分为顶棚抹灰、顶棚吊顶、顶棚其他装饰共 3 节内容。

顶棚工程在《房屋建筑与装饰工程工程量计算规范》（GB 50854—2013）中分为顶棚抹灰、顶棚吊顶、采光顶棚、顶棚其他装饰共 4 节内容。

6.5.1　顶棚工程的相关知识

顶棚按施工方式分为直线形顶棚（顶棚抹灰）和悬吊式顶棚（即吊顶）。吊顶主要由吊杆（吊筋）、龙骨、基层和面层组成。

顶棚按形状分为平面、跌级、锯齿形、阶梯形、吊挂式、藻井式、矩形、圆弧形、拱形等。顶棚面层在同一标高者为平面顶棚。跌级顶棚一般指形状比较简单，不带灯槽，一个空间内有一个凹形或凸形的顶棚。艺术造型顶棚包括锯齿形、阶梯形、吊挂式、藻井式等，如图 6-39 所示。

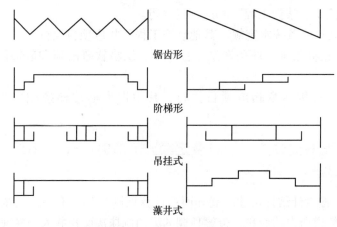

锯齿形

阶梯形

吊挂式

藻井式

图 6-39　艺术造型顶棚断面示意图

6.5.2　《房屋建筑与装饰工程消耗量定额》（TY01—31—2015）顶棚工程分部说明

1）本章定额包括顶棚抹灰、顶棚吊顶、顶棚其他装饰 3 节。

2）抹灰项目中砂浆配合比与设计不同者，可按设计要求予以换算；如设计厚度与定额取定厚度不同者，按相应项目调整。

3）如混凝土顶棚刷素水泥浆或界面剂，按本定额"墙、柱面装饰与隔断、幕墙工程"相应项目人工乘以系数 1.15。

4）吊顶顶棚。

①除烤漆龙骨顶棚为龙骨、面层合并列项外，其余均为顶棚龙骨、基层、面层分别列项编制。

② 龙骨的种类、间距、规格和基层、面层材料的型号、规格是按常用材料和常用做法考虑的，当设计要求不同时，材料可以调整，但人工、机械不变。

③ 顶棚面层在同一标高者为平面顶棚，顶棚面层不在同一标高者为跌级顶棚。跌级顶棚其面层按相应项目人工乘以系数1.30。

④ 轻钢龙骨、铝合金龙骨项目中龙骨按双层双向结构考虑，即中、小龙骨紧贴大龙骨底面吊挂，如为单层结构，即大、中龙骨底面在同一水平上者，人工乘以系数0.85。

⑤ 轻钢龙骨、铝合金龙骨项目中，如面层规格与定额不同，按相近面积的项目执行。

⑥ 轻钢龙骨和铝合金龙骨不上人型吊杆长度为0.6m，上人型吊杆长度为1.4m。吊杆长度与定额不同时可按实际调整，人工不变。

⑦ 平面顶棚和跌级顶棚指一般直线型顶棚，不包括灯光槽的制作安装。灯光槽的制作安装应按本章相应子目执行。吊顶顶棚中的艺术造型顶棚中包括灯光槽的制作安装。

⑧ 顶棚面层不在同一标高，且高差在400mm以下、跌级三级以内的一般直线形平面顶棚按跌级顶棚相应项目执行；高差在400mm以上或跌级超过三级以及圆弧形、拱形等造型顶棚按吊顶顶棚中的艺术造型顶棚相应项目执行。

⑨ 顶棚检查孔的工料已包括在项目内，不另计算。

⑩ 龙骨、基层、面层的防火处理及顶棚龙骨的刷防腐油，石膏板刮嵌缝膏、贴绷带，按本定额"油漆、涂料、裱糊工程"相应项目执行。

⑪顶棚压条、装饰线条按本定额"其他装饰工程"相应项目执行。

5）格栅吊顶、吊筒吊顶、藤条造型悬挂吊顶、织物软雕吊顶和装饰网架吊顶，龙骨、面层合并列项编制。

6）楼梯板底抹灰按本章相应项目执行，其中锯齿形楼梯按相应项目人工乘以系数1.35。

6.5.3 《房屋建筑与装饰工程消耗量定额》（TY01—31—2015）顶棚工程工程量计算规则

1）顶棚抹灰：按设计结构尺寸以展开面积计算顶棚抹灰。不扣除间壁墙、垛、柱、附墙烟囱、检查口和管道所占的面积，带梁顶棚的梁两侧抹灰面积并入顶棚面积内，板式楼梯底面抹灰（包括踏步、休息平台以及≤500mm宽的楼梯井）按水平投影面积乘以系数1.15计算，锯齿形楼梯底板抹灰面积（包括踏步、休息平台以及≤500mm宽的楼梯井）按水平投影面积乘以系数1.37计算。

2）顶棚吊顶。

① 顶棚龙骨按主墙间水平投影面积计算，不扣除间壁墙、垛、柱、附墙烟囱、检查口和管道所占面积，扣除单个>0.3m²的孔洞、独立柱及顶棚相连的窗帘盒所占的面积，斜面龙骨按斜面计算。

② 顶棚吊顶的基层和面层均按设计图示尺寸以展开面积计算。顶棚面层中的灯槽及跌级、阶梯式、锯齿形、吊挂式、藻井式顶棚面积按展开面积计算。不扣除间壁墙、垛、柱、附墙烟囱、检查口和管道所占面积，扣除单个>0.3m²的孔洞、独立柱及顶棚相连的窗帘盒所占的面积。

③ 格栅吊顶、藤条造型悬挂吊顶、织物软雕吊顶和装饰网架吊顶，按设计图示尺寸以

水平投影面积计算。吊筒吊顶以最大外围水平投影尺寸，以外接矩形面积计算。

3）顶棚其他装饰。

① 灯带（槽）按设计图示尺寸以框外围面积计算。

② 送风口、回风口及灯光口按设计图示数量计算。

6.5.4 《房屋建筑与装饰工程工程量计算规范》（GB 50854—2013）顶棚工程工程量计算规则

1）顶棚抹灰：按设计图示尺寸以水平投影面积计算。不扣除隔墙（间壁墙）、垛、柱、附墙烟囱、检查口和管道所占的面积。对于带梁顶棚，梁两侧抹灰面积并入顶棚面积内，板式楼梯底面抹灰按斜面积计算，锯齿形楼梯底板抹灰按展开面积计算。

2）顶棚吊顶：按设计图示尺寸以水平投影面积计算。顶棚面中的灯槽及跌级、锯齿形、吊挂式、藻井式顶棚面积不展开计算。不扣除间壁墙、检查口、附墙烟囱、柱、垛和管道所占面积，扣除单个 $0.3m^2$ 以上的孔洞、独立柱及与顶棚相连的窗帘盒所占的面积。

3）格栅吊顶、吊筒吊顶、藤条造型、悬挂吊顶、织物软雕吊顶、网架（装饰）吊顶：按设计图示尺寸以水平投影面积计算。

4）采光顶棚：按框外围展开面积计算。

5）灯带（槽）：按设计图示尺寸以框外围面积计算。

6）送风口、回风口：按设计图示数量计算。

【例6-11】 如图6-40所示为某房间吊顶平面图，吊顶做法为：轻钢龙骨、铝塑板面层。求吊顶龙骨及装饰面层的工程量。

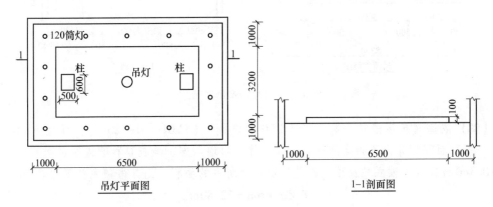

图6-40 某房间吊顶示意图

【解】 依据《房屋建筑与装饰工程消耗量定额》（TY01—31—2015），顶棚龙骨按主墙间水平投影面积计算，不扣除间壁墙、垛、柱、附墙烟囱、检查口和管道所占面积，扣除单个 $>0.3m^2$ 的孔洞、独立柱及与天棚相连接的窗帘盒所占面积。则其工程量为

$$8.5m \times 5.2m = 44.200m^2$$

依据《房屋建筑与装饰工程消耗量定额》（TY01—31—2015），顶棚吊顶的基层和面层，按设计图示尺寸以展开面积计算，不扣除间壁墙、检查口、附墙烟囱、垛和管道所占面积，但

应扣除单个 >0.3m² 以上的孔洞、独立柱及与顶棚相连的窗帘盒所占的面积。则其工程量为

$$44.2m^2 + 0.1m \times (6.5+3.2) \ m \times 2 - 0.5m \times 0.6m \times 2 = 45.540m^2$$

依据《房屋建筑与装饰工程工程量计算规范》（GB 50854—2013），顶棚吊顶的工作内容包括：基层清理、龙骨安装、基层板铺贴、面层铺贴、嵌缝、刷防护材料、油漆。顶棚吊顶工程量按设计图示尺寸以水平投影面积计算。顶棚面中的灯槽及跌级、锯齿形、吊挂式、藻井式顶棚面积不展开计算。不扣除隔墙（间壁墙）、检查口、附墙烟囱、柱、垛和管道所占面积，扣除单个 0.3m² 以上的孔洞、独立柱及与顶棚相连的窗帘盒所占的面积。则顶棚吊顶的工程量为

$$8.5m \times 5.2m = 44.20m^2$$

【例6-12】 如图 6-41 所示为某接待室吊顶平面图，吊顶做法为：轻钢龙骨、胶合板 5cm、白桦木板。求吊顶龙骨、基层及装饰面层的工程量。

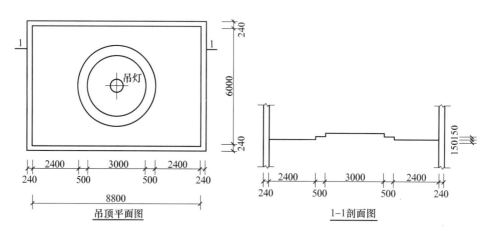

图 6-41　某接待室吊顶示意图

【解】 依据《房屋建筑与装饰工程消耗量定额》（TY01—31—2015），顶棚龙骨按主墙间水平投影面积计算，不扣除间壁墙、垛、柱、附墙烟囱、检查口和管道所占面积，扣除单个 >0.3m² 的孔洞、独立柱及顶棚相连的窗帘盒所占的面积。则其吊顶龙骨工程量为

$$8.8m \times 6m = 52.80m^2$$

依据《房屋建筑与装饰工程消耗量定额》（TY01—31—2015），顶棚吊顶的基层和面层均按设计图示尺寸以展开面积计算。顶棚面层中的灯槽及跌级、阶梯式、锯齿形、吊挂式、藻井式顶棚面积按展开计算。不扣除间壁墙、垛、柱、附墙烟囱、检查口和管道所占面积，扣除单个 >0.3m² 的孔洞、独立柱及顶棚相连的窗帘盒所占的面积。

则其基层工程量为　$52.8m^2 + 0.15m \times (3.14 \times 3 + 3.14 \times 4) \ m = 56.10m^2$

则其装饰面层工程量为　$52.8m^2 + 0.15m \times (3.14 \times 3 + 3.14 \times 4) \ m = 56.10m^2$

依据《房屋建筑与装饰工程工程量计算规范》（GB 50854—2013），顶棚吊顶的工作内容包括：基层清理、龙骨安装、基层板铺贴、面层铺贴、嵌缝、刷防护材料、油漆。顶棚吊顶工程量按设计图示尺寸以水平投影面积计算。顶棚面中的灯槽及跌级、锯齿形、吊挂式、藻井式顶棚面积不展开计算。不扣除间壁墙、检查口、附墙烟囱、柱、垛和管道所占面积，扣除单个 $>0.3m^2$ 的孔洞、独立柱及与顶棚相连的窗帘盒所占的面积。则顶棚吊顶的工程量为

$$8.8m \times 6m = 52.80m^2$$

练一练

6.5-1 顶棚面层在同一标高者为_____顶棚。_____一般指形状比较简单，不带灯槽，一个空间内有一个凹形或凸形的顶棚。_____顶棚包括锯齿形、阶梯形、吊挂式、藻井式等。

6.5-2 依据《房屋建筑与装饰工程消耗量定额》（TY01—31—2015），各种吊顶顶棚龙骨按_____面积计算，不扣除间壁墙、检查洞、附墙烟囱、柱、垛和管道所占面积。

6.5-3 依据《房屋建筑与装饰工程消耗量定额》（TY01—31—2015），顶棚基层和面层，按_____面积以 m^2 计算，不扣除间壁墙、检查口、附墙烟囱、垛和管道所占面积，但应扣除 $0.3m^2$ 以上的孔洞、独立柱、灯槽及与顶棚相连的窗帘盒所占的面积。

6.5-4 依据《房屋建筑与装饰工程工程量计算规范》（GB 50854—2013），顶棚抹灰工程量按设计图示尺寸以_____计算。不扣除间壁墙、垛、柱、附墙烟囱、检查口和管道所占的面积。对于带梁顶棚，梁两侧抹灰面积_____顶棚面积内，板式楼梯底面抹灰按_____面积计算，锯齿形楼梯底板抹灰按_____计算。

6.5-5 依据《房屋建筑与装饰工程工程量计算规范》（GB 50854—2013），顶棚吊顶工程量按设计图示尺寸以_____计算。顶棚面中的灯槽及跌级、锯齿形、吊挂式、藻井式顶棚面积不展开计算。不扣除间壁墙、检查口、附墙烟囱、柱垛和管道所占面积，扣除_____所占的面积。

6.6 门窗工程

门窗工程

学习目标

1. 熟悉门窗工程构造。
2. 掌握门窗工程计算规则。

本节导学

门窗工程在《房屋建筑与装饰工程消耗量定额》（TY01—31—2015）中分为木门，金属门，金属卷帘（闸）门，厂库房大门、特种门，其他门，木窗，金属窗，门钢架、门窗套，窗台板、窗帘盒、轨，门五金共10节内容。

门窗工程在《房屋建筑与装饰工程工程量计算规范》（GB 50854—2013）中分为木门，金属门，金属卷帘（闸）门、厂库房大门、特种门，其他门，木窗，金属窗，门窗套，窗帘盒与窗帘轨，窗台板共10节内容。

6.6.1　门窗工程的相关知识

门窗作为房屋建筑中的交通联系及采光通风之用，是建筑外观的一部分。门窗工程包括各种门窗及其他与门窗有关的木结构项目。

门由门框、门扇、五金配件组成；窗由窗框、窗扇、五金配件组成。

门窗类型有带亮子或不带亮子，带纱或不带纱，单扇、双扇或三扇，半百叶或全百叶，半玻或全玻，全玻自由门或半玻自由门，带门框或不带门框等；也可按开启方式进行分类，其中"侧亮"指亮子设置于门、窗的两侧，而不是设在上部，在上面的常称为亮子或上亮。

其他木结构项目包括门窗套、门窗贴脸、门窗筒子板、窗帘盒、窗帘轨道、五金安装、闭门器安装等。

筒子板是沿门窗周围加设的一层装饰性木板。

门窗贴脸是指在门窗洞口内侧四周墙壁上，并与门窗筒子板连接配套的装饰性条板，以封盖住樘子与粉刷之间的缝隙，使之整齐、美观。

窗帘盒、窗帘轨设置在窗樘内侧顶部，用于吊挂窗帘。

6.6.2　《房屋建筑与装饰工程消耗量定额》（TY01—31—2015）门窗工程分部说明

1）本章定额包括木门，金属门，金属卷帘（闸）门，厂库房大门、特种门，其他门，木窗，金属窗，门钢架、门窗套，窗台板、窗帘盒、轨，门五金10节。

2）木门。成品套装门安装包括门套和门扇的安装。

3）金属门、窗。

①铝合金成品门窗安装项目按隔热断桥铝合金型材考虑，当设计为普通铝合金型材时，按相应项目执行，其中人工乘以系数0.8。

②金属门连窗，门、窗应分别执行相应项目。

③彩板钢窗附框安装执行彩板钢门附框安装项目。

4）金属卷帘（闸）。

①金属卷帘（闸）项目是卷帘侧装（即安装在洞口内侧或外侧）考虑的，当设计为中装（即安装在洞口中）时，按相应项目执行，其中人工乘以系数1.10。

②金属卷帘（闸）项目是按不带活动小门考虑的，当设计为带活动小门时，按相应项目执行，其中人工乘以系数1.07，材料调整为带活动小门金属卷帘（闸）。

③防火卷帘（闸）（无机布基防火卷帘除外）按镀锌钢板卷帘（闸）项目执行，并将材料中的镀锌钢板卷帘换为相应的防火卷帘。

5）厂库房大门、特种门。

①厂库房大门项目是按一、二类木种考虑的，当采用三、四类木种时，制作按相应项

目执行，人工和机械乘以系数 1.30；安装按相应项目执行，人工和机械乘以系数 1.35。

② 厂库房大门的钢骨架制作以钢材重量表示，已包括在定额中，不再另列项计算。

③ 厂库房大门门扇上所用铁件均已列入定额，墙、柱、楼地面等部位的预埋铁件按设计要求另按本定额"混凝土与钢筋混凝土工程"中相应项目执行。

④ 冷藏库门、冷藏冻结间门、防辐射门安装项目包括筒子板制作安装。

6）其他门。

① 全玻璃门扇安装项目按地弹门考虑，其中地弹簧消耗量可按实际调整。

② 全玻璃门门框、横梁、立柱钢架的制作安装及饰面装饰，按本章门钢架相应项目执行。

③ 全玻璃门有框亮子安装按全玻璃有框门扇安装项目执行，人工乘以系数 0.75，地弹簧换为膨胀螺栓，消耗量调整为 277.55 个/100m²；无框亮子安装按固定玻璃安装项目执行。

④ 电子感应自动门传感装置、伸缩门电动装置安装已包括调试用工。

7）门钢架、门窗套。

① 门钢架基层、面层项目未包括封边线条，设计有要求时，另按本定额"其他装饰项目"中相应线条项目执行。

② 门窗套、门窗筒子板均执行门窗套（筒子板）项目。

③ 门窗套（筒子板）项目未包括封边线条，设计要求时，另按本定额"其他装饰项目"中相应线条项目执行。

8）窗台板。

① 窗台板与暖气罩相连时，窗台板并入暖气罩，按本定额"其他装饰项目"中相应暖气罩项目执行。

② 石材窗台板安装项目按成品窗台板考虑。实际为非成品需现场加工时，石材加工另按本定额"其他装饰项目"中石材加工相应项目执行。

9）门五金。

① 成品木门（扇）安装项目中五金配件的安装仅包括合页安装人工和合页材料费，设计要求的其他五金按本章"门五金"一节中门特殊五金相应项目执行。

② 成品金属门窗、金属卷帘（闸）、特种门、其他门安装项目包括五金安装人工，五金材料费包括在成品门窗价格中。

③ 成品全玻璃门扇安装项目中仅包括地弹簧安装的人工和材料费，设计要求的其他五金另执行本章"门五金"一节中门特殊五金相应项目。

④ 厂库房大门项目均包括五金铁件安装人工，五金铁件材料费另执行本章"门五金"一节中相应项目。当设计与定额取定不同时，按设计规定计算。

6.6.3 《房屋建筑与装饰工程消耗量定额》（TY01—31—2015）门窗工程量计算规则

1）木门。

① 成品木门框安装按设计图示框的中心线长度计算。

② 成品木门扇安装按设计图示扇面积计算。

③ 成品套装木门安装按设计图示数量计算。

④ 木质防火门安装按设计图示洞口面积计算。

2）金属门、窗。

① 铝合金门窗（飘窗、阳台封闭窗除外）、塑钢门窗均按设计图示门、窗洞口面积计算。

② 门连窗按设计图示洞口面积分别计算门、窗面积，其中窗的宽度算至门框的外边线。

③ 纱门、纱窗扇按设计图示扇外围面积计算。

④ 飘窗、阳台封闭窗按设计图示框型材外边线尺寸以展开面积计算。

⑤ 钢制防火门、防盗门按设计图示门洞口面积计算。

⑥ 防盗窗按设计图示窗框外围面积计算。

⑦ 彩板钢门窗按设计图示门、窗洞口面积计算。彩板钢门窗附框按框中心线长度计算。

3）金属卷帘（闸）。

金属卷帘（闸）按设计图示卷帘门宽度乘以卷帘门高度（包括卷帘箱高度）以面积计算。电动装置安装按设计图示套数计算。

4）厂库房大门、特种门。

厂库房大门、特种门按设计图示门洞口面积计算。

5）其他门。

① 全玻有框门扇按设计图示扇边框外边线尺寸以扇面积计算。

② 全玻无框（条夹）门扇按设计图示扇面积计算，高度算至条夹外边线、宽度算至玻璃外边线。

③ 全玻无框（点夹）门扇按设计图示玻璃外边线尺寸以扇面积计算。

④ 无框亮子按设计图示门框与横梁或立柱内边缘尺寸玻璃面积计算。

⑤ 全玻转门按设计图示数量计算。

⑥ 不锈钢伸缩门按设计图示延长米计算。

⑦ 传感和电动装置按设计图示套数计算。

6）门钢架、门窗套。

① 门钢架按设计图示尺寸以质量计算。

② 门钢架基层、面层按设计图示饰面外围尺寸展开面积计算。

③ 门窗套（筒子板）龙骨、面层、基层均按设计图示饰面外围尺寸展开面积计算。

④ 成品门窗套按设计图示饰面外围尺寸展开面积计算。

7）窗台板、窗帘盒、轨。

① 窗台板按设计图示长度乘以宽度以面积计算。图纸未注明尺寸的，窗台板长度可按窗框的外围宽度两边共加 100mm 计算。窗台板凸出墙面外的宽度按墙面外加 50mm 计算。

② 窗帘盒、窗帘轨按设计图示长度计算。

6.6.4 《房屋建筑与装饰工程工程量计算规范》（GB 50854—2013）门窗工程 工程量计算规则

1）木门，金属门，金属卷帘（闸）门，厂库房大门、特种门，木窗，金属窗，其他门：以樘计量，按设计图示数量计算；以平方米计量，按设计图示洞口尺寸以面积计算。

2）门锁安装：按设计图示数量计算。

3）门窗套：以樘计量，按设计图示数量计算；以平方米计量，按设计图示尺寸以展开面积计算；以米计量，按设计图示中心以延长米计算。

4）窗台板：按设计图示尺寸以展开面积计算。

5）窗帘：以米计量，按设计图示尺寸以成活后长度计算；以平方米计量，按设计图示尺寸以成活后展开面积计算。

6）窗帘盒、窗帘轨：按设计图示尺寸以长度计算。

【例6-13】某会议室安装 100 樘铝合金门连窗，尺寸如图 6-42 所示，求铝合金门、窗的工程量。

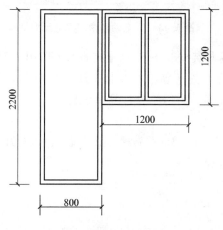

图 6-42　门连窗示意图

【解】依据《房屋建筑与装饰工程消耗量定额》（TY01—31—2015），铝合金门窗工程量按洞口面积以 m^2 计算。门、窗应分别计算工程量。

门的工程量为

$$0.8m \times 2.2m \times 100（樘）= 176m^2$$

窗的工程量为

$$1.2m \times 1.15m \times 100（樘）= 138m^2$$

依据《房屋建筑与装饰工程工程量计算规范》（GB 50854—2013），门窗工程以樘计量，按设计图示数量计算；以平方米计量，按设计图示洞口尺寸面积计算。

门的工程量为　　　　100 樘或 $0.8m \times 2.2m \times 100$（樘）$= 176m^2$

窗的工程量为　　　　100 樘或 $1.2m \times 1.15m \times 100$（樘）$= 138m^2$

【例6-14】如图 6-43 所示为某电动卷帘门尺寸，求电动卷帘门、电动装置、小门的工程量。

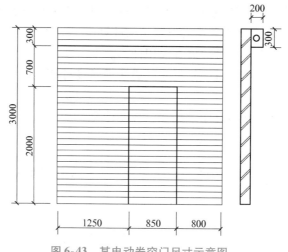

图 6-43 某电动卷帘门尺寸示意图

【解】依据《房屋建筑与装饰工程消耗量定额》（TY01—31—2015），卷闸门安装按其设计卷帘门宽度乘以卷帘门高度（包括卷帘箱高度）以面积计算。安装高度算至滚筒顶点为准。电动装置安装以套计算。小门不另计算工程量。

电动卷闸门的工程量为

$$2.9m \times 3m（卷闸门正面面积）= 8.7m^2$$

电动装置安装的工程量为

$$1 套$$

依据《房屋建筑与装饰工程工程量计算规范》（GB 50854—2013），金属卷闸门工作内容包括门运输、安装、启动装置、活动小门、五金安装。

金属卷闸门工程量：以樘计量，按设计图示数量计算；以平方米计量，按设计图示洞口尺寸面积计算。

则其工程量为

$$1 樘 或 2.9m \times 3m = 8.7m^2$$

【例6-15】如图6-44所示为某房间的大理石窗台板，求此窗台板的工程量。

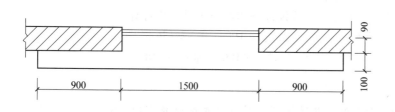

图 6-44 某房间的大理石窗台板示意图

【解】 依据《房屋建筑与装饰工程消耗量定额》（TY01—31—2015），窗台板按设计图示长度乘以宽度以面积计算。

大理石窗台板的工程量为

$$0.09\text{m} \times 1.5\text{m} + 0.1\text{m} \times 3.3\text{m} = 0.47\text{m}^2$$

依据《房屋建筑与装饰工程工程量计算规范》（GB 50854—2013），窗台板工程量按设计图示尺寸以展开面积计算，则其工程量为

$$0.09\text{m} \times 1.5\text{m} + 0.1\text{m} \times 3.3\text{m} = 0.47\text{m}^2$$

练一练

6.6-1　依据《房屋建筑与装饰工程消耗量定额》（TY01—31—2015），铝合金门窗、彩板组角钢门窗、塑料门窗安装均按_____以 m² 计算。纱扇制作安装按_____计算。

6.6-2　依据《房屋建筑与装饰工程消耗量定额》（TY01—31—2015），卷闸门安装按_____以 m² 计算。安装高度算至滚筒顶点为准。带卷筒罩的按展开面积增加。电动装置安装以套计算，小门安装以个计算，小门面积不扣除。

6.6-3　依据《房屋建筑与装饰工程消耗量定额》（TY01—31—2015），防盗门、防盗窗、不锈钢格栅门按_____以 m² 计算。

6.6-4　依据《房屋建筑与装饰工程工程量计算规范》（GB 50854—2013），木门，金属门，金属卷帘（闸）门，厂库房大门、特种门，木窗，金属窗，其他门工程量：按_____或_____面积计算。

6.7　油漆、涂料、裱糊工程

学习目标

1. 熟悉油漆、涂料、裱糊工程构造。
2. 掌握油漆、涂料、裱糊工程计算规则。

本节导学

油漆、涂料、裱糊工程在《房屋建筑与装饰工程消耗量定额》（TY01—31—2015）中分为木门油漆，木扶手及其他板条、线条油漆，其他木材面油漆，金属面油漆，抹灰面油漆，喷刷涂料，裱糊共7节内容。

油漆、涂料、裱糊工程在《房屋建筑与装饰工程工程量计算规范》（GB 50854—2013）中分为门油漆，窗油漆，木扶手及其他板条线条油漆，木材面油漆，金属面油漆，抹灰面油漆，喷刷涂料，裱糊共8节内容。

ypfg be>

筑 第 3 版

6.7.1　油漆、涂料、裱糊工程的相关知识

油漆项目按基层不同分为木材面油漆、金属面油漆、抹灰面油漆。

木材面油漆主要指各种木门窗、木屋架、木隔断、木栏杆、木扶手等木装修的油漆。

金属面油漆主要指各种钢门窗、钢屋架、镀锌铁皮等金属制品的油漆。

涂料工程一般有刷涂、喷涂、滚涂、抹涂等形式。

裱糊工程主要指将壁纸或墙布粘贴在室内的墙面、柱面、顶棚面的装饰工程。

6.7.2　《房屋建筑与装饰工程消耗量定额》（TY01—31—2015）油漆、涂料、裱糊工程分部说明

1）本章定额包括木门油漆，木扶手及其他板条、线条油漆，其他木材面油漆，金属面油漆，抹灰面油漆，喷刷涂料，裱糊 7 节。

2）当设计与定额取定的喷、涂、刷遍数不同时，可按本章相应"每增加一遍"项目进行调整。

3）油漆、涂料定额中均已考虑刮腻子。当抹灰面油漆、喷刷涂料设计与定额的刮腻子遍数不同时，可按本章"喷刷涂料"一节中"刮腻子每增减一遍"项目进行调整。"喷刷涂料"一节中刮腻子项目仅适用于单独刮腻子工程。

4）附着安装在同材质装饰面上的木线条、石膏线等油漆、涂料，与装饰面同色着，并入装饰面计算；与装饰面分色着，单独计算。

5）门窗套、窗台板、腰线、压顶、扶手（栏板上扶手）等抹灰面刷油漆、涂料，与整体墙面同色的，并入墙面计算；与整体墙面分色的，单独计算，按墙面相应项目执行，其中人工乘以系数1.43。

6）纸面石膏板等装饰板材面刮腻子刷油漆、涂料，按抹灰面刮腻子刷油漆、涂料相应项目执行。

7）附墙柱抹灰面喷刷油漆、涂料、裱糊，按墙面相应项目执行；独立柱抹灰面喷刷油漆、涂料、裱糊，按墙面相应项目执行，其中人工乘以系数1.43。

8）油漆。

①油漆浅、中、深各种颜色已在定额中综合考虑，颜色不同时，不另调整。

②定额综合考虑了在同一平面上的分色，但美术图案需另外计算。

③木材面硝基清漆项目中"每增加刷理漆片一遍"项目和"每增加硝基清漆一遍"项目均适用于三遍以内。

④木材面聚酯清漆、聚酯色漆项目，当设计与定额取定的底漆遍数不同时，可按"每增加聚酯清漆（或聚酯色漆）一遍"项目进行调整，其中聚酯清漆（或聚酯色漆）调整为聚酯底漆，消耗量不变。

⑤木材面刷底油一遍、清油一遍可按相应"底油一遍、熟桐油一遍"项目执行，其中熟桐油调整为清油，消耗量不变。

⑥木门、木扶手、其他木材面等刷漆，按熟"桐油、底油、生漆两遍"项目执行。

⑦当设计要求金属面刷两遍防锈漆时，按金属面刷防锈漆一遍项目执行，其中人工乘以系数1.74，材料均乘以系数1.90。

⑧ 金属面油漆项目均考虑了手工除锈，如实际为机械除锈，另按本定额"金属结构工程"中相应项目执行，油漆项目中的除锈用工亦不扣除。

⑨ 喷塑（一塑三油）：底油、装饰漆、面油，其规格划分如下。

a. 大压花：喷点压平、点面积在 $1.2cm^2$ 以上。

b. 中压花：喷点压平、点面积在 $1 \sim 1.2cm^2$ 以内。

c. 喷中点、幼点：喷点面积在 $1cm^2$ 以下。

⑩ 墙面真石漆、氟碳漆项目不包括分格嵌缝，当设计要求做分格嵌缝时，费用另行计算。

9）涂料。

① 木龙骨刷防火涂料按四面涂刷考虑，木龙骨刷防腐涂料按一面（接触结构基层面）涂刷考虑。

② 金属面防火涂料项目按涂料密度 $500kg/m^3$ 和项目中注明的涂料厚度计算，当设计与定额取定的涂料密度、涂料厚度不同时，防火涂料消耗量可作调整。

③ 艺术造型顶棚吊顶、墙面装饰的基层板缝粘贴胶带，按本章相应项目执行，人工乘以系数 1.2。

6.7.3　《房屋建筑与装饰工程消耗量定额》（TY01—31—2015）油漆、涂料、裱糊工程工程量计算规则

1. 木门油漆工程

执行单层木门油漆的项目，其工程量计算规则及相应系数见表 6-1。

表 6-1　工程量计算规则和系数表

	项　　目	系数	工程量计算规则 （设计图示尺寸）
1	单层木门	1.00	按单面洞口面积计算
2	单层半玻门	0.55	
3	单层全玻门	0.75	
4	半截百叶门	1.50	
5	全百叶门	1.70	
6	厂库房大门	1.10	
7	纱门扇	0.80	
8	特种门（包括冷藏门）	1.00	
9	装饰门扇	0.90	扇外围尺寸面积
10	间壁、隔断	1.00	单面外围面积
11	玻璃间壁露明墙筋	0.80	
12	木棚栏、木栏杆（带扶手）	0.90	

注：多面涂刷按单面计算工程量。

2. 木扶手及其他板条、线条油漆工程

1）执行木扶手（不带托板）油漆的项目，其工程量计算规则及相应系数见表 6-2。

表6-2 工程量计算规则和系数表

	项　　目	系数	工程量计算规则 （设计图示尺寸）
1	木扶手（不带托板）	1.00	按延长米计算
2	木扶手（带托板）	2.50	
3	封檐板、博风板	1.70	
4	黑板框、生活园地框	0.50	

2）木线条油漆按设计图示尺寸以长度计算。

3. 其他木材面油漆工程

1）执行其他木材面油漆工程的项目，其工程量计算规则及相应系数见表6-3。

表6-3 工程量计算规则和系数表

	项　　目	系数	工程量计算规则 （设计图示尺寸）
1	木板、胶合板顶棚	1.00	长×宽
2	屋面板带檩条	1.10	斜长×宽
3	清水板条檐口顶棚窗台板、筒子板、盖板、门窗套、踢脚线	1.10	长×宽
4	吸声板（墙面或顶棚）	0.87	
5	鱼鳞板墙	2.40	
6	木护墙、木墙裙、木踢脚	0.83	
7	窗台板、窗帘盒	0.83	
8	出入口盖板、检查口	0.87	
9	壁橱	0.83	展开面积
10	木屋架	1.77	跨度（长）×中高×1/2
11	以上未包括的其余木材面油漆	0.83	展开面积

2）木地板油漆按设计图示尺寸以面积计算，孔洞、空圈、暖气包槽、壁龛的开口部分并入相应的工程量内。

3）木龙骨刷防火、防腐涂料按设计图示尺寸以龙骨架投影面积计算。

4）基层板刷防火、防腐涂料按实际涂刷面积计算。

5）油漆面抛光打蜡按相应刷油部分油漆工程量计算规则计算。

4. 金属面油漆工程

1）执行金属面油漆、涂料项目，其工程量按设计图示尺寸以展开面积计算。质量在500kg以内的单个金属构件，可参考表6-4中相应的系数，将质量（t）折算为面积。

2）执行金属平板屋面、镀锌铁皮面（涂刷磷化、锌黄底漆）油漆的项目，其工程量计算规则及相应系数见表6-5。

表 6-4　质量折算面积参考系数表

	项　目	系　数
1	钢栅栏门、栏杆、窗栅	64.98
2	钢爬梯	44.84
3	踏步式钢扶梯	39.90
4	轻型屋架	53.20
5	零星铁件	58.00

表 6-5　工程量计算规则和系数表

	项　目	系数	工程量计算规则（设计图示尺寸）
1	平板屋面	1.00	斜长×宽
2	瓦垄板屋面	1.20	
3	排水、伸缩缝盖板	1.05	展开面积
4	吸气罩	2.20	水平投影面积
5	包镀锌薄钢板门	2.20	门窗洞口面积

5. 抹灰面油漆、涂料工程

1）抹灰面油漆、涂料（另做说明的除外）按设计图示尺寸以面积计算。

2）踢脚线刷耐磨漆按设计图示尺寸以长度计算。

3）槽型底板、混凝土折瓦板、有梁板底、密肋梁板底、井字梁板底刷油漆、涂料按设计图示尺寸以展开面积计算。

4）墙面及顶棚面刷石灰油浆、白水泥、石灰浆、石灰大白浆、普通水泥浆、可赛银浆、大白浆等涂料工程量按抹灰面积工程量计算规则。

5）混凝土花格窗、栏杆花饰刷（喷）油漆、涂料按设计图示洞口面积计算。

6）顶棚、墙、柱面基层板缝黏贴胶带纸按相应顶棚、墙、柱面基层板面积计算。

6. 裱糊工程

墙面、顶棚面裱糊按设计图示尺寸以面积计算。

6.7.4 《房屋建筑与装饰工程工程量计算规范》（GB 50854—2013）油漆、涂料、裱糊工程工程量计算规则

1）门窗油漆：以樘计量，按设计图示数量计算；以平方米计算，按设计图示洞口尺寸以面积计算。

2）木扶手及其他板条线条油漆：按设计图示尺寸以长度计算。

3）木材面油漆：按设计图示尺寸以面积计算。

4）金属面油漆：以吨计算，按设计图示尺寸以质量计算；以平方米计算，按设计图示尺寸展开以面积计算。

5）抹灰面油漆：按设计图示尺寸以面积计算。

6）抹灰线条油漆：按设计图示尺寸以长度计算。

7）喷刷涂料：按设计图示尺寸以面积计算。

8）线条刷涂料：按设计图示尺寸以长度计算。

9）裱糊：按设计图示尺寸以面积计算。

【例6-16】 某建筑平面图如图6-34所示，已知墙厚240mm，外墙刷真石漆墙面，外墙装饰高度为4.9m，窗户C的尺寸为1.5m×1.5m，求外墙刷真石漆墙面的工程量。

【解】 依据《房屋建筑与装饰工程消耗量定额》（TY01—31—2015），外墙刷真石漆按设计图示尺寸以面积计算。则其工程量为

$$[(18+0.24)+(9+0.24)]m \times 2 \times 4.9m - 1.5m \times 1.5m \times 12 - 1.2m \times 2.5m$$
$$= 239.304m^2$$

依据《房屋建筑与装饰工程工程量计算规范》（GB 50854—2013），抹灰面油漆工程量按设计图示尺寸以面积计算，则其工程量为

$$[(18+0.24)+(9+0.24)]m \times 2 \times 4.9m - 1.5m \times 1.5m \times 12 - 1.2m \times 2.5m$$
$$= 239.304m^2$$

【例6-17】 图6-38所示的卫生间木隔断高1.8m，设计为刷底油、刮腻子、带色聚氨酯漆二遍。求卫生间木隔断油漆的工程量。

【解】 依据《房屋建筑与装饰工程消耗量定额》（TY01—31—2015），木隔断油漆执行木门油漆定额，按单面外围面积计算，工程量乘以系数1.0，则其工程量为

$$(0.8+1.2)m \times 3 \times 2 \times 1.8m \times 1.0 = 21.6m^2 \times 1.0 = 21.60m^2$$

依据《房屋建筑与装饰工程工程量计算规范》（GB 50854—2013），木隔断油漆工程量按单面外围面积计算，则其工程量为

$$(0.8+1.2)m \times 3 \times 2 \times 1.8m = 21.60m^2$$

练一练

6.7-1　依据《房屋建筑与装饰工程消耗量定额》（TY01—31—2015）油漆项目按基层不同分为_____、_____、_____和抹灰油漆等。

6.7-2　依据《房屋建筑与装饰工程消耗量定额》（TY01—31—2015），木楼梯（不包括底面）油漆，按水平投影面积乘以系数_____，执行木地板相应子目。

6.7-3　依据《房屋建筑与装饰工程工程量计算规范》（GB 50854—2013），门窗油漆工程量按设计图示_____或_____计算。

6.8　其他装饰工程

1. 熟悉其他装饰工程构造。
2. 掌握其他装饰工程计算规则。

本节导学

　　其他装饰工程在《房屋建筑与装饰工程消耗量定额》（TY01—31—2015）中分为柜类、货架，压条、装饰线，扶手、栏杆、栏板装饰，暖气罩，浴厕配件，雨篷、旗杆，招牌、灯箱，美术字，石材、瓷砖加工共 9 节内容。

　　其他工程在《房屋建筑与装饰工程工程量计算规范》（GB 50854—2013）中分为柜类货架，暖气罩，浴厕配件，压条装饰线，扶手栏杆栏板装饰，雨篷旗杆，招牌灯箱，美术字共 8 节内容。

6.8.1　其他工程的相关知识

　　招牌基层分为平面招牌、箱式招牌、竖式标箱。

　　美术字安装分为泡沫塑料有机玻璃字、木质美术字、金属字。

　　装饰线条分为金属条、木制装饰线条、石制装饰线条及其他装饰线条。

　　暖气罩，按照暖气散热片与墙的相对位置的不同，分为挂板式、平墙式和明式。

　　挂板式暖气罩为活动式暖气罩，通过挂钩挂在暖气片上。平墙式暖气罩，为暖气散热片暗装在凹进墙面的洞口内，暖气罩外面与墙面相平。明式暖气罩，为暖气散热片明装在墙外，暖气罩按设计要求还需两侧加罩和顶面另设面板。

　　拆除分为楼地面拆除，顶棚拆灰壳，墙面铲除，清除油皮，顶棚拆除，墙面拆除，隔墙（间壁墙）拆除，门窗及木地板拆除，楼梯扶手及栏板拆除，窗台板、门窗套、窗帘盒拆除，垃圾外运，封洞，凿槽。

6.8.2　《房屋建筑与装饰工程消耗量定额》（TY01—31—2015）其他装饰工程分部说明

　　1）其他装饰工程包括柜类、货架，压条、装饰线，扶手、栏杆、栏板装饰，暖气罩，浴厕配件，雨篷、旗杆，招牌、灯箱，美术字，石材、瓷砖加工 9 节。

　　2）柜类、货架。

　　①柜、台、架以现场加工、手工制作为主，按常用规格编制，设计与定额不同时，应进行调整换算。

　　②柜、台、架项目包括五金配件（设计有特殊要求者除外），未考虑压板拼花及饰面板上贴其他材料的花饰、造型艺术品。

③ 木质柜、台、架项目中板材按胶合板考虑，如设计为生态板（三聚氰胺板）等其他板材时，可以换算材料。

3）压条、装饰线。

① 压条、装饰线均按成品安装考虑。

② 装饰线条（顶角装饰线除外）按直线形在墙面安装考虑。墙面安装圆弧形装饰线条、顶棚面安装直线形、圆弧形装饰线条，按相应项目乘以系数执行。

a. 墙面安装圆弧形装饰线条，人工乘以系数1.2、材料乘以系数1.1。

b. 顶棚面安装直线形装饰线条，人工乘以系数1.34。

c. 顶棚面安装圆弧形装饰线条，人工乘以系数1.6、材料乘以系数1.1。

d. 装饰线条直接安装在金属龙骨上，人工乘以系数1.68。

4）扶手、栏杆、栏板装饰。

① 扶手、栏杆、栏板项目（护窗栏杆除外）适用于楼梯、走廊、回廊及其他装饰性扶手、栏杆、栏板。

② 扶手、栏杆、栏板项目已综合考虑扶手弯头（非整体弯头）的费用。如遇木扶手、大理石扶手为整体弯头时，弯头另按本章相应项目执行。

③ 当设计栏板、栏杆的主材消耗量与定额不同时，其消耗量可以调整。

5）暖气罩。

① 挂板式是指暖气罩直接钩挂在暖气片上；平墙式是指暖气凹嵌入墙中，暖气罩与墙面平齐；明式是指暖气片全凸或半凸出墙面，暖气罩凸出于墙外。

② 暖气罩项目未包括封边线、装饰线，另按本章相应装饰线条项目执行。

6）浴厕配件。

① 大理石洗漱台项目不包括石材磨边、倒角及开面盆洞口，另按本章相应项目执行。

② 浴厕配件项目按成品安装考虑。

7）雨篷、旗杆。

① 点支式、托架式雨篷的型钢、爪件的规格、数量是按常用做法考虑的，当设计要求与定额不同时，材料消耗量可以调整，人工、机械不变。托架式雨篷的斜拉杆费用另计。

② 铝塑板、不锈钢面层雨篷项目按平面雨篷考虑，不包括雨篷侧面。

③ 旗杆项目按常用做法考虑，未包括旗杆基础、旗杆台座及其饰面。

8）招牌、灯箱。

① 招牌、灯箱项目，当设计与定额考虑的材料品种、规格不同时，材料可以换算。

② 一般平面广告牌是指正立面平整无凹凸面，复杂平面广告牌是指正立面有凹凸面造型的，箱（竖）广告牌是指具有多面体的广告牌。

③ 广告牌基层以附墙方式考虑，当设计为独立式时，按相应项目执行，人工乘以系数1.1。

④ 招牌、灯箱项目均不包括广告牌喷绘、灯饰、灯光、店徽、其他艺术装饰及配套机械。

9）美术字。

① 美术字项目均按成品安装考虑。

② 美术字按最大外接矩形面积区分规格，按相应项目执行。

10）石材、瓷砖加工。

石材瓷砖倒角、磨制圆边、开槽、开孔等项目均按现场加工考虑。

6.8.3 《房屋建筑与装饰工程消耗量定额》（TY01—31—2015）其他装饰工程工程量计算规则

1. 柜类、货架

柜类、货架工程量按各项目计量单位计算，其中以 m^2 为计量单位的项目，其工程量均按正立面的高度（包括脚的高度在内）乘以宽度计算。

2. 压条、装饰线

1）压条、装饰线条按线条中心线长度计算。

2）石膏角花、灯盘按设计图示数量计算。

3. 扶手、栏杆、栏板装饰

1）扶手、栏杆、栏板、成品栏杆（带扶手）均按中心线长度计算，不扣除弯头长度。如遇木扶手、大理石扶手为整体弯头时，扶手消耗量需扣除整体弯头的长度，如设计不明确者，每只整体弯头按400mm扣除。

2）单独弯头按设计图示数量计算。

4. 暖气罩

暖气罩（包括脚的高度在内）按边框外围尺寸垂直投影面积计算，成品暖气罩安装按设计图示数量计算。

5. 浴厕配件

1）大理石洗漱台按设计图示尺寸以展开投影面积计算，挡板、吊沿板面积并入其中，不扣除孔洞、挖弯、削角所占面积。

2）大理石台面面盆开孔按设计图示数量计算。

3）盥洗室台镜（带框）、盥洗室木镜箱按边框外围面积计算。

4）盥洗室塑料镜箱、毛巾杆、毛巾环、浴帘杆、浴缸拉手、肥皂盒、卫生纸盒、晒衣架等按设计图示数量计算。

6. 雨篷、旗杆

1）雨篷按设计图示尺寸水平投影面积计算。

2）不锈钢旗杆按设计图示数量计算。

3）电动升降系统和风动系统按套数计算。

7. 招牌、灯箱

1）柱面、墙面灯箱基层，按设计图示尺寸以展开面积计算。

2）一般平面广告牌基层，按设计图示尺寸以正立面边框外围面积计算。复杂平面广告牌基层，按设计图示尺寸以展开面积计算。

3）箱（竖）式广告牌基层，按设计图示尺寸以基层外围体积计算。

4）广告牌面层按设计图示尺寸以展开面积计算。

8. 美术字

美术字按设计图示数量计算。

9. 石材、瓷砖加工

1）石材、瓷砖倒角按块料设计倒角长度计算。

2）石材磨边按成型圆边长度计算。

3）石材开槽按块料成型开槽长度计算。

4）石材、瓷砖开孔按成型孔洞数量计算。

6.8.4 《房屋建筑与装饰工程工程量计算规范》（GB 50854—2013）其他工程工程量计算规则

1）柜类、货架：以个计量，按设计图示数量计算；以米计量，按设计图示尺寸以延长米计算；以立方米计量按设计图示尺寸以体积计算。

2）压条、装饰线：按设计图示尺寸以长度计算。

3）扶手、栏杆、栏板装饰：按设计图示以扶手中心线长度（包括弯头长度）计算。

4）暖气罩：按设计图示尺寸以垂直投影面积（不展开）计算。

5）洗漱台：按设计图示尺寸以台面外接矩形面积计算。不扣除孔洞、挖弯、削角所占面积，挡板、吊沿板面积并入台面面积内。

6）晒衣架、帘杆、浴缸拉手：按设计图示数量计算。

7）镜面玻璃：按设计图示尺寸以边框外围面积计算。

8）镜箱：按设计图示数量计算。

9）雨篷吊挂饰面：按设计图示尺寸以水平投影面积计算。

10）金属旗杆：按设计图示数量计算。

11）平面、箱式招牌：按设计图示尺寸以正立面边框外围面积计算。复杂形的凸凹造型部分不增加面积。

12）竖式标箱、灯箱：按设计图示数量计算。

13）美术字：按设计图示数量计算。

【例6-18】 如图6-45所示为某店铺招牌示意图，采用钢结构箱式招牌，面层为玻璃钢，店名采用金属字，规格为400mm×400mm，求该招牌基层、面层及美术字安装的工程量。

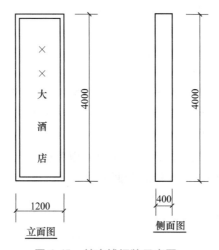

图6-45 某店铺招牌示意图

【解】 依据《房屋建筑与装饰工程消耗量定额》（TY01—31—2015），箱（竖）式广告牌基层，按设计图示尺寸以基层外围体积计算。广告牌面层按设计图示尺寸以展开面积计算。美术字按设计图示数量计算。则其工程量为

招牌基层：$1.2m \times 4m \times 0.4m = 1.92m^3$

招牌面层：$1.2m \times 4m + 0.4m \times 1.2m \times 2 + 4m \times 0.4m \times 2 = 7.1m^2$

美术字安装：5个

依据《房屋建筑与装饰工程工程量计算规范》（GB 50854—2013），箱式招牌工程量按设计图示尺寸以正立面边框外围面积计算。复杂形的凸凹造型部分不增加面积，则其工程量为

$$1.2m \times 4m = 4.8m^2$$

美术字按设计图示数量计算，则其工程量为5个。

练一练

6.8-1　平面招牌基层按_____计算，复杂形的凹凸造型部分按_____计算；箱体招牌和竖式招牌的基层，按_____计算。突出箱外的灯饰店徽及其他艺术装潢等均另行计算。

6.8-2　美术字安装按_____以个计算。

6.8-3　压条、装饰线条均按_____计算。

6.9　措施项目

学习目标

1. 熟悉措施项目费的构成。
2. 掌握装饰脚手架、垂直运输及建筑物超高增加费等计算规则。

本节导学

本节工程在《房屋建筑与装饰工程消耗量定额》（TY01—31—2015）中分为装饰脚手架、垂直运输、建筑物超高增加费共3节内容。

措施项目在《房屋建筑与装饰工程工程量计算规范》（GB 50854—2013）中分为脚手架工程、垂直运输和超高施工增加费共3节内容。

6.9.1　装饰脚手架

1. 《房屋建筑与装饰工程消耗量定额》（TY01—31—2015）装饰脚手架分部说明

《房屋建筑与装饰工程消耗量定额》（TY01—31—2015）中装饰脚手架包括满堂脚手架、外脚手架、内墙粉刷脚手架、吊篮脚手架、悬空脚手架、安全网等。

1）高度在3.6m以外墙面装饰不能利用原砌筑脚手架时，可计算装饰脚手架。装饰脚手架执行双排脚手架定额乘以系数0.3。室内凡计算了满堂脚手架，墙面装饰不再计算墙面

粉饰脚手架，只按每100m²墙面垂直投影面积增加改架一般技工1.28工日。

2）挑脚手架按适用于外檐挑檐等部位的局部装饰。

3）悬空脚手架适用于有露明屋架的屋面板勾缝、油漆或喷浆等部位。

2. 《房屋建筑与装饰工程消耗量定额》（TY01—31—2015）脚手架工程量计算规则

1）装饰外脚手架：按外墙的外边线长乘以外墙墙高以面积计算，不扣除门窗洞口所占面积。同一建筑物高度不同时，应按不同高度分别计算。

2）满堂脚手架按室内净面积计算，其高度在3.6~5.2m之间时计算基本层，5.2m以外，每增加1.2m计算一个增加层，不足0.6m按一个增加层乘以系数0.5计算。计算公式为

$$满堂脚手架增加层 = （室内净高 - 5.2m） ÷ 1.2$$

3）挑脚手架按搭设长度乘以层数以长度计算。

4）悬空脚手架按搭设水平投影面积计算。

5）吊篮脚手架按外墙垂直投影面积计算，不扣除门窗洞口所占面积。

6）内墙面粉饰脚手架按内墙面垂直投影面积计算，不扣除门窗洞口所占面积。

7）立挂式安全网按架网部分的实挂长度乘以实挂高度以面积计算。

8）挑出式安全网按挑出的水平投影面积计算。

3. 《房屋建筑与装饰工程工程量计算规范》（GB 50854—2013）装饰脚手架工程量计算规则

1）满堂脚手架按搭设的水平投影面积计算。

2）外脚手架按所服务对象的垂直投影面积计算。

3）里脚手架按所服务对象的垂直投影面积计算。

4）悬空脚手架按搭设的水平投影面积计算。

5）挑脚手架按搭设长度乘以搭设层数以延长米计算。

6）外装饰吊篮按所服务对象的垂直投影面积计算。

【例6-19】图6-34所示的单层建筑物进行室内装饰装修，已知墙厚240mm，室内净高3.9m，求其搭设的脚手架工程量。

【解】依据《房屋建筑与装饰工程消耗量定额》（TY01—31—2015），满堂脚手架工程量按室内净面积计算，不扣除附墙柱、柱所占的面积，则其工程量为

（9 - 0.24）m × （9 - 0.24）m + （9 - 0.24）m × （4.5 - 0.24）m × 2 = 151.37m²

依据《房屋建筑与装饰工程工程量计算规范》（GB 50854—2013），满堂脚手架工作量按搭设的水平投影面积计算。则其工程量为

（9 - 0.24）m × （9 - 0.24）m + （9 - 0.24）m × （4.5 - 0.24）m × 2 = 151.37m²

【例6-20】图6-34所示的单层建筑物进行内墙面装饰装修，已知墙厚240mm，室内净高3.9m，求其搭设的脚手架工程量。

【解】依据《房屋建筑与装饰工程消耗量定额》（TY01—31—2015），内墙面粉饰脚手架，均按内墙面垂直投影面积计算，不扣除门窗洞口的面积。

$$L = \left[(9 - 0.24) + (9 - 0.24) \right] m \times 2 + \left[(9 - 0.24) + (4.5 - 0.24) \right] m \times 2 \times 2 = 87.12m$$
$$S = 87.12m \times 3.9m \times = 339.77m^2$$

依据《房屋建筑与装饰工程工程量计算规范》（GB 50854—2013），内墙面粉饰脚手架，按所服务对象的垂直投影面积计算。则其工程量为

$$87.12 \times 3.9m^2 = 339.77m^2$$

6.9.2 垂直运输工程

措施项目

1. 《房屋建筑与装饰工程消耗量定额》（TY01—31—2015）垂直运输费分部说明

1）垂直运输工作内容，包括单位工程在合理工期内完成全部工程项目所需要的垂直运输机械台班，不包括机械的场外往返运输，一次安拆及路基铺垫和轨道铺拆等的费用。

2）檐高3.6m以内的单层建筑物，不计算垂直运输机械台班。

3）本定额层高按3.6m考虑，超过3.6m者，应另计层高超高垂直运输增加费，每超过1m，其超高部分按相应定额增加10%，超高不足1m按1m计算。

4）垂直运输是按现行工期定额中的二类地区标准编制的，一、三类地区按相应定额分别乘以系数0.95和1.1。

2. 《房屋建筑与装饰工程消耗量定额》（TY01—31—2015）垂直运输费工程量计算规则

建筑物垂直运输机械台班用量，区分不同建筑物结构及檐高按建筑面积计算。地下室面积与地上面积合并计算，独立地下室由各地根据实际自行补充。

3. 《房屋建筑与装饰工程工程量计算规范》（GB 50854—2013）中垂直运输费工程量计算规则

1）按建筑面积计算。

2）按施工工期日历天数计算。

【例6-21】 某建筑物如图6-46所示，已知该建筑物每层建筑面积均为800m²。求该建筑物的垂直运输高度及垂直运输工程量。

【解】 该建筑物设计室外地坪以上部分的垂直运输高度为0.6m+76.8m+28.8m=106.2m，依据《房屋建筑与装饰工程消耗量定额》（TY01—31—2015），垂直运输工程量：区分不同建筑结构及檐高按建筑面积计算。则其工程量为

$$800m^2 \times 32 = 25600m^2$$

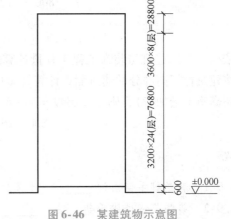

图6-46 某建筑物示意图

> ### 知识链接
>
> 依据《房屋建筑与装饰工程工程量计算规范》（GB 50854—2013），垂直运输费工程量按建筑面积计算，层数 = 24 + 8 = 32。则其工程量为
>
> $$800m^2 \times 32 = 25600m^2$$

6.9.3 建筑物超高增加费

1. 《房屋建筑与装饰工程消耗量定额》（TY01—31—2015）超高施工增加费分部说明

建筑物超高增加人工、机械定额适用于单层建筑物檐口高度超过 20m，多层建筑物超过 6 层的项目。

2. 《房屋建筑与装饰工程消耗量定额》（TY01—31—2015）超高施工增加费工程量计算规则

1）各项定额中包括的内容指单层建筑物檐口高度超过 20m，多层建筑物超过 6 层的全部工程项目，但不包括垂直运输、各类构件的水平运输及各项脚手架。

2）建筑物超高增加费的人工、机械按建筑物超高部分的建筑面积计算。

3. 《房屋建筑与装饰工程工程量计算规范》（GB 50854—2013）中超高施工增加费工程量计算规则

按建筑物超高部分的建筑面积计算。

【例 6-22】 某建筑物如图 6-46 所示，每层建筑面积均为 800m²。求该建筑物超高增加费的工程量。

【解】 依据《房屋建筑与装饰工程消耗量定额》（TY01—31—2015），建筑物超高增加费的人工、机械按建筑物超高部分的建筑面积计算。超高层数 = 24 + 8 - 6 = 26 层。则其工程量为

$$800m^2 \times 26 = 20800m^2$$

依据《房屋建筑与装饰工程工程量计算规范》（GB 50854—2013），超高施工增加费工程量按建筑物超高部分的建筑面积计算（多层建筑物超过 6 层时，可按超高部分的建筑面积计算超高施工增加费），则超高层数 = 24 + 8 - 6 = 26。则其工程量为

$$800 \times 26 = 20800m^2$$

练一练

6.9-1 满堂脚手架，按_____计算，不扣除附墙柱、柱所占的面积。

6.9-2 装饰装修外脚手架，按_____计算，不扣除门窗洞口的面积。

6.9-3 内墙面粉饰脚手架，均按_____计算，不扣除门窗洞口的面积。

6.9-4 檐高是指_____至_____的高度，突出主体建筑屋顶的电梯间、水箱间等

不计入檐高之内。

【本章回顾】

1. 工程量是把设计图样的内容按一定的顺序划分，并按统一的计算规则进行计算，以物理计量单位或自然计量单位表示的各种具体工程或结构构件的数量。

2. 工程量的计算依据：施工设计图样、设计说明和图样会审记录，现行定额中的工程量计算规则，经审定的施工组织设计或施工方案，工程施工合同，招标文件等其他有关技术经济文件。

3. 工程量的计算方法：单位工程计算顺序、分项工程计算顺序。

4. 工程量的计算步骤：列出分项工程项目名称→列出工程量计算式→工程量计算→调整计量单位。

5. 统筹法计算工程量不是按施工顺序及定额项目分部顺序计算工程量，而是根据工程量自身各分项工程量计算之间固有的规律和相互之间的依赖关系，运用统筹法原理来合理安排工程量的计算顺序，以达到节约时间、简化计算、提高工效的目的。

6. 建筑面积是指建筑物各层面积的总和，它包括使用面积、辅助面积和结构面积。现行的建筑面积规范是《建筑工程建筑面积计算规范》（GB/T 50353—2013）。

7. 依据《房屋建筑与装饰工程消耗量定额》（TY01—31—2015）及《房屋建筑与装饰工程工程量计算规范》（GB 50854—2013），结合具体工程实例，本章分析了建筑装饰工程楼地面分部，墙柱面工程分部，顶棚工程分部，门窗工程分部，油漆、涂料、裱糊工程分部及其他建筑装饰工程分部工程量的计算规则，请注意吸收掌握。

工程量是编制施工图预算的原始数据，对于正确确定工程造价有重要的现实意义，它也是作业计划、资源供应计划、建筑统计、经济核算的依据，正确地计算工程量对建设单位、施工企业、管理部门加强管理非常重要。建筑装饰工程预算人员应熟练掌握工程量的计算方法，能结合图样熟练进行工程量的计算。

第7章

建筑装饰工程工程量清单计价

本章导入

本章的主要内容有：建筑装饰工程工程量清单计价的基本概念、工程量清单的组成、工程量清单计价的基本方法及应用。

通过本章的学习，我们要：了解工程量清单计价的基本概念，明确工程量清单计价与定额计价模式的区别，掌握工程量清单的组成及清单计价的基本方法，通过编制实例能正确进行工程量清单报价。

7.1 概述

学习目标

1. 熟悉《建设工程工程量清单计价规范》（GB 50500—2013）。
2. 掌握《建设工程工程量清单计价规范》（GB 50500—2013）的编制原则。
3. 掌握工程量清单计价与定额计价的关系。

本节导学

在市场经济条件下，传统的定额计价模式不仅适应不了新形势的发展，也保证不了投资方控制成本的需要，更满足不了与国际接轨的需求。因此，国家对工程造价的形成进行了重大改革，先后编制了国家标准《建设工程工程量清单计价规范》（GB 50500—2003～2013），目前使用的是《建设工程工程量清单计价规范》（GB 50500—2013）。

本节着重介绍建筑装饰工程量清单计价的基本概念及《建设工程工程量清单计价规范》（GB 50500—2013）的编制原则、特点及内容。

7.1.1 工程量清单计价与定额计价的关系

建设工程工程量清单计价将工程造价的形成过程进行了分解：工程量清单由具有编制招标文件能力的招标人或受其委托具有相应资质的中介机构进行编制；投标报价由投标人编

制。这与传统的定额计价模式做法不同，是由两个不同的行为人来进行分段操作，从程序上规范了工程造价的形成过程。

1. 工程量清单计价的概念

工程量清单计价是指在建设工程招标、投标过程中，招标人按照国家统一的《建设工程工程量清单计价规范》（GB 50500—2013）和《房屋建筑与装饰工程工程量计算规范》（GB 50854—2013）的工程量计算规则提供工程量清单，投标人依据工程量清单，结合自身实际情况自主报价的工程造价计价模式。工程量清单计价模式下的工程造价应包括按招标文件规定，完成工程量清单所列项目的全部费用，具体有分部分项工程费、措施项目费、其他项目费和规费、税金。

知识链接

《建设工程工程量清单计价规范》（GB 50500—2013）适用于建设工程发、承包及实施阶段的计价活动，《房屋建筑与装饰工程工程量计算规范》（GB 50854—2013）主要是规范建筑与装饰工程造价的计量行为，统一房屋建筑与装饰工程工程量计算规则、工程量清单的编制方法。

---

2. 定额计价的概念

定额计价是指按照国家统一定额或单位估价表、费用定额及有关文件规定和取费程序，计算直接费、间接费、利润和税金的计价办法。

3. 工程量清单计价与传统定额计价的关系

两者既有联系又有区别。工程量清单计价与定额计价均是编制施工图预算、招标标底、投标报价、竣工结算的计价依据。

工程量清单
计价和定额
计价模式的
区别

采用《建设工程工程量清单计价规范》（GB 50500—2013）以后，不但需要定额，而且具有指导价值的消耗量定额更显得重要，它可以作为企业制定企业定额的参考资料，从推行工程量清单计价的方便操作、平稳过渡角度来看也需要和传统定额相互联系，以保证业务工作的连续性。工程量清单计价在我国需要有一个适应和完善的过程。工程量清单计价和定额计价模式的区别见表7-1。

表 7-1　工程量清单计价和定额计价模式的区别

序号	内　容	定　额　计　价	清　单　计　价
1	项目设置	定额项目包括的工程内容一般是单一的	清单项目的设置是以一个"综合实体"考虑的，"综合项目"一般包括多个子目工程内容
2	定价原则	按工程造价管理机构发布的有关规定及定额中的单价计价	按工程量清单的要求，企业自主报价，反映的是市场决定价格
3	单价构成	定额计价采用定额子目单价，定额子目单价只包括定额编制时期的人工费、材料费、机械费、管理费，不包括利润和各种风险因素带来的影响	工程量清单采用综合单价。综合单价包括人工费、材料费、机械费、管理费和利润，且各项费用均由投标人根据企业自身情况和考虑各种风险因素自行确定

（续）

序号	内　容	定额计价	清单计价
4	价差调整	按工程承发包双方约定的价格与定额价对比，调整价差	按工程承发包双方约定的价格直接计算，除招标文件规定外，不存在价差调整的问题
5	计价形成过程	招标方只负责编写招标文件，不设置工程项目内容，也不计算工程量。工程计价的子目和相应的工程量由投标方根据设计文件确定。项目设置、工程量计算、工程计价等工作在一个阶段内完成	招标方必须设置工程量清单项目并计算清单工程量，同时在工程量清单中对清单项目的特征和包括的工程内容必须清晰、完整地告诉投标人，以便投标人报价。故工程量清单计价模式由两个阶段组成：①由招标方编制工程量清单；②投标方拿到工程量清单后根据清单报价
6	人工、材料、机械消耗量	定额计价的人工、材料、机械消耗量按"综合定额"标准计算，它是按社会平均水平编制的	工程量清单计价的人工、材料、机械消耗量由投标人根据企业的自身情况或企业定额自定，真正反映企业的自身水平
7	工程量计算规则	按定额工程量计算规则	按工程量清单计算规则
8	计价方法	根据施工工序计价，即将相同施工工序的工程量相加汇总，选套定额，计算出一个子项的定额分部分项工程费，每一个项目独立计价	按一个综合实体计价，即子项随主体项目计价，由于主体项目与组合项目是不同的施工工序，所以往往要计算多个子项才能完成一个工程量清单项目的分部分项工程综合单价，每一个项目组合计价
9	适用范围	编审标底，设计概算，工程造价鉴定	使用国有资金投资的工程建设发、承包项目
10	工程风险	工程量由投标人计算和确定，价差一般可调整，故投标人一般只承担工程量计算风险，不承担材料价格风险	招标人编制工程量清单，计算工程量，数量不准会被投标人发现并利用，招标人要承担差的风险。投标人报价应考虑多种因素，由于单价通常不调整，故投标人要承担组成价格的全部因素风险

7.1.2　《建设工程工程量清单计价规范》（GB 50500—2013）的编制原则

1. 政府宏观调控、企业自主报价、市场竞争形成价格的原则

按照政府宏观调控、市场竞争形成价格的指导思想，规范发包方与承包方的计价行为，确定工程量清单计价的原则、方法和必须遵守的规则，留给企业自主报价、参与市场竞争的空间，以促进生产力的发展并提高技术和管理水平。

2. 清单计价与原定额计价的做法既有机结合又有所区别的原则

《建设工程工程量清单计价规范》（GB 50500—2013）在编制过程中，以现行的"全国统一建筑工程基础定额"为基础，这些经济技术资料具有一定的科学性和实用性，是广大建筑技术人员、建筑工人和工程管理人员多年的工作成果，不可轻易丢掉。但预算定额是在计划经济条件下制定发布贯彻执行的，其中有许多不适应《建设工程工程量清单计价规范》（GB 50500—2013）编制的指导思想，两者又是有所区别的。

3. 既考虑我国工程造价管理的现状，又尽可能与国际接轨的原则

《建设工程工程量清单计价规范》（GB 50500—2013）是为了适应我国社会主义市场经济发展的需要，适应与国际接轨的需要而编制的。在编制中，既借鉴了一些国家及地区的做法，同时也结合了我国现阶段的具体情况。

如：实体项目的设置方面，就结合了我国当前按专业设置的一些情况；有关名词尽量沿用国内习惯，"措施项目"就是国内的习惯叫法，国外叫"开办项目"；而措施项目的内容是借鉴了部分国外的做法。

7.1.3　《建设工程工程量清单计价规范》（GB 50500—2013）的特点和内容

1. 《建设工程工程量清单计价规范》（GB 50500—2013）的特点

（1）强制性　其强制性主要表现在：①由建设主管部门按照强制性国家标准的要求批准颁布，规定使用国有资金投资的工程建设发、承包项目必须采用工程量清单计价；②非国有资产投资的建设工程，宜采用工程量清单计价。

凡是在建设工程招投标实行工程量清单计价的工程都应遵守计价规范。

"国有资金"：是指国家财政性的预算内或预算外资金，国家机关、国有企事业单位和社会团体的自有资金及借贷资金，国家通过对内发行政府债券或向外国政府及国际金融机构举借主权外债所筹集的资金也应视为国有资金。

"国有资金投资为主"的工程：是指国有资金占总投资额50%以上或虽不足50%，但国有资产投资者实质上拥有控股权的工程。

（2）统一性　其统一性是指工程量清单是招标文件的组成部分，招标人在编制工程量清单时必须统一考虑以下五个要件：项目编码、项目名称、项目特征、计量单位、工程量计算规则。

（3）实用性　其实用性表现在规范附录中工程量清单项目及计算规则的项目名称表现的是工程实体项目和可以计算工程量的措施项目，项目名称明确清晰，工程量计算规则简洁明了；特别还列有项目特征和工程内容，易于在编制工程量清单时确定具体项目名称和投标报价。

（4）竞争性　其竞争性表现在两方面：①措施项目。措施项目划分为两类：一类是不能计算工程量的项目，如文明施工和安全防护、临时设施等，就以"项"计价，称为"总价项目"；另一类是可以计算工程量的措施项目，如模板、脚手架、降水工程等，就以"量"计价，称为"单价项目"；②措施清单的编制需要考虑多种因素，如，以"项"计价的项目还涉及水文、气象、环境、安全等因素，因为这些项目在各个企业间各有不同，投标企业可以依据企业定额和市场价格信息，也可以参照建设行政主管部门发布的社会平均消耗量定额进行报价。清单计价规范将报价权交给了企业，具体采用什么措施等详细内容由投标人根据企业的施工组织设计，视具体情况决定后报价，这是留给企业竞争的空间。

（5）通用性　其通用性表现在：工程量清单计价将与国际惯例接轨，符合工程量计算方法标准化、工程量计算规则统一化、工程造价确定市场化的要求。而这三项要求在任何地方都一样，无论是北京、辽宁还是河南等。

另外，在工程建设中采用工程量清单计价也是国际上较为通行的做法。随着我国加入

WTO，建设市场进一步对外开放，在我国推行工程量清单计价、逐步与国际惯例接轨已十分必要。

2.《建设工程工程量清单计价规范》（GB 50500—2013）的主要内容

计价规范是根据《中华人民共和国招标投标法》和原建设部（现住房和城乡建设部）令107号《建筑工程发包与承包计价管理办法》的规定，遵照国家宏观调控、市场竞争形成价格的原则，结合我国实际情况制定的。

计价规范是统一工程量清单编制，规范工程量清单计价的国家标准，是调整建设工程工程量清单计价活动中发包人与承包人各种关系的规范性文件，其主要内容如下。

共包括正文和附录两部分。

正文有十六章：第一章总则、第二章术语、第三章一般规定、第四章工程量清单编制、第五章招标控制价、第六章投标报价、第七章合同价款约定、第八章工程计量、第九章合同价款调整、第十章合同价款中间支付、第十一章竣工结算与支付、第十二章合同解除的价款结算与支付、第十三章合同价款争议的解决、第十四章工程造价鉴定、第十五章工程计价资料与档案、第十六章工程量清单计价表格。

附录包括：附录A、附录B、附录C、附录D、附录E、附录F……附录L等。例如附录B工程计价文件封面。

3.《房屋建筑与装饰工程工程量计算规范》（GB 50854—2013）的主要内容

共包括正文和附录大两部分。

正文有四章：第一章总则，第二章术语，第三章工程计量，第四章工程量清单编制。

附录包括：附录A土方工程，附录B地基处理与边坡支护工程，附录C桩基工程，附录D砌筑工程……附录L楼地面装饰工程，附录M墙、柱面装饰与隔断、幕墙工程等。

《房屋建筑与装饰工程工程量计算规范》（GB 50854—2013）主要是规范建筑与装饰工程造价计量行为，统一房屋建筑与装饰工程工程量计算规则、工程量清单的编制方法。

练一练

7.1-1 工程量清单计价是指建设工程招标投标中，招标人按照国家统一的工程量计算规则提供_____，投标人依据工程量清单、拟建工程的施工方案，结合自身实际情况并考虑_____后_____的工程造价计价模式。

7.1-2 工程量清单计价应包括按招标文件规定，完成工程量清单所列项目的_____，具体有_____、_____、_____和_____、_____。

7.1-3 工程量清单计价模式与定额计价模式在价差调整方面的区别是：定额计价_____；清单计价_____。

7.1-4 工程量清单计价规范的特点有：_____、_____、_____、_____、_____。

7.1-5 工程量清单计价规范附录包括附录A、附录B、附录C、附录D、附录E、附录F。其中附录B表示_____。

7.2　建筑装饰工程量清单的组成

学习目标

1. 熟悉工程量清单编制依据。
2. 掌握工程量清单的组成。
3. 掌握工程量清单编制程序。

本节导学

　　工程量清单体现招标人需要投标人完成的工程项目及相应工程数量，是投标人进行报价的依据，是招标文件不可分割的组成部分。

　　本节着重阐述了工程量清单的组成内容及工程量清单的编制方法，要求学生能运用所学知识正确编制工程量清单。

7.2.1　工程量清单的编制依据

1. 工程量清单的概念

　　工程量清单是表现拟建工程的分部分项工程项目、措施项目、其他项目、规费项目和税金项目的名称和相应数量的明细清单。它应反映拟建工程的全部工程内容和为实现这些工程内容而进行的一切工作，应由具有编制能力的招标人或有相应资质的工程造价咨询人编制。

2. 编制工程量清单的依据

1）国家标准《建设工程工程量清单计价规范》（GB 50500—2013）。

2）国家标准《房屋建筑与装饰工程工程量计算规范》（GB 50854—2013）。

3）国家或省级、行业建设主管部门颁发的计价依据和办法。

4）建设工程设计文件。

5）与建设工程项目有关的标准、规范、技术资料。

6）招标文件及其补充通知、答疑纪要。

7）施工现场情况、工程特点及常规施工方案。

8）其他相关资料。

7.2.2　工程量清单的组成

　　由分部分项工程项目清单、措施项目清单、其他项目清单、规费项目清单和税金项目清单组成。

工程量清单的组成

1. 分部分项工程项目清单

　　分部分项工程项目清单主要反映能形成工程实体的分部分项工程项目，形成工程实体的分部分项工程项目清单的编制应根据施工图样和计价规范的规定编制，编制时应尽量避免漏项、重项、错项。

工程实体工程量清单：是根据施工图样和计价规范的工程量计算规则计算的工程量。

（1）分部分项工程项目清单的表现形式　通常以表格形式表现，见表7-2。

表7-2　分部分项工程和单价措施项目清单与计价表

工程名称：　　　　　　　　　　　　　　　　　　　　　　　　　　　　　　第　页　共　页

序　号	项目编码	项目名称	项目特征	计量单位	工程量	金额/元		
						综合单价	合价	其中：暂估价

分部分项工程和单价措施项目清单是由招标人按照计价规范中的五个要件，即项目编码、项目名称、项目特征、计量单位和工程量计算规则进行编制的。招标人必须按规范规定执行，不得因情况不同而变动。在设置清单项目时，以规范附录中项目名称为主体，考虑该项目的规格、型号、材质等特征要求，结合拟建工程的实际情况，在工程量清单中详细地描述出影响工程计价的有关因素。

（2）分部分项工程和单价措施项目清单的内容　应包括项目编码、项目名称、项目特征、计量单位和工程量。

1）项目编码是分部分项工程项目清单项目名称的数字标识。

计价规范对每一个分部分项工程和单价措施项目清单项目均给定一个编码。项目编码采用十二位阿拉伯数字表示。共分五级，前两位为专业工程代码（01－房屋建筑与装饰工程，02－仿古建筑工程）；第三、四位为附录分类顺序码；第五、六位为分部工程顺序码；第七、八、九位为分项工程项目名称顺序码；第十、十一、十二位为清单项目名称顺序码。前四级，即一至九位应按附录的规定设置；第五级，即十至十二位应根据拟建工程的工程量清单项目名称设置，同一招标工程的项目编码不得有重码。如：1:2.5水泥砂浆地面的项目编码为011101001001。统一编码有助于统一和规范市场，方便用户查询和输入，同时也为网络的接口和资源共享奠定了基础。具体如下

$$编码：\ **\quad **\quad **\quad ***\quad ***$$
$$级：\ 一\quad 二\quad 三\quad 四\quad 五$$

其中：

第一级表示专业工程代码：01－房屋建筑与装饰工程；02－仿古建筑工程；03－通用安装工程；04－市政工程；05－园林绿化工程；06－矿山工程；07－构筑物工程；08－城市轨道交通工程；09－爆破工程。进入国标的专业工程代码以此类推。

第二级表示附录分类顺序码，附录中的各章为专业编码：附录A为01，附录B为02……依次类推，例如附录L为11（楼地面装饰工程）。

第三级表示分部工程顺序码，例如011101为附录L.1（楼地面装饰工程中的"整体面层及找平层"）。

第四级表示分项工程项目名称顺序码，例如011101001为附录L.1（楼地面装饰工程中"整体面层及找平层"中的"水泥砂浆楼地面"）；011101002为其中的"现浇水

磨石楼地面"。

第五级表示具体的清单项目工程名称编码,主要区别同一分项工程具有不同特征的项目。例如:在同一工程中,用不同强度等级水泥砂浆抹砖墙面,计价规范规定墙面一般抹灰的项目编码为"011201001",如:编制人将 1∶2.5 水泥砂浆抹墙面的项目编码编为"011201001001",则 1∶3 水泥砂浆抹墙面的项目编码应为"011201001002"。

2) 项目名称。应按附录的项目名称结合拟建工程的实际确定。

3) 项目特征。指构成分部分项工程量清单项目、措施项目自身价值的本质特征,应按规范附录中规定的项目特征,结合拟建工程项目的实际予以描述。

4) 计量单位。应按附录中规定的计量单位确定。

5) 工程数量。应按附录中规定的工程量计算规则计算。

① 工程数量是用物理计量单位或自然计量单位表示的建筑分项工程的实物数量。应按《房屋建筑与装饰工程工程量计算规范》(GB 50854—2013)中附录 A、附录 B、附录 C、附录 D、附录 E、附录 F 中规定的工程量计算规则计算。统一工程量计算规则是工程量清单项目所包含工程内容的准确性及报价准确性的基本保证。由于该计算规则与传统"定额计价方式"的工程量计算规则不同,所以在编制工程量清单时更要注意规则的正确运用。

② 工程数量的有效位数应遵守下列规定:

以"t"为单位,应保留小数点后三位数字,第四位四舍五入。

以"m^3""m^2""m"为单位,应保留小数点后两位数字,第三位四舍五入。

以"个""组""项"等为单位,应取整数。

各专业如有特殊的计量单位,应另行加以说明。

工程量计算除另有规定外,所有清单项目的工程量都以实体工程量为准。所谓实体工程量就是按图示尺寸计算,不外加任何附加因素和条件。

6) 编制房屋建筑与装饰工程工程量清单附录中未包括的项目,编制人应作补充,并报省级或行业工程造价管理机构备案。省级或行业工程造价管理机构应汇总报往住房和城乡建设部标准定额研究所。补充项目的编码由附录的顺序码与 B 和三位阿拉伯数字组成,并应从 01B001 起顺序编制,同一招标工程的项目不得重码。工程量清单中需附有补充项目的名称、项目特征、计量单位、工程量计算规则、工程内容。

2. 措施项目清单

措施项目指为完成分部分项工程实体而必须采取的措施性工作。计价规范将措施费分为两类:一类是不能计算工程量的项目,称为"总价项目";另一类是可以计算工程量的项目,称为"单价项目",分别编制单价措施项目清单和总价措施项目清单。

单价措施项目清单:是指在计价定额中已确定项目内容的,在施工过程中消耗的非工程实体的措施项目及由省建设工程造价管理部门补充的可以计量的措施项目,如模板、脚手架等。

总价措施项目清单:是以"项"为单位计算的措施项目,如安全文明施工费、夜间施工增加费等,应根据拟建工程的实际情况列项。

1) 措施项目清单的表现形式为表格形式。

2) 总价措施项目清单与计价表见表 7-3。

表7-3 总价措施项目清单与计价表

工程名称： 标段： 第 页 共 页

序号	项目编码	项目名称	计算基础	费率（%）	金额/元	调整费率（%）	调整后金额/元	备注
		安全文明施工费						
		夜间施工增加费						
		二次搬运费						
		冬雨季施工增加费						
		已完工程及设备保护						
	合计							

3）编制措施项目清单应注意以下问题。

① 单价措施项目清单也同分部分项工程一样，必须列出项目编码、项目名称、项目特征、计量单位和工程量计算规则。

② 总价措施项目清单可按规范中规定的项目编码、项目名称确定清单项目。若出现本规范未列的项目，可根据工程实际情况补充。不能计算工程量的项目清单，以"项"为计量单位。

3. 其他项目清单

其他项目清单主要体现招标人的一些与工程有关的特殊要求，需要投标人计入报价中。

其他项目清单的表现形式见表7-4。

表7-4 其他项目清单与计价汇总表

工程名称： 标段： 第 页 共 页

序号	项目名称	计量单位	暂定金额/元	备注
1	暂列金额			
2	暂估价			
2.1	材料（工程设备）暂估价/结算价			
2.2	专业工程暂估价/结算价			
3	计日工			
4	总承包服务费			
5	索赔与现场签证			
	合计			

4. 规费与税金项目清单

规费项目清单应按照下列内容列项：

1）社会保险费。包括养老保险费、失业保险费、医疗保险费、工伤保险费、生育保险费。

2）住房公积金。

3）工程排污费。

出现上述未列项目，应根据省级政府或省级有关权力部门的规定列项。

税金是根据国家有关规定，计入建筑安装工程造价内的增值税。

出现上述未列项目，应根据税务部门的规定列项。

规费项目清单的表现形式为表格形式，见 7.3.2 中表—13。

7.2.3 工程量清单编制程序

工程量清单是招标文件的组成部分，是编制标底和投标报价的重要依据，是签订合同、调整工程量和办理竣工结算的基础资料。

工程量清单编制时按照施工图样和施工方案，根据清单规范等有关规定以及工程量计算规则要求分别计算，最后归纳汇总而成。其具体编制程序如图 7-1 所示。

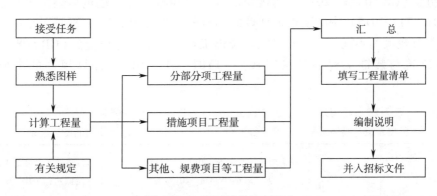

图 7-1 工程量清单编制程序

7.2.4 建筑装饰工程量清单编制方法

1. 工程量清单格式

应采用统一格式编制，由封面、填表须知、总说明、分部分项工程项目清单、措施项目清单、其他项目清单、规费项目清单、税金项目清单组成。工程量清单的标准格式详见本书 7.3.2 工程量清单计价表格。

2. 工程量清单格式的填写要求

1）工程量清单应由招标人填写，封面应按规定的内容填写、签字、盖章，造价员编制的工程量清单应由负责审核的造价工程师签字、盖章。

2）填表须知除规范的内容外，招标人可根据具体情况进行补充。

3）总说明应按下列内容填写。

① 工程概况：建设规模、工程特征、计划工期、施工现场实际情况、交通运输情况、自然地理条件、环境保护要求等。

② 工程招标和分包范围。

③ 工程量清单编制依据。

④ 工程质量、材料、施工等的特殊要求。

⑤ 其他需要说明的问题，如：工程施工要求、计划工期、材料等。

3. 工程量清单编制方法

（1）确定工程量清单分部分项工程项目 确定分部分项工程项目也称列项。列项必须依据以下两方面：①建筑装饰装修工程施工图样；②《房屋建筑与装饰工程工程量计算规范》（GB 50854—2013）中关于装饰装修工程量清单项目及计算规则。

知识链接

施工图样中有的项目，如果在计价规范中没有，要补充列项，并和实际发生的相统一。

（2）计算工程量 当分部分项工程项目确定好后，就要根据施工图和装饰装修清单项目中的工程量计算规则计算工程量。

在计算工程量时，重点是要熟悉工程量计算规则。因为《房屋建筑与装饰工程工程量计算规范》（GB 50854—2013）所规定的计算规则与《房屋建筑与装饰工程消耗量定额》（TY01—31—2015）中的工程量计算规则有较大的差别，其主要原因是项目中内容包含的范围有较大的不同。《房屋建筑与装饰工程工程量计算规范》（GB 50854—2013）与《房屋建筑与装饰工程消耗量定额》（TY01—31—2015）计算规则的主要区别见表7-5。

表7-5 《房屋建筑与装饰工程工程量计算规范》（GB 50854—2013）与
《房屋建筑与装饰工程消耗量定额》（TY01—31—2015）计算规则的主要区别

序号	章节名称	项目名称	《房屋建筑与装饰工程工程量计算规范》（GB 50854—2013）	《房屋建筑与装饰工程消耗量定额》（TY01—31—2015）
1	楼地面工程	楼梯防滑条	不单独列项，在楼梯面层项目特征中描述	防滑条工程量按长度计算
		扶手、栏杆、栏板	按设计图示以扶手中心线长度（包括弯头长度）计算，弯头不单列	按设计图示尺寸以扶手中心线（包括弯头长度）计算，但木扶手、大理石扶手为整体弯头时，按个另行计算
2	其他工程	货架、橱柜类	以个计算，以米计算，以立方米计算	以正立面的高（包括脚的高度在内）乘以宽以面积计算
		镜箱	镜箱按设计图示数量以个计算	盥洗室木镜箱按边框外围面积计算

（3）工程量清单汇总 工程量计算完成后，按分章内容汇总到分部分项工程量清单表中后，就完成了工程量清单的编制工作。

例如，某学校守卫室装饰装修工程的分部分项工程量清单汇总见表7-6。

表7-6 某学校守卫室装饰装修工程分部分项工程量清单汇总

工程名称：某学校守卫室装饰装修工程　　　　　　　　　　　　　　　第　页　共　页

序号	项目编码	项目名称	项目特征	计量单位	工程数量
一、楼地面工程					
1	011101002001	现浇水磨石地面	300×300 带嵌条15mm 厚	m²	62.34
2	01B001	现浇水磨石踢脚线	1:2.5 水泥砂浆	m²	8.244
二、墙、柱面工程					
3	011204003001	外墙面贴瓷砖	1:3 水泥砂浆	m²	95.69
三、顶棚工程					
4	011302001001	轻钢龙骨顶棚吊顶石膏板面	面层300×300	m²	27.1
5	011302001002	方木龙骨顶棚吊顶石膏板面	面层300×300	m²	35.25
四、门窗工程					
6	010802004001	防盗门	成品门	m²	2.88
7	010801001001	镶板门	单扇带亮	m²	3.78
8	010807001001	塑钢窗	70系列框料双层框单玻璃	m²	13.95
五、油漆、涂料、裱糊工程					
9	011407001001	内墙面刷涂料	多彩花纹涂料	m²	96.96

练一练

7.2-1 工程量清单由_____、_____、_____、_____和_____清单组成。

7.2-2 分部分项工程项目清单应包括的内容有：项目编码、_____、_____、_____和_____。

7.2-3 项目编码用_____表示；共分_____级；前_____位为统一编码；后_____位由清单编制人确定。

7.2-4 写出计价规范附录 L 中水泥砂浆楼地面的前四级编码为_____。

7.2-5 措施项目清单不能计算工程量的，应以_____为计量单位。

7.2-6 暂列金额：是_____在工程量清单中暂定并包括在_____中的一笔款项。

7.3 建筑装饰工程量清单计价表格与计价方法

学习目标

1. 熟悉《建设工程工程量清单计价规范》（GB 50500—2013）使用的表格。

2. 掌握工程量清单计价的一般规定。

3. 掌握工程量清单计价的编制方法。

工程量清单计价是一种新的计价模式，主要体现了实体消耗和非实体消耗的分离，工程量计算和工程报价计算的分离。实行工程量清单计价，可以彻底地放开价格，让企业自主报价，为企业创造了市场竞争平台。清单计价是一种动态管理价格的方法，促使工程造价人员提高业务水平和综合素质，使其成为全面发展的复合型人才。本节将通过实例阐述工程量清单计价的编制过程。

7.3.1 工程量清单计价一般规定

1）采用工程量清单计价，建设工程造价由分部分项工程费、措施项目费、其他项目费、规费和税金组成。

2）分部分项工程项目清单应采用综合单价计价。

3）招标文件中的工程量清单标明的工程量是投标人投标报价的共同基础；竣工结算的工程量按发、承包双方在合同中约定应予计量且实际完成的工程量确定。

4）措施项目清单计价应以拟建工程的施工组织设计为依据，可以计算工程量的措施项目，应按分部分项工程项目清单的方式采用综合单价计价；其余的措施项目可以"项"为单位计价，应包括除规费、税金外的全部费用。

5）措施项目清单中的安全文明施工费应按照国家或省级、行业建设主管部门的规定计价，不得作为竞争性费用。

6）其他项目清单应根据工程特点和《建设工程工程量清单计价规范》（GB 50500—2013）的规定计价。

7）招标人在工程量清单中提供的暂估价的材料和专业工程属于依法必须招标的，由承包人和招标人共同通过招标确定材料单价与专业工程分包价。若材料不属于依法必须招标的，经发、承包双方协商确认单价后计价。若专业工程不属于依法必须招标的，由发包人、总承包人与分包人按有关计价依据进行计价。

8）规费和税金应按国家或省级、行业建设主管部门的规定计算，不得作为竞争性费用。

9）采用工程量清单计价的工程，应在招标文件或合同中明确风险内容及其范围（幅度），不得采用无限风险、所有风险或类似语句规定风险内容及其范围（幅度）。

7.3.2 工程量清单计价表格

1. 计价表格组成

（1）封面

1）招标工程量清单：封—1。

2）招标控制价：封—2。

3）投标总价：封—3。

4）竣工结算总价：封—4。

5）工程造价鉴定意见书：封—5。

（2）工程计价文件扉页

1）招标工程量清单：扉—1。

2）招标控制价：扉—2。

3）投标总价：扉—3。

4）竣工结算总价：扉—4。

5）工程造价鉴定意见书：扉—5。

（3）工程计价总说明

总说明：表—01。

（4）工程计价汇总表

1）建设项目招标控制价/投标报价汇总表：表—02。

2）单项工程招标控制价/投标报价汇总表：表—03。

3）单位工程招标控制价/投标报价汇总表：表—04。

4）建设项目竣工结算汇总表：表—05。

5）单项工程竣工结算汇总表：表—06。

6）单位工程竣工结算汇总表：表—07。

（5）分部分项工程和措施项目计价表

1）分部分项工程和单价措施项目清单与计价表：表—08。

2）综合单价分析表：表—09。

3）综合单价调整表：表—10。

4）总价措施项目清单与计价表：表—11。

（6）其他项目清单表

1）其他项目清单与计价汇总表：表—12。

2）暂列金额明细表：表—12—1。

3）材料（工程设备）暂估单价及调整表：表—12—2。

4）专业工程暂估价及结算表：表—12—3。

5）计日工表：表—12—4。

6）总承包服务费计价表：表—12—5。

7）索赔与现场签证计价汇总表：表—12—6。

8）费用索赔申请（核准）表：表—12—7。

9）现场签证表：表—12—8。

（7）规费、税金项目清单与计价表　表—13

（8）工程款支付申请（核准）表　表—14

（9）合同价款支付申请（核准）表

1）预付款支付申请（核准）表：表—15。

2）总价项目进度款支付申请分解表：表—16。

3）进度款支付申请（核准）表：表—17。

4）竣工结算款支付申请（核准）表：表—18。

5）最终结清支付申请（核准）表：表—19。

（10）主要材料、工程设备一览表

1）发包人提供材料和工程设备一览表：表—20。

2）承包人提供主要材料和工程设备一览表（适用造价信息差额调整法）：表—21。

3）承包人提供主要材料和工程设备一览表（适用价格指数差额调整法）：表—22。

2. 计价表格形式

（1）封面

1）招标工程量清单：封—1。

_____工程

招标工程量清单

招标人：_____

（单位盖章）

造价咨询人：_____

（单位盖章）

年　　月　　日

2）招标控制价：封—2。

_____工程

招标控制价

招标人：_____

（单位盖章）

造价咨询人：_____

（单位盖章）

年　　月　　日

3）投标总价：封—3。

投 标 总 价

投　标　人：_____

（单位盖章）

年　　月　　日

4）竣工结算总价：封—4。

```
┌─────────────────────────────────────────────────┐
│        _____工程               │
│                                                   │
│              竣工结算总价                          │
│                                                   │
│                                                   │
│          发包人：_____                 │
│                   （单位盖章）                     │
│                                                   │
│          承包人：_____                 │
│                   （单位盖章）                     │
│                                                   │
│          造价咨询人：_____              │
│                   （单位盖章）                     │
│                                                   │
│                             年    月    日        │
└─────────────────────────────────────────────────┘
```

5）工程造价鉴定意见书：封—5（略）。

（2）工程计价文件扉页

1）招标工程量清单：扉—1。

```
┌─────────────────────────────────────────────────┐
│        _____工程               │
│                                                   │
│              招标工程量清单                        │
│                                                   │
│                                                   │
│  招标人：_____      造价咨询人：_____ │
│        （单位盖章）              （单位资质专用章）  │
│                                                   │
│  法定代表人                法定代表人              │
│  或其授权人：_____   或其授权人：_____ │
│        （签字或盖章）            （签字或盖章）      │
│                                                   │
│  编制人：_____      复核人：_____    │
│  （造价人员签字盖专用章）    （造价工程师签字盖专用章）│
│                                                   │
│  编制时间：  年  月  日     复核时间：  年  月  日  │
└─────────────────────────────────────────────────┘
```

2）招标控制价：扉—2。

_____工程

招标控制价

招标控制价（小写）：_____

（大写）：_____

招标人：_____

（单位盖章）

造价咨询人：_____

（单位资质专用章）

法定代表人
或其授权人：_____

（签字或盖章）

法定代表人
或其授权人：_____

（签字或盖章）

编制人：_____

（造价人员签字盖专用章）

复核人：_____

（造价工程师签字盖专用章）

编制时间：　年 月 日

复核时间：　年　　月　　日

3）投标总价：扉—3。

投标总价

招　　　标　　　人：_____

工　程　名　称：_____

投标总价(小写)：_____

（大写）：_____

投　　　标　　　人：_____

（单位盖章）

法 定 代 表 人
或 其 授 权 人：_____

（签字或盖章）

编　　　制　　　人：_____

（造价人员签字盖专用章）

编制时间：　年　月　日

4）竣工结算总价：扉—4。

_____工程

竣工结算总价

签约合同价（小写）：_____ （大写）：_____

竣工结算价（小写）：_____ （大写）：_____

发包人：_____ 承包人：_____ 造价咨询人：_____
（单位盖章） （单位盖章） （单位资质专用章）

法定代表人 法定代表人 法定代表人
或其授权人：_____ 或其授权人：_____ 或其授权人：_____
（签字或盖章） （签字或盖章） （签字或盖章）

编制人：_____ 核对人：_____
（造价人员签字盖专用章） （造价工程师签字盖专用章）

编制时间： 年 月 日 核对时间： 年 月 日

5）工程造价鉴定意见书：扉—5（略）。

（3）工程计价总说明

总说明：表—01。

总 说 明

工程名称： 第 页 共 页

（4）工程计价汇总表

1）建设项目招标控制价/投标报价汇总表：表—02。

建设项目招标控制价/投标报价汇总表

工程名称：　　　　　　　　　　　　　　　　　　　　　　　　　　　第　页　共　页

序　号	单项工程名称	金额/元	其中/元		
			暂估价	安全文明施工费	规　费
合　计					

注：本表适用于建设工程项目招标控制价或投标报价的汇总。

2）单项工程招标控制价/投标报价汇总表：表—03。

单项工程招标控制价/投标报价汇总表

工程名称：　　　　　　　　　　　　　　　　　　　　　　　　　　　第　页　共　页

序　号	单项工程名称	金额/元	其中/元		
			暂估价	安全文明施工费	规　费
合　计					

注：本表适用于单项工程招标控制价或投标报价的汇总。暂估价包括分部分项工程中的暂估价和专业工程暂估价。

3）单位工程招标控制价/投标报价汇总表：表—04。

单位工程招标控制价/投标报价汇总表

工程名称：　　　　　　　　　　标段：　　　　　　　　第　页　共　页

序　号	汇总内容	金额/元	其中：暂估价/元
1	分部分项工程		
1.1			
1.2			
1.3			
1.4			
1.5			
2	措施项目		
2.1	安全文明施工费		
3	其他项目		
3.1	其中：暂列金额		
3.2	其中：专业工程暂估价		
3.3	其中：计日工		
3.4	其中：总承包服务费		
4	规费		
5	税金		
招标控制价合计 = 1 + 2 + 3 + 4 + 5			

注：本表适用于单位工程招标控制价或投标报价的汇总，如无单位工程划分，单项工程也使用本表汇总。

4）建设项目竣工结算汇总表：表—05。

建设项目竣工结算汇总表

工程名称：　　　　　　　　　　　　　　　　　　　　　　　　　　　第　页　共　页

序　号	单项工程名称	金额/元	其中/元	
			安全文明施工费	规　费
合　计				

5）单项工程竣工结算汇总表：表—06。

单项工程竣工结算汇总表

工程名称：　　　　　　　　　　　　　　　　　　　　　　　　　　　第　页　共　页

序　号	单项工程名称	金额/元	其中/元	
			安全文明施工费	规　费
合　计				

6）单位工程竣工结算汇总表：表—07。

单位工程竣工结算汇总表

工程名称：　　　　　　　　　标段：　　　　　　　　　第　页　共　页

序　号	汇　总　内　容	金额/元
1	分部分项工程	
1.1		
1.2		
1.3		
1.4		
1.5		
2	措施项目	
2.1	其中：安全文明施工费	
3	其他项目	
3.1	其中：专业工程结算价	
3.2	其中：计日工	
3.3	其中：总承包服务费	
3.4	其中：索赔与现场签证	
4	规费	
5	税金	
竣工结算总价合计 = 1 + 2 + 3 + 4 + 5		

注：如无单位工程划分，单项工程也使用本表汇总。

（5）分部分项工程和措施项目计价表

1）分部分项工程和单价措施项目清单与计价表：表—08。

分部分项工程和单价措施项目清单与计价表

工程名称：　　　　　　　　　　　　标段：　　　　　　　第 页 共 页

序　号	项目编码	项目名称	项目特征描述	计量单位	工程量	金额/元		
						综合单价	合价	其中：暂估价
本 页 小 计								
合　　计								

注：为计取规费等的使用，可在表中增设"其中：定额人工费"。

2）综合单价分析表：表—09。

综合单价分析表

工程名称：　　　　　　　　　　　　标段：　　　　　　　第 页 共 页

项目编码		项目名称		计量单位	
清单综合单价组成明细					

定额编号	定额名称	定额单位	数量	单　价				合　价			
				人工费	材料费	机械费	管理费和利润	人工费	材料费	机械费	管理费和利润

人工单价	小　计				
元/工日	未计价材料费				
清单项目综合单价					

	主要材料名称、规格、型号	单位	数量	单价/元	合价/元	暂估单价/元	暂估合价/元
材料费明细							
	其他材料费						
	材料费小计						

注：1. 如不使用省级或行业建设主管部门发布的计价依据，可不填定额编号、定额名称等。

2. 招标文件提供了暂估单价的材料，按暂估的单价填入表内"暂估单价"栏及"暂估合价"栏。

3）综合单价调整表：表—10（略）。

4）总价措施项目清单与计价表：表—11。

总价措施项目清单与计价表

工程名称：　　　　　　　　　　　　　　　　标段：　　　　　　　　第　页　共　页

序号	项目编码	项目名称	计算基础	费率（%）	金额/元	调整费率（%）	调整后金额/元	备注
		安全文明施工费						
		夜间施工增加费						
		二次搬运费						
		冬雨季施工增加费						
		已完工程及设备保护						
		合计						

注：1. "计算基础"中安全文明施工费可为"定额单价"或"定额人工费＋定额机械费"，其他项目可为"定额人工费"或"定额人工费＋定额机械费"。

　　2. 按施工方案计算的措施费，若无"计算基础"和"费率"的数值，也可只填"金额"数值，但应在备注栏说明施工方案出处或计算方法。

（6）其他项目计价表

1）其他项目清单与计价汇总表：表—12。

其他项目清单与计价汇总表

工程名称：　　　　　　　　　　　　　　　　标段：　　　　　　　　第　页　共　页

序　号	项目名称	计量单位	暂定金额/元	备　注
1	暂列金额			明细详见表—12—1
2	暂估价			
2.1	材料（工程设备）暂估价/结算价			明细详见表—12—2
2.2	专业工程暂估价/结算价			明细详见表—12—3
3	计日工			明细详见表—12—4
4	总承包服务费			明细详见表—12—5
5	索赔与现场签证			
合　计				

注：材料（工程设备）暂估单价进入清单项目综合单价，此处不汇总。

2）暂列金额明细表：表—12—1。

暂列金额明细表

工程名称：　　　　　　　　　　　　　　　　标段：　　　　　　　　第　页　共　页

序　号	项目名称	计量单位	暂定金额/元	备　注
合　计				

注：此表由招标人填写，如不能详列，也可只列暂定金额总额，投标人应将上述暂列金额计入投标总价中。

3）材料（工程设备）暂估单价及调整表：表—12—2。

材料（工程设备）暂估单价及调整表

工程名称： 　　　　　　　　　　标段： 　　　　　　　第 页 共 页

序　　号	材料名称、规格、型号	计量单位	暂估单价/元	备　　注

注：此表由招标人填写"暂估单价"，并在备注栏说明暂估价的材料，工程设备拟用在哪些清单项目上，投标人应将上述材料、工程设备暂估单价计入工程量清单综合单价报价中。

4）专业工程暂估价及结算表：表—12—3。

专业工程暂估价及结算表

工程名称： 　　　　　　　　　　标段： 　　　　　　　第 页 共 页

序　　号	工 程 名 称	工 程 内 容	暂估金额/元	备　　注
1				
2				
合　　计				

注：此表"暂估金额"由招标人填写，投标人应将"暂估金额"计入投标总价中，结算时按合同约定结算金额填写。

5）计日工表：表—12—4。

计日工表

工程名称： 　　　　　　　　　　标段： 　　　　　　　第 页 共 页

编　　号	项目名称	单　　位	暂定数量	综合单价	合　　价	
					暂定	实际
一	人工					
1						
人工小计						
二	材料					
1						
材料小计						
三	施工机械					
1						
施工机械小计						
四、企业管理费和利润						
合　　计						

注：此表"项目名称""暂定数量"由招标人填写，编制招标控制价时，"综合单价"由招标人按有关计价规定确定；投标时，"综合单价"由投标人自主报价，按暂定数量计算合价计入投标总价中。结算时，按发、承包双方确定的实际数量计算合价。

6) 总承包服务费计价表：表—12—5。

总承包服务费计价表

工程名称：　　　　　　　　　　　　标段：　　　　　　　　　第 页 共 页

序号	工程名称	项目价值/元	服务内容	计算基础	费率（%）	金额/元
1	发包人发包专业工程					
2	发包人供应材料					
	合计					

7) 索赔与现场签证计价汇总表：表—12—6。

索赔与现场签证计价汇总表

工程名称：　　　　　　　　　　　　标段：　　　　　　　　　第 页 共 页

序号	签证及索赔项目名称	计量单位	数量	单价/元	合价/元	索赔及签证依据
	本 页 小 计					
	合 计					

注：签证及索赔依据是指经双方认可的签证单和索赔依据的编号。

8) 费用索赔申请（核准）表：表—12—7（略）。

9) 现场签证表：表—12—8（略）。

（7）规费、税金项目清单与计价表　　表—13

规费、税金项目清单与计价表

工程名称：　　　　　　　　　　　　标段：　　　　　　　　　第 页 共 页

序号	项目名称	计 算 基 础	费率（%）	金额/元
1	规费	定额人工费		
1.1	社会保障费	定额人工费		
1.2	养老保险费	定额人工费		
(1)	失业保险费	定额人工费		
(2)	医疗保险费	定额人工费		
(3)	工伤保险费	定额人工费		
(4)	生育保险费	定额人工费		
1.3	住房公积金	定额人工费		
1.4	工程排污费	按工程所在地环境保护部门收费标准，按实计入		
2	税金	分部分项工程费＋措施项目费＋其他项目费＋规费－按规定不计税的工程设备金额		

（8）工程计量申请（核准）表（略）

（9）合同价款支付申请（核准）表（略）

（10）主要材料、工程设备一览表（略）

3. 计价表格使用规定

1）工程计价表宜采用统一格式。各省、自治区、直辖市建设行政主管部门和行业建设主管部门可根据本地区、本行业的实际情况，在《建设工程工程量清单计价规范》

（GB50500—2013）中附录 B 至附录 L 计价表格的基础上补充完善。

2）工程量清单编制使用表格包括：封—1、扉—1、表—01、表—08、表—11、表—12（不含表—12—6 ~ 表—12—8）、表—13、表—20、表—21 或表—22。

3）招标控制价使用表格包括：封—2、扉—2、表—01、表—02、表—03、表—04、表—08、表—09、表—11、表—12（不含表—12—6 ~ 表—12—8）、表—13、表—20、表—21 或表—22。

4）投标报价使用的表格包括：封—3、扉—3、表—01、表—02、表—03、表—04、表—08、表—09、表—11、表—12（不含表—12—6 ~ 表—12—8）、表—13、表—16、招标文件提供的表—20、表—21 或表—22。

5）竣工结算使用的表格包括：封—4、扉—4、表—01、表—05、表—06、表—07、表—08、表—09、表—10、表—11、表—12、表—13、表—14、表—15、表—16、表—17、表—18、表—19、表—20、表—21 或表—22。

4. 其他需要说明的事项

投标人应按照招标文件的要求，附工程量清单综合单价分析表。

投标人在投标报价中对招标人提供的工程量清单与计价表中列明项目均应填写单价和合价，否则，将被视为此项费用已包含在其他项目的单价与合价中。

7.3.3 建筑装饰工程量清单计价的基本方法

1. 工程量清单计价的编制程序

工程量清单计价的编制程序如图 7-2 所示。

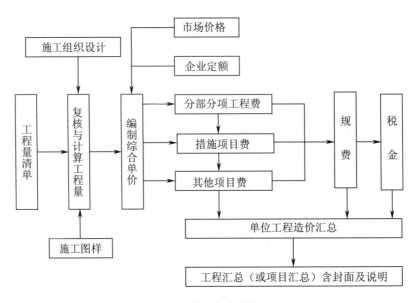

图 7-2 工程量清单计价编制程序

2. 工程量清单计价的编制方法

工程量清单计价应采用综合单价计价。

（1）综合单价计价的概念 综合单价是指完成工程量清单中一个规定计量单位项目所

需的人工费、材料费、机械使用费、管理费和利润，并考虑风险因素。管理费与利润计算应按现行《建设工程费用标准》中工程费用取费程序表中的规定执行，计算基础为分部分项工程的人工费与机械费之和。

风险因素主要指材料价格风险。在签订施工合同时，发包人与承包人应该约定风险系数和范围。风险系数范围以内的风险，由承包人承担，超过约定风险范围的风险，应该由发包人承担。如果没约定或约定不明确的，则按规定解决。承包人不能承担无限价格风险。

如果工程发生变化，产生新的工程量清单项目，则由承包人提出，发包人审定，形成新的综合单价。

（2）综合单价计算方法

$$分部分项工程量清单综合单价 = \sum(人工费 + 材料费 + 机械费 + 管理费 + 利润)/清单工程量$$

其中：

$$人工费 = \sum 定额工日 \times 人工单价 \times 分项工程量$$
$$材料费 = \sum 定额材料用量 \times 材料单价 \times 分项工程量$$
$$机械费 = \sum 定额机械台班用量 \times 机械台班单价 \times 分项工程量$$
$$管理费 = 工程内容人工费(或人 + 材 + 机) \times 管理费率$$
$$利润 = 工程内容人工费(或人 + 材 + 机) \times 利润率$$

以上的人工单价、材料单价、机械台班单价、管理费率、利润率均由投标人自行确定。也可以按当地现行建筑装饰装修工程工程消耗量定额参考价目表确定。

（3）综合单价的确定

工程量清单计价采用综合单价的计价方式。综合单价应包括完成每一规定计量单位合格产品所需的全部费用，它包括除规费、税金以外的全部费用。综合单价不光适用于分部分项工程项目清单，也适用于措施项目清单、其他项目清单等。本任务主要介绍分部分项工程项目清单的综合单价的确定。

分部分项工程量清单的综合单价应按设计文件或参照《建设工程工程量清单计价规范》（GB 50500—2013）及《房屋建筑与装饰工程工程量计算规范》（GB 50854—2013）中附录的工程内容确定，包括分部分项工程的主体项目，辅助项目的人工费、材料费、机械费、管理费、利润和不同供需条件下增加的或不同时期应调整的人工费、材料费、机械费、管理费、利润。另外，综合单价的各项费用的表述保持了与以前定额计价体系的衔接。

综合单价是以招标文件、合同条件、工程量清单和消耗量定额为计算依据的。综合单价的计算必须按清单项目描述的内容计算，并从分部分项工程项目综合单价分析表开始，见表7-7。表中每一行为一个清单项目，其中项目编码、项目名称、工程内容与工程量清单相同，而人工费、材料费、机械使用费、管理费、利润均为每一计量单位价格。

表 7-7　分部分项工程综合单价分析表

序号	项目编码	项目名称	工程内容	综合单价组成					综合单价
				人工费	材料费	机械使用费	管理费	利润	

【例7-1】某门厅地面面积为 $30m^2$，施工图设计要求用 1:3 水泥砂浆铺贴大理石板

（500mm×500mm，多色），某承包商拟承包该工程，该承包商使用的消耗量定额如下：铺贴
$1m^2$大理石地面，用工0.30工日，用大理石$1.02m^2$，白水泥0.10t，其他材料费6.5元，灰
浆搅拌机（200L）0.006台班，已知：人工单价为43元/工日，大理石单价为130元/m^2，
白水泥单价为420元/t，灰浆搅拌机为61.82元/台班。假定管理费费率为10%，利润率为
7%（含风险），按照《建设工程工程量清单计价规范》（GB 50500—2013）的有关规定，计
算承包商填报的大理石地面的工程量清单的综合单价（管理费以工、料、机之和为基数，
利润以工、料、机和管理费之和为基数计算）。

【解】（1）人工费　0.30工日$×43$元/工日$=12.90$元

（2）材料费　$1.02m^2×130$元/$m^2+0.10t×420$元/t$+6.5$元$=181.10$元

（3）机械费　0.006台班$×61.82$元/台班$=0.37$元

（4）管理费　（人工费+材料费+机械费）×10%
$$=(12.90元+181.10元+0.37元)×10\%$$
$$=19.44元$$

（5）利润　（人工费+材料费+机械费+管理费）×7%
$$=(12.90元+181.10元+0.37元+19.44元)×7\%$$
$$=14.97元$$

（6）综合单价　人工费+材料费+机械费+管理费+利润
$$=12.90元+181.10元+0.37元+19.44元+14.97元$$
$$=228.78元$$

该承包商填报的大理石楼地面综合单价分析表见表7-8。

表7-8　大理石楼地面综合单价分析表

序号	项目编码	项目名称	工程内容	综合单价组成/（元/m^2）					综合单价/（元/m^2）
				人工费	材料费	机械使用费	管理费	利润	
01	020102001001	大理石楼地面	清理基层，试排弹线，锯板修边，铺贴饰面，清理净面	12.90	181.10	0.37	19.44	14.97	228.78

在确定措施项目的综合单价时，应根据拟建工程的施工组织设计或施工方案，详细分析其所包含的工程内容。措施项目不同，其综合单价组成内容可能有差异。为指导社会正确计算措施项目费，各省市都制定了相应的项目名称和费用标准供参考。招标人提出的措施项目清单是根据一般情况提出的，没有考虑不同投标人的"个性"，因此投标人在报价时，应根据本企业的实际情况，调整措施项目的内容及综合单价来进行措施项目报价。

其他项目清单中的暂列金额、暂估价和计日工，均为估算、预测数量，虽在投标时计入投标人的报价中，但不为投标人所有，工程结算时应按约定和承包人实际完成的工作量结算，剩余部分仍归招标人所有。为便于社会正确计算其他项目费，各省市都有制定相应的项

目费用标准，可供工程招投标双方参考，计算是按招标文件或合同约定执行。

在工程量清单计价中，综合单价是报价和调价的主要依据。投标人可以用本企业定额，也可以用建设行政主管部门提供的消耗量定额，甚至可以根据本企业的技术水平调整消耗量定额的消耗量来确定综合单价。

7.3.4　建筑装饰工程量清单计价的应用

建筑装饰工程量清单计价的应用

1. 工程量清单计价的过程

根据《建设工程工程量清单计价规范》（GB 50500—2013）、《房屋建筑与装饰工程工程量计算规范》（GB 50854—2013）的要求，工程量清单计价应采用企业定额或者参照消耗量定额及参考价目表、结合所掌握的各种价格信息进行计算编制。工程量清单计价各部分的计算公式如下：

（1）分部分项工程费

$$分部分项工程费 = \sum 分部分项工程量 \times 综合单价$$

式中　分部分项工程量——招标文件给定或通过答疑调整后的工程量。

综合单价——根据《建设工程工程量清单计价规范》（GB 50500—2013）规定的综合单价组成，按设计文件或参照《房屋建筑与装饰工程工程量计算规范》（GB 50854—2013）附录 A、附录 B、附录 C、附录 D、附录 E、附录 F 中的"工程内容"确定。

（2）措施项目费

$$措施项目费 = \sum 措施项目清单 \times 措施项目综合单价$$

式中　措施项目费——为完成工程项目施工发生于该工程施工前和施工过程中技术、生活、安全等方面非工程实体项目的费用。

措施项目清单——招标单位根据工程特点结合《建设工程工程量清单计价规范》（GB 50500—2013）、《房屋建筑与装饰工程工程量计算规范》（GB 50854—2013）拟定的措施内容，其各项工程量需由投标单位结合施工组织设计进行计算、确定。

措施项目综合单价——编制方法同分部分项综合单价的编制方法。

（3）其他工程费　基本同分部分项工程费和措施项目费。

（4）单位工程费用

$$单位工程费用 = 分部分项工程费 + 措施项目费 + 其他项目费 + 规费 + 税金$$

式中　规费——指政府和有关权力部门规定必须缴纳的费用，包括工程排污费、社会保障费、住房公积金等。

税金——指国家税法规定的应计入建筑安装工程造价的增值税等。

（5）单项工程费用

$$单项工程费用 = \sum 单位工程费用$$

式中　单位工程——指具有独立设计文件、可独立组织施工，但建成后不能独立发挥生产能力和使用效益的工程，如住宅中的土建工程、装饰装修工程、给排水工程、电气照明工程等都是一个单位工程。

单位工程费用的形成见表 7-9。

表7-9 单位工程费用形成表

序　号	名　称	计算方法
一	分部分项工程费	∑(清单工程量×综合单价)
二	措施项目费	∑(清单工程量×综合单价)或以"项"计算
三	其他项目费	按招标文件规定
四	小计	一＋二＋三
五	规费	四×费率
六	小计	四＋五
七	税金	六×税率
八	单位工程造价合计	六＋七

注：表中费率参考当地建设主管部门相关规定，税率根据《关于深化增值税改革有关政策的公告》（财政部税务总局　海关总公告〔2019〕39号）的规定应取9%。

(6) 建设项目总费用

建设项目总费用 = ∑单项工程费用

式中　单项工程——指具有独立的设计文件，可以独立组织施工，建成后能够独立发挥生产能力和使用效益的工程。如：某学校的教学楼、办公楼等。

建设项目——指按一个总体设计进行建设的各个单项工程所构成的主体。通常一个企业、事业单位都可以作为一个建设项目。

从以上介绍可以看出，工程造价的计算是分部组合而成的。一个建设项目是一个工程综合体。这个综合体可以分解为许多有内在联系的独立和不能独立的工程。其计算过程和计算顺序是：分部分项工程量清单计价→单位工程费→单项工程费→建设项目总造价。通常以某一单位工程为对象来编制工程量清单计价。

2. 某学校守卫室地面装饰装修工程工程量清单计价实例

【例7-2】如图7-3所示为某学校守卫室平面图，其地面做法如下：①现浇水磨石地面，150mm厚砾石灌浆，60mm厚C10混凝土垫层，20mm厚1:3水泥砂浆找平，20mm厚1:2.5水磨石地面，3mm玻璃条分格（600mm×600mm），如图7-4所示；②水磨石踢脚线，高为150mm。

该地面工程的综合单价主要按以下因素考虑：

1) 消耗量参照房屋建筑与装饰工程消耗量定额或企业定额。

2) 基价参照某地区装饰装修消耗量定额参考价目表和市场价格。

3) 清单项目与消耗量定额对应关系参照《房屋建筑与装饰工程工程量计算规范》（GB 50854—2013）实施细则附录B装饰装修工程。

4) 管理费和利润参照该地区建设工程费用参考标准施工总承包工程中的四类工程标准，为人工费的28%和18%。

5) 由于案例的工程结构简单、基础资料详细、工期短，因此综合单价不考虑风险因素。

6) 规费按6.3%、增值税按9%计取。

注意：在进行工程量清单计价时，该地区各专业消耗量、参考价目表、建设工程费用标准只作参考，各投标人可根据企业情况自主报价。

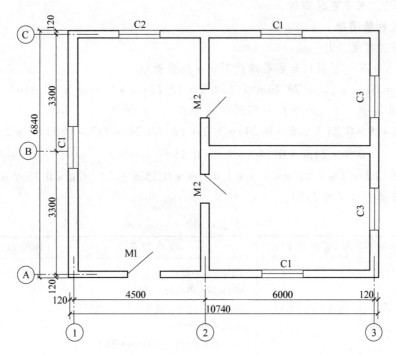

图 7-3 某学校守卫室平面图

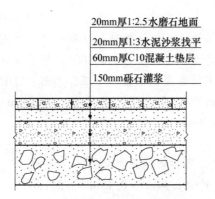

20mm厚1:2.5水磨石地面

20mm厚1:3水泥沙浆找平

60mm厚C10混凝土垫层

150mm砾石灌浆

图 7-4 现浇水磨石地面构造

【解】

1. 基数计算

$L_{外} = (4.5 + 6 + 0.24 + 3.3 \times 2 + 0.24)m \times 2 = 17.58m \times 2 = 35.16m$

$L_{中} = (4.5 + 6 + 3.3 + 3.3)m \times 2 = 17.1m \times 2 = 34.2m$

$L_{内墙长} = (6.6 - 0.24 + 6 - 0.24)m = 12.12m$

$S_{底} = (4.5 + 6 + 0.24)m \times (6.6 + 0.24)m = 10.74m \times 6.84m = 73.46m^2$

2. 清单项目设置

依据《房屋建筑与装饰工程工程量计算规范》（GB 50854—2013），清单项目设置为：

1）011101002001，现浇水磨石地面。

2）01B001，水磨石踢脚线。

3. 编制工程量清单

（1）清单工程量计算

1）现浇水磨石地面面积＝底层建筑面积－墙体面积

$$S_{水磨石地面} = S_{底} - S_{墙体} = 73.46m^2 - (34.2 + 12.12)m \times 0.24m = 62.34m^2$$

2）踢脚线面积＝（内墙净长－门洞口＋洞口边）×高度

$$S_{踢脚线} = [(4.5 - 0.24 + 6.6 - 0.24)m \times 2 + (6 - 0.24 + 3.3 - 0.24)m \times 2 \times 2 - (1.2 + 0.9 \times 2)m + 0.24m \times 6] \times 0.15m$$

$$= (10.62 \times 2 + 8.82 \times 4 - 3 + 1.44)m \times 0.15m = 54.96m \times 0.15m = 8.244m^2$$

（2）清单编制 见表7-10。

表7-10 某工程地面工程量清单表

序号	项目编码	项目名称	项目特征	计量单位	工程数量
1	011101002001	现浇水磨石地面	150mm 砾石灌浆 60mm 厚 C10 混凝土垫层 20mm 厚 1:3 水泥砂浆找平 现浇水磨石地面 3mm 玻璃条分格（600mm×600mm）	m^2	62.34
2	01B001	水磨石踢脚线	高度150mm，1:2.5 现浇水磨石	m^2	8.244

4. 工程量清单计价

主要介绍现浇水磨石地面清单计价计算过程（不包括水磨石踢脚线部分）。

（1）清单项目理解 清单编码为：011101002001，数量为62.34m^2。根据所给清单项目的描述，并结合施工图样，该项目主要包括以下工作内容：①150mm 厚砾石灌浆；②60mm 厚 C10 混凝土垫层；③20mm 厚 1:3 水泥砂浆找平；④20mm 厚 1:2.5 现浇水磨石地面，3mm 玻璃条分格（600mm×600mm）。

（2）计算综合单价

1）计算水磨石地面各项工程内容的工程量。

①150mm 厚砾石灌浆：$V = 62.34m^2 \times 0.15m = 9.351m^3$

②60mm 厚 C10 混凝土垫层：$V = 62.34m^2 \times 0.06m = 3.74m^3$

③20mm 厚 1:3 水泥砂浆找平：$S = 62.34m^2$

④20mm 厚现浇水磨石地面带玻璃条分格：$S = 62.34m^2$

2）根据《房屋建筑与装饰工程工程量清单计算规范》（GB 50854—2013）实施细则附录 B 装饰装修工程清单项目与定额子目对应表，套用相应定额子目。

①砾石灌浆：定额编号1—13，单价为73.62 元/m^3。其中：人工费为32.60 元/m^3；材料费为37.57 元/m^3；机械费为3.45 元/m^3。

②混凝土垫层：定额编号1—18，单价为169.31 元/m^3。其中：人工费为49.00 元/m^3；材料费为102.10 元/m^3；机械费为18.21 元/m^3

③20mm 厚水泥砂浆找平：定额编号1—20，单价为6.45 元/m^2。其中：人工费为3.12 元/m^2；材料费为3.12 元/m^2；机械费为0.21 元/m^2。

④ 20mm 厚现浇水磨石地面带玻璃嵌条：定额编号 1—33 及 1—41，单价为 38.29 元/m^2 + 2.45 元/m^2 = 40.74 元/m^2。其中：人工费为 23.56 元/m^2 + 0.66 元/m^2 = 24.22 元/m^2；材料费为 12.28 元/m^2 + 1.74 元/m^2 = 14.02 元/m^2；机械费为 2.45 元/m^2 + 0.05 元/m^2 = 2.50 元/m^2。

3) 根据某地区装饰装修工程消耗量参考价目表和材料市场价格，管理费按前述规定取人工费的 28%，利润按前述规定取人工费的 18%，计算出综合单价，具体计算方法见表 7-11。

表 7-11　分部分项工程项目清单综合单价计算表

工程名称：某学校守卫室装饰装修工程　　　　　　　　　　　　　　计量单位：m^2
项目编码：011101002001　　　　　　　　　　　　　　　　　　　工程数量：62.34
项目名称：现浇水磨石地面　　　　　　　　　　　　　　　　　　　综合单价：84.57 元/m^2

| 序号 | 定额编号 | 工程内容 | 单位 | 数量 | 综合单价组成/元 | | | | | 小计/元 |
					人工费	材料费	机械费	管理费	利润	
1	1—13	砾石灌浆	m^3	9.351	304.84 (9.351×32.6)	351.32 (9.351×37.57)	32.26 (9.351×3.45)	85.36 (304.84×28%)	54.87 (304.84×18%)	828.65
2	1—18	C10混凝土垫层	m^3	3.74	183.26 (3.74×49.00)	381.85 (3.74×102.10)	68.11 (3.74×18.21)	51.31 (183.6×28%)	32.99 (183.26×18%)	717.52
3	1—20	水泥砂浆找平	m^2	62.34	194.50 (62.34×3.12)	194.50 (62.34×3.12)	13.09 (62.34×0.21)	54.46 (194.50×28%)	35.01 (194.50×18%)	491.56
4	1—33 及 1—41	水磨石地面20mm厚	m^2	62.34	1509.88 (62.34×24.22)	874.01 (62.34×14.02)	155.85 (62.34×2.50)	422.77 (1509.88×28%)	271.78 (1509.88×18%)	3234.29
合　计					2192.48	1801.68	269.31	613.90	394.65	5272.02
每 m^2 水磨石地面综合单价 (合计/清单工程量)					35.17	28.90	4.32	9.85	6.33	84.57

（3）填写分部分项工程项目清单计价表　见表 7-12。

表 7-12　分部分项工程项目清单计价表

工程名称：某学校守卫室装饰装修工程　　　　　　　　　　　　　　　第　页　共　页

| 序号 | 项目编码 | 项目名称 | 项目特征 | 计量单位 | 工程数量 | 金额/元 | |
						综合单价	合价/元
1	011101002001	现浇水磨石地面	150mm 砾石灌浆 60mm 厚 C10 混凝土垫层 20mm1:3 水泥砂浆找平 现浇水磨石地面 3mm 玻璃条分格（600mm×600mm）	m^2	62.34	84.57	5272.09

（4）填写分部分项工程项目清单综合单价分析表 见表7-13。

表7-13 分部分项工程项目清单综合单价分析表

工程名称：某学校守卫室装饰装修工程 第 页 共 页

序号	项目编码	项目名称	工程内容	综合单价组成/元					综合单价/元
				人工费	材料费	机械费	管理费	利润	
1	011101002001	现浇水磨石地面：150mm厚砾石灌浆，60mm厚C10混凝土垫层，20mm厚1:3水泥砂浆找平，20mm厚1:2.5现浇水磨石地面，3mm玻璃条分格	砾石灌浆	$\dfrac{4.89}{\left(\dfrac{304.84}{62.34}\right)}$	5.64	0.52	1.37	0.88	84.57
			C10混凝土垫层	2.94	6.13	1.09	0.82	0.53	
			1:3水泥砂浆找平层	3.12	3.12	0.21	0.87	0.56	
			1:2.5现浇水磨石地面	24.22	14.02	2.5	6.78	4.36	

注：1. 分部分项工程项目清单综合单价分析表作为投标人的报价资料，不作为正式报表的内容。

2. 表中数据的计算式以砾石灌浆人工费为例，其他数据计算（略）。

练一练

7.3-1 工程量清单计价应采用_____计价。

7.3-2 综合单价计价：是指为完成规定清单项目所需的_____、施工机具使用费和企业管理费、利润以及一定范围的_____费用。

7.3-3 分部分项工程量清单综合单价 = _____。

7.3-4 根据《房屋建筑与装饰工程工程量计算规范》（GB 50854—2013）、本地区建筑装饰装修工程消耗量定额参考价目表计算表7-6中守卫室顶棚工程工程量清单及综合单价。

7.4 建筑装饰装修工程量清单报价编制实例

学习目标

1. 掌握综合单价分析表的编制。
2. 掌握建筑装饰装修工程量清单报价的编制。

本节导学

工程量清单报价应根据招标文件中的工程量清单和有关要求、施工现场实际情况及拟定的施工方案，依据统一报价格式，参考消耗量定额和价目表或市场价格及有关文件确定人工费、材料费、机械费及相关费用，形成综合单价，计算分部分项工程费、措施项目费、其他项目费，然后计取规费、增值税，形成单位工程费→单项工程费→建设项目费用，最后结合实际确定最终报价。

【例7-3】根据前面所述的某学校守卫室装饰装修工程的工程量清单（表7-6）、综合单价计算表（表7-11）计算分部分项工程费；根据下列有关资料和条件计算措施项目费、其他项目费、规费、增值税，并计算出单位装饰工程报价。

已知投标人根据工程具体情况确定以下费用：临时设施费1648元，室内空气测试费500元，安全生产800元。招标文件明确暂列金额为5000元；计日工为：力工15工日，抹灰工20工日；材料为：细木工板（4×8×18）5张；机械为：吸尘器10台班。规费按分部分项工程费、措施项目费、其他项目费之和的6.3%计算，增值税按分部分项工程费、措施项目费、其他项目费、规费之和的9%计算。

【解】

1. 分部分项工程费计算

分部分项工程项目清单计价表见表7-14。

表7-14 分部分项工程项目清单计价表

工程名称：某学校守卫室装饰装修工程 　　　　　　　　　　　　　第 页 共 页

序号	项目编码	项目名称	项目特征	计量单位	工程数量	综合单价	合价
一、楼地面工程							
1	011101002001	现浇水磨石地面	600mm×600mm	m²	62.34	84.57	5272.09
2	01B001	现浇水磨石踢脚线	高度150mm，水泥砂浆1:2.5	m²	8.244	71.13	586.40
小　计							5858.49
二、墙、柱面工程							
3	011204003001	外墙面贴陶瓷锦砖	1:3水泥砂浆黏贴	m²	95.69	53.64	5132.81
小　计							5132.81
三、顶棚工程							
4	011302001001	石膏板顶棚面层	安在U形轻钢龙骨上	m²	27.1	53.28	1443.89
5	011302001002	U形轻钢顶棚龙骨	不上人型，面层规格300mm×300mm，平面	m²	35.25	41.49	1462.52
小　计							2906.41

（续）

序号	项目编码	项目名称	项目特征	计量单位	工程数量	金额/元 综合单价	金额/元 合价
			四、门窗工程				
6	010802004001	防盗门	成品门	m²	2.88	400.00	1152.00
7	010801001001	镶板门	木质单扇带亮	m²	3.78	200.00	756.00
8	010807001001	塑钢窗	70 框料，双层框单层白玻璃	m²	13.95	160.00	2232.00
			小　计				4140.00
			五、油漆、涂料、裱糊工程				
9	011407001001	内墙面刷涂料	多彩花纹涂料	m²	96.96	20.05	1944.05
			小　计				1944.05
			合　计				19981.76

注：表中序号 2~9 项目的综合单价的计算方法同序号 1（见例 7-1），这些项目的综合单价计算过程略。

2. 措施项目费计算

措施项目清单计价表见表 7-15。

表 7-15　措施项目清单计价表

工程名称：某学校守卫室装饰装修工程　　　　　　　　　　　　　　第　页　共　页

序　号	项目名称	金额/元
1	临时设施费	1648.00
2	室内空气测试费	500.00
3	安全生产	800.00
合　计		2948.00

3. 其他项目费计算

可根据已知条件计算计日工费用，见表 7-16。

表 7-16　计日工表

工程名称：某学校守卫室装饰装修工程　　　　　　　　　　　　　　第　页　共　页

序号	项目名称	计量单位	数量	金额/元 综合单价	金额/元 合价
1	人工				
	力工	工日	15	35.00	525.00
	抹灰工	工日	20	45.00	900.00
	小　计				1425.00
2	材料				
	细木工板（4×8×18）	张	5	80.00	400.00
	小　计				400.00
3	机械				
	吸尘器	台班	10	15.00	150.00
	小　计				150.00
	合　计				1975.00

暂列金额由招标人确定为 5000 元，将这笔金额填入其他项目清单计价表（表 7-17）。

表 7-17　其他项目清单计价表

工程名称：某学校守卫室装饰装修工程　　　　　　　　　　　　　　第　页　共　页

序　号	项目名称	金额/元
1	暂列金额	5000.00
2	计日工	1975.00
合　计		6975.00

4. 规费计算

规费 =（分部分项工程费 + 措施项目费 + 其他项目费）× 规费费率

=（19 981.76 + 2948 + 6975）元 × 6.3%

= 1884.00 元

将计算结果填入单位工程费汇总表（表 7-18）。

5. 增值税计算

增值税 =（分部分项工程费 + 措施项目费 + 其他项目费 + 规费）× 增值税率

=（19981.76 + 2948 + 6975 + 1884）元 × 9%

= 2860.99 元

将计算结果填入单位工程费汇总表（表 7-18）。

6. 单位工程费汇总

单位工程费汇总表见表 7-18，表中的各项费用分别来自于：分部分项工程项目清单计价表（表 7-14）、措施项目清单计价表（表 7-15）、其他项目清单计价表（表 7-17）及规费和增值税的计算结果。

表 7-18　单位工程费汇总表

工程名称：某学校守卫室装饰装修工程　　　　　　　　　　　　　　第　页　共　页

序　号	项目名称	金额/元
1	分部分项工程项目清单计价合价	19981.76
2	措施项目清单计价合价	2948.00
3	其他项目清单计价合价	6975.00
4	小　计	29904.76
5	规费	1884.00
6	小　计	31788.76
7	增值税	2860.99
8	合　计	34649.25

7. 主要材料价格表

投标人搜集的主要材料价格表见表 7-19。

表7-19　主要材料价格表

工程名称：某学校守卫室装饰装修工程　　　　　　　　　　　　第　页　共　页

序号	材料代码	材料名称	规格型号等特殊要求	单位	单价/元
1	3040010	水泥	32.5MPa	kg	0.28
2	3050026	砾（碎）石		m³	11.00
3	AE0520	单层塑钢窗		m²	180.00
4	AH0020	平板玻璃	3mm	m²	13.00
5	AV0680	金刚石（三角形）		块	7.00
6	AV0690	金刚石200×75×50		块	7.00

8. 形成完整的工程量清单报价表

把以上1~7项计算结果装订成册，即形成工程量清单报价表，顺序如下：

1）封面，见表7-20。

表7-20　工程量清单报价表封面样式

投 标 总 价

招　　　标　　　人：＿＿＿＿＿＿＿＿＿＿＿

工　程　名　称：　××学校守卫室装饰装修工程

投标总价(小写)：＿＿＿＿＿＿＿＿＿＿＿

　　　　(大写)：＿＿＿＿＿＿＿＿＿＿＿

投　　　标　　　人：＿＿＿＿＿＿＿＿＿＿＿

　　　　　　　　（单位盖章）

法 定 代 表 人

或 其 授 权 人：＿＿＿＿＿＿＿＿＿＿＿

　　　　　　　　（签字或盖章）

编　　　制　　　人：＿＿＿＿＿＿＿＿＿＿＿

　　　　　　　（造价人员签字盖专用章）

编 制 时 间：　年　月　日

2）单位工程费汇总表，见表7-18。

3）分部分项工程项目清单计价表，见表7-14。

4）分部分项工程项目清单综合单价分析表，每个项目编码可制作一张表，样例见表7-13。

5）措施项目清单计价表，见表7-15。

6）其他项目清单计价表，见表7-17。

7）主要材料价格表，见表7-19。

练一练

7.4-1　分部分项工程项目清单计价是根据_____和_____计算的。

7.4-2　装饰工程报价包括的内容有_____、_____、_____、_____、_____等。

7.4-3　规费是按_____之和乘以费率计算。

7.4-4　增值税是按_____乘以增值税率计算。

【本章回顾】

1. 工程量清单是表现拟建工程的分部分项工程项目、措施项目、其他项目、规费和税金项目名称和相应数量的明细清单。它体现了招标人需要投标人完成的工程项目及相应工程数量，是投标人进行报价的依据，是招标文件不可分割的组成部分。它应由招标人或有资质的中介机构编制。

2. 工程量清单由分部分项工程项目清单、措施项目清单、其他项目清单、规费项目清单、税金项目清单组成。

3. 分部分项工程项目清单应包括项目编码、项目名称、项目特征、计量单位和工程量五个要件。

4. 项目编码采用十二位阿拉伯数字表示。共分五级：前两位为专业工程代码（01—房屋建筑与装饰工程；02—仿古建筑工程）；三、四位为附录分类顺序码；五、六位为分部工程顺序码；七、八、九位为分项工程项目名称顺序码；十、十一、十二位为清单项目名称顺序码。前四级，即一至九位应按附录的规定设置；第五级，即十至十二位应根据拟建工程的工程量清单项目名称设置，同一招标工程的项目编码不得有重码，如：1:2.5水泥砂浆地面的项目编码为011101001001。

5. 工程量清单计价是指在建设工程招标投标中，招标人按照国家统一的工程量计算规则提供工程量清单，投标人依据工程量清单、拟建工程的施工方案，结合自身实际情况并考虑风险后自主报价的工程造价计价模式。内容包括分部分项工程项目费、措施项目费、其他项目费、规费和税金。

6. 工程量清单计价应采用综合单价计价。综合单价计价是指为完成规定计量单位合格产品所需的人工费、材料和工程设备费、施工机具使用费和企业管理费、利润以及一定范围的风险费用。

7. 建筑装饰工程工程量清单计价的依据主要包括《建设工程工程量清单计价规范》（GB 50500—2013）及《房屋建筑与装饰工程工程量计算规范》（GB 50854—2013）。适用于建设工程发、承包及实施阶段的计价活动，主要是规范建筑与装饰工程造价计量行为，统一房屋建筑与装饰工程工程量计算规则、工程量清单的编制方法。

8. 工程量清单计价模式与定额计价模式的区别有以下几方面：项目设置，定价原则，单价构成，价差调整，计价形成过程，人工、材料、机械消耗量，工程量计算规则，计价方法，适用范围，工程风险等。

第8章

建筑装饰工程结算与招标投标报价

本章导入

本章的主要内容有：建筑装饰工程结算的概念、结算方式、结算编制方法，预结算的审查依据及内容，建筑装饰工程招标投标基本原理及招标投标程序，建筑装饰工程报价的编制方法及报价技巧。

通过本章的学习，了解建筑装饰工程结算的概念，掌握现行的结算方式及结算编制方法，熟悉预结算的审查依据及内容，了解招标投标的基本概念及方法，熟悉建筑装饰工程招标投标的程序，掌握建筑装饰工程报价的编制方法及报价技巧，能运用报价技巧正确报价，以达到中标的目的。

8.1 建筑装饰工程结算概述

学习目标

1. 熟悉建筑装饰工程结算概念。
2. 掌握建筑装饰工程结算方式。
3. 掌握建筑装饰工程结算编制方法。

本节导学

工程结算指工程实施过程中，施工企业依据承包合同的有关条款，就已完成部分的工程，向建设单位结算工程价款。工程结算的目的是补偿施工过程中的耗用。只有正确地进行工程结算，才能保证工程施工的顺利进行。那么我国现行的建筑装饰工程结算方式有哪些？工程结算包括哪些内容？怎样才能正确地编制建筑装饰工程结算呢？

8.1.1 建筑装饰工程结算概念

建筑装饰工程结算即工程价款结算，是承包商在工程实施过程中，依据承包合同中付款条款和已经完成的工程量，并按规定的程序向建设单位收取工程价款的一项经济活动。

1. 工程结算的主要内容

工程结算方式不同，其内容也不同。一般工程结算的内容主要包括：

1）按承包合同、协议办理工程预付款。

2）按合同、协议确定的结算方式列出月（或阶段）作业计划和工程款预支单，同时办理工程预支款。

3）月末（或阶段完成后）报已完工报表和工程价款结算账单，同时按规定抵扣工程预付备料款和预付工程款，办理工程结算。

4）年终进行年终结算。

5）工程竣工时，编写工程竣工书，办理工程竣工结算。

2. 工程结算的依据

工程价款结算应按合同约定办理，合同未作约定或约定不明的，发、承包双方应依照下列规定与文件协商处理：

1）国家有关法律、法规和规章制度。

2）国务院建设行政主管部门，省、自治区、直辖市或有关部门发布的工程造价计价标准、计价办法等有关规定。

3）建设项目的合同、补充协议、变更签证和现场签证，以及经发、承包人认可的其他有效文件。

4）其他可依据的材料。

8.1.2　建筑装饰工程结算方式

按现行规定，工程价款结算可以根据不同情况，采取多种方式。工程进度款主要结算方式有以下几种。

1. 按月结算与支付

即实行按月支付进度款，竣工后进行竣工结算。合同工期在两个年度以上的工程，在年终进行工程盘点，办理年度结算。我国现行的建筑安装工程价款结算中，相当一部分实行这种按月结算方式。

2. 竣工后一次结算

建设项目或单项工程全部建筑安装工程工期在 12 个月以内，或者工程承包合同价值在 100 万元以下的，可实行工程价款每月月中预支，竣工后一次结算的方式。

3. 分段结算与支付

当年开工、当年不能竣工的工程一般按照工程形象进度，划分不同阶段支付工程进度款。具体划分标准，可以由业主和承包商在施工合同中明确。如某业主与承包商在施工合同中约定如下：

1）基础工程完成后，拨付工程款的 20%。

2）工程主体完成后，拨付工程款的 30%。

3）装修工程完成后，拨付工程款的 20%。

4）屋面工程完成后，拨付工程款的 10%。

5）工程竣工验收后，拨付工程款的 15%。

4. 双方约定的其他结算方式

工程款结算还可采用发、承包双方约定的其他方式。

8.1.3 建筑装饰工程结算编制

1. 建筑装饰工程结算编制依据

工程结算一般是在施工图预算的基础上根据施工中的变更签证情况进行编制的。其编制主要依据以下资料：

1）施工企业与建设单位签订的合同或协议书。

2）施工企业进度计划、作业计划和施工工期。

3）施工现场记录和有关费用签证。

4）施工图及有关资料、图纸会审纪要、设计变更通知和现场工程变更签证。

5）施工图预算文件和年度工程量。

6）国家和当地主管部门的有关政策规定。

7）招标文件和标书。

2. 工程价款的动态结算

工程价款动态结算是对工程价款动态地进行调整的方法。调整的方法有工程造价指数调整法、实际价格调整法、调价文件计算法、调值公式法等。

（1）工程造价指数调整法　这种方法是指承、发包双方采用合同签订时的预算定额单价计算出承包合同价，待竣工时再根据合理的工期及当地工程造价管理部门所公布的该月度（或季度）的工程造价指数，对原承包合同价予以调整。

【例8-1】某市建筑公司承建一写字楼，工程合同价款为600万元，2010年1月签订合同并开工，2010年11月竣工，合同约定采用工程造价指数调整法予以动态结算。根据该市建筑工程造价指数表可知，写字楼2010年1月的造价指数为100.02，2010年11月的造价指数为100.25。求价差调整的款额应该是多少？

【解】价差调整的款额＝工程合同价×竣工时工程造价指数/签订合同时工程造价指数

＝600万元×100.25/100.02＝601.34万元

（2）实际价格调整法　在我国，由于建筑材料需市场采购的范围越来越大，有些地区规定对钢材、木材、水泥三大材的价格采取按实际价格结算的办法。工程承包商可凭发票按实报销。这种方法非常方便，但由于是实报实销，因而承包商对降低成本不感兴趣，为了避免副作用，造价管理部门要定期公布最高结算限价，同时合同文件中应规定建设单位或工程师有权要求承包商选择更廉价的供应来源。

（3）调价文件计算法　发包人可在招标文件中列出需要调整价差的主要材料表及其基准价格（一般采用当时当地工程价格管理机构公布的信息价或结算价），工程竣工结算时按竣工当时当地工程价格管理机构公布的材料信息价或结算价，与招标文件中列出的基准价比较计算材料差价。

其他材料按当地工程价格管理机构公布的竣工调价系数计算差价。

（4）调值公式法（又称动态结算公式法）　根据国际惯例，对建设工程已完成投资费用的结算，一般采用调值公式法。事实上，绝大多数情况是发包方和承包方在签订的合同中就明确规定调值公式。

调值公式一般为

$$P = P_0\left(a_0 + a_1\frac{A}{A_0} + a_2\frac{B}{B_0} + a_3\frac{C}{C_0}\cdots + a_n\frac{N}{N_0}\right)$$

式中　　　　P——调值后合同价款或工程实际结算款；

P_0——合同价款中工程预算进度款；

a_0——固定要素，代表合同支付中不能调整部分；

a_1、a_2、a_3、a_n——代表有关成本要素（如人工费用、钢材费用、水泥费用、运输费用等）在合同总价中所占比例，$a_0 + a_1 + a_2 + a_3 \cdots + a_n = 1$；

A_0、B_0、C_0、N_0——各可调因子的基本价格指数，指基准日期（即投标截止日前 28 天）与 a_1、a_2、a_3、a_4 对应的各项费用的基准价格指数或价格；

A、B、C、N——与特定付款证书有关的期间最后一天的 49 天前与 a_1、a_2、a_3、a_4 对应的各成本要素的现行价格指数或价格。

各部分成本的比例系数在许多标书中要求承包方在投标时即提出，并在价格分析中予以论证。但也有的是由发包方在编制标书中即规定一个允许范围，由投标人在此范围内选定。

【例 8-2】某工程合同总价为 100 万元。其组成为：土方工程费 10 万元，占 10%；砌体工程费 40 万元，占 40%；钢筋混凝土工程费 50 万元，占 50%。这三个组成部分的人工费和材料费占工程价款的 85%（均参加调值），人工费、材料费占各项费用比例如下。

（1）土方工程　人工费 50%，机具折旧费 26%，柴油 24%。

（2）砌体工程　人工费 53%，钢材 5%，水泥 20%，骨料 5%，空心砖 12%，柴油 5%。

（3）钢筋混凝土工程　人工费 53%，钢材 22%，水泥 10%，骨料 7%，木材 4%，柴油 4%。

假定该合同的基准日期为 2019 年 1 月 3 日，2019 年 9 月完成的工程价款占合同总价的 10% 即 10 万元。有关月报的工资、材料物价指数见表 8-1（注：A、B、C、D 等应采用 2019 年 8 月份的物价指数）。

表 8-1　工资、材料物价指数表

费用名称	代　号	2019 年 1 月指数	费用名称	代　号	2019 年 8 月指数
人工费	A_0	100.0	人工费	A	116.0
钢材	B_0	153.4	钢材	B	187.6
水泥	C_0	154.8	水泥	C	175.0
骨料	D_0	132.6	骨料	D	169.3
柴油	E_0	178.3	柴油	E	192.8
机具折旧	F_0	154.4	机具折旧	F	162.5
空心砖	G_0	160.1	空心砖	G	162.0
木材	H_0	142.7	木材	H	159.5

问题：1）计算各项参加调值的费用占工程价款的比例。

2）计算 9 月份应付的工程价款。

【解】1）该工程其他费用，即不调值的费用占工程价款的 15%，各项参加调值的费用占工程价款比例如下：

人工费：$(50\% \times 10\% + 53\% \times 40\% + 53\% \times 50\%) \times 85\% = 45\%$

钢　　材：$(5\% \times 40\% + 22\% \times 50\%) \times 85\% = 11\%$

水　　泥：$(20\% \times 40\% + 10\% \times 50\%) \times 85\% = 11\%$

骨　　料：$(5\% \times 40\% + 7\% \times 50\%) \times 85\% = 5\%$

柴　　油：$(24\% \times 10\% + 5\% \times 40\% + 4\% \times 50\%) \times 85\% = 5\%$

机具折旧：$26\% \times 10\% \times 85\% = 2\%$

空心砖：$12\% \times 40\% \times 85\% = 4\%$

木　　材：$4\% \times 50\% \times 85\% = 2\%$

2）2019 年 9 月的工程价款经过调值后为：

$$P = P_0 \left(0.15 + 0.45 \frac{A}{A_0} + 0.11 \frac{B}{B_0} + 0.11 \frac{C}{C_0} + 0.05 \frac{D}{D_0} + 0.05 \frac{E}{E_0} + 0.02 \frac{F}{F_0} + 0.04 \frac{G}{G_0} + 0.02 \frac{H}{H_0} \right)$$

$$= 10\% \times 100 \ \text{万元} \times [0.15 + 0.45 \times (116/100) + 0.11 \times (187.6/153.4) +$$
$$0.11 \times (175.0/154.8) + 0.05 \times (169.3/132.6) + 0.05 \times (192.8/178.3) +$$
$$0.02 \times (162.5/154.4) + 0.045 \times 162.0/160.1) + 0.02 \times (159.5/142.7)]$$

$$= 11.33 \ \text{万元}$$

由此可见，经过调值，2019 年 9 月实得工程款为 11.33 万元，比原价款多 1.33 万元。

3. 工程预付款

工程预付款

工程预付款是建设工程施工合同订立后由发包人按照合同约定，在正式开工前预先支付给承包人的工程款。它是施工准备和所需材料、构件等流动资金的主要来源，国内习惯上又称为预付备料款。

（1）工程预付款的限额　工程预付款的额度一般由合同约定或公式测定。

1）合同约定。发包人根据工程的特点、工期长短、市场行情、供求规律等因素，招标时可在合同条件中约定工程预付款的百分比。

2）公式测定。公式测定是根据主要材料占年度承包工程总价的比例、材料储备定额天数和年度施工天数等因素，通过公式计算预付备料款额度的一种方法。其计算公式为

$$\text{工程预付款数额} = \frac{\text{工程总价} \times \text{材料比例}}{\text{年度施工天数}} \times \text{材料储备定额天数}$$

式中　年度施工天数——按 365 天日历天计算；

材料储备定额天数——由当地材料供应的在途天数、加工天数、整理天数、供应间隔天数、保险天数等因素决定。

（2）工程预付款的扣回　发包人支付给承包人的工程预付款其性质是预支。随着工程进度的推进，拨付的工程进度款数额不断增加，工程所需主要材料、构件的用量逐渐减少，原已支付的预付款应以抵扣的方式予以陆续扣回。扣款的方法有以下几种：

1）由发包人和承包人通过洽商用合同的形式予以确定，采用等比率或等额扣款方式。

2）从未施工工程尚需的主要材料及构件的价值相当于工程预付款数额时起扣，从每次中间结算工程价款中，按材料及构件比例扣抵工程价款，至竣工之前全部扣清。因此，确定起扣点是工程预付款起扣的关键。

确定预付款起扣点的依据是：未完施工工程所需主要材料和构件的费用，等于工程预付款的数额。可按下式计算：

$$T = P - \frac{M}{N}$$

式中　T——起扣点，即工程预付款开始扣回的累计完成工程款数金额；

P——承包工程的合同总额；

M——工程预付款数额；

N——主要材料、构件所占比例。

【例 8-3】某工程合同总额为 200 万元，工程预付款为 24 万元，主要材料、构件所占比例为 60%，则起扣点为多少万元？

【解】起扣点为 $T = P - \dfrac{M}{N} = 200$ 万元 $- \dfrac{24}{60\%}$ 万元 $= 160$ 万元

4. 工程进度款

工程进度款是在合同工程施工过程中，发包人按照合同约定对付款周期内承包人完成的合同价款给予支付的款项，也就是工程进度款的结算支付。发、承包双方应按照合同约定的时间、程序和方法，根据工程计量结果，办理期中价款结算，支付进度款。进度款支付周期，应与合同约定的工程计量周期一致。

（1）进度款的计算

本期应支付的合同价款（进度款）=本期已完工程的合同价款×支付比例+现场签证款+索赔款-甲供材料款-本周期应扣减预付款

1）本期已完工程的合同价款。已标价工程量清单中的单价项目，按工程计量确认工程量乘以综合单价计算。如综合单价发生调整的，以发、承包双方确认调整的综合单价计算。

已标价工程量清单中的总价项目，按合同中约定的进度款支付分解，分别列入进度款支付申请中的安全文明施工费与本周期应支付的总价项目的金额中。

2）结算价款的调整。承包人现场签证和得到发包人确认的索赔金额列入本周期应增加的进度款金额中。

3）进度款的支付比例。进度款的支付比例按照合同约定，按期中结算价款总额计，不低于 60%，不高于 90%。

4）本期应扣减金额。

① 应扣回的预付款。预付款应从每一个支付期应付给承包人的工程款中扣回，直到扣回的金额达到合同约定的预付款金额为止。

② 发包人提供的甲供材料金额。发包人提供的材料款、工程设备款金额应按照发包人签约时提供的单价和数量从进度款支付中扣除，列入本周期应扣减的进度款金额中。

（2）期中支付的文件

进度款支付申请。承包人应在每个计量周期到期后的 7 天内向发包人提交已完工程进度款支付申请一式四份，详细说明此周期认为有权得到的进度款额，包括分包人已完工程的价款。《建筑工程工程量清单计价规范》（GB 50500—2013）给出了"进度款支付申请（核准）表"规范格式，见表 8-2。

（3）进度款的支付

1）除专用合同条款另有约定外，发包人应在签发进度款支付证书后的 14 天内，按照支付证书列明的金额向承包人支付进度款。发包人逾期支付进度款的，应按照中国人民银行发布的同期同类贷款基准利率支付违约金。

2）发包人逾期未签发进度款支付证书，则视为承包人提交的进度款支付申请已被发包人认可，承包人可向发包人催告付款通知。发包人应在收到通知后 14 天内，按照承包人支付申请金额向承包人支付进度款，并按约定扣回预付款。

3）符合规定范围的合同价款调整及其他条款中约定的追加合同价款应与工程款同期支付。

4）发包人超过约定时间不支付工程进度款，承包人可催告发包人支付，并有权获得延迟支付的利息；发包人在催告后约定的付款期满后 7 天内仍未支付的，承包人可在第 8 天起暂停施工。发包人应承担由此增加的费用和延误的工期，向承包人支付合理利润，并应承担违约责任。

5. 竣工结算

竣工结算时，承包人需要根据合同价款、工程价款结算签证单以及施工过程中变更价款等资料进行最终结算。

工程竣工结算是指承包人按照合同规定内容全部完成所承包的工程，经验收合格，并符合合同要求之后，对照原设计施工图，根据工程量增减变化情况，编制调整工程价款，与发包人进行最终的工程价款结算。

（1）计价原则　在采用工程量清单计价的方式下，工程竣工结算的编制应当规定的计价原则如下。

1）分部分项工程和措施项目中的单价项目应依据双方确认的工程量与已标价工程量清单综合单价计算；发生调整的，应以发、承包双方确认调整的综合单价计算。

2）措施项目中的总价项目应依据合同约定的项目和金额计算；如发生调整，应以发、承包双方确认调整的金额计算，其中安全文明施工费必须按照国家或省级、行业建设主管部门的规定计算。

3）其他项目应按下列规定计价：

表 8-2　进度款支付申请（核准）表

工程名称：　　　　　　　　　　　　　标段：　　　　　　　　　　　编号：

致：_____（发包人全称）

　　我方于_____至_____期间已完成了_____工作，根据施工合同的约定，现申请支付本周期的合同金额为（大写）_____（小写_____），请予核准。

序号	名　称	实际金额（元）	申请金额（元）	复核金额（元）	备注
1	累计已完成的合同价款				
2	累计已实际支付的合同价款				
3	本周期合计完成的合同价款				
3.1	本周期已完成单价项目的金额				
3.2	本周期应支付的总价项目的金额				
3.3	本周期已完成的计日工价款				
3.4	本周期应支付的安全文明施工费				
3.5	本周期应增加的合同价款				
4	本周期合计应扣减的金额				
4.1	本周期应抵扣的预付款				
4.2	本周期应扣减的金额				
5	本周期应支付的合同价款				

附：上述 3，4 详见附件清单。

承包人（章）

造价人员_____　　　　承包人代表_____　　　　日　期_____

复核意见： 　□ 与实际施工情况不相符，修改意见见附件。 　□ 与实际施工情况相符，具体金额由造价工程师复核。 　　　　　　　监理工程师_____ 　　　　　　　日　期_____	复核意见： 　　你方提出的支付申请经复核，本周期已完成合同款额为（大写）_____（小写_____），本周期应支付金额为（大写）_____（小写_____）。 　　　　　　　造价工程师_____ 　　　　　　　日　　期_____

审核意见：

　□ 不同意。

　□ 同意，支付时间为本表签发后的 15 天内。

发包人（章）

发包人代表_____

日　期_____

注：1. 在选择栏中的"□"内作标识"√"。

　　2. 本表一式四份，由承包人填报，发包人、监理人、造价咨询人、承包人各存一份。

① 计日工应按发包人实际签证确认的事项计算。

② 暂估价应由发、承包双方按照《建设工程工程量清单计价规范》（GB 50500—2013）的规定计算。

③ 总承包服务费应依据合同约定金额计算，如发生调整，以发、承包双方确认调整的金额计算。

④ 索赔费用应依据发、承包双方确认的索赔事项和金额计算。

⑤ 现场签证费用应依据发、承包双方签证资料确认的金额计算。

⑥ 暂列金额应减去工程价款调整（包括索赔、现场签证）金额计算，如有余额归发包人。

4）规费和增值税应按照国家或省级、行业建设主管部门的规定计算，不得作为竞争性费用。规费中工程排污费应按工程所在地环境保护部门规定的标准缴纳后按实列入。

此外，发、承包双方在合同工程实施中已经确认的工程计量结果和合同价款，在竣工结算办理中应直接进入结算。

（2）竣工结算程序

1）承包人提交竣工结算文件。合同工程完工后，承包人应在经发、承包双方确认的合同工程期中价款结算的基础上汇总完成竣工结算文件，应在提交竣工验收申请的同时向发包人提交竣工结算文件。

承包人未在合同约定的时间内提交竣工结算文件，经发包人催告后14天内未提交或没有明确答复的，发包人根据相关已有资料编制竣工结算文件，作为办理竣工结算和支付结算款的依据，承包人应予以认可。

2）发包人核对竣工结算文件。发包人可以自行核对竣工结算文件，也可以委托工程造价咨询人核对竣工结算文件。

① 发包人应在收到承包人提交的竣工结算文件后的28天内核对。发包人经核实，认为承包人还应进一步补充资料和修改结算文件，应在上述时间内向承包人提出核实意见，承包人在收到核实意见后的28天内应按照发包人提出的合理要求补充资料，修改竣工结算文件，并应再次提交给发包人进行复核。

② 发包人应在收到承包人再次提交的竣工结算文件后的28天内予以复核，并将复核结果通知承包人。如果发、承包双方对复核结果无异议，应于7天内在竣工结算文件上签字确认，竣工结算办理完毕。如果发包人或承包人对复核结果有异议，对无异议部分办理不完全竣工结算；有异议部分由发、承包双方协商解决，协商不成的，按照合同约定的争议解决方式处理。

③ 发包人在收到承包人竣工结算文件后的28天内，不确认也未提出异议的，应视为承包人提交的竣工结算文件已被发包人认可，竣工结算办理完毕。

④ 承包人在收到发包人提出的核实意见后的28天内，不确认也未提出异议的，应视为发包人提出的核实意见已被承包人认可，竣工结算办理完毕。

3）竣工结算文件的签认。对发包人或发包人委托的工程造价咨询人指派的专业人员与承包人指派的专业人员经核对后无异议的竣工结算文件，除非发、承包人能提出具体、详细的不同意见，发、承包人都应在竣工结算文件上签名确认，如其中一方拒不签字的，按下列规定办理：

① 若发包人拒不签字的，承包人可不提供竣工验收备案资料，并有权拒绝与发包人或其上级部门委托的工程造价咨询人重新核对竣工结算文件。

② 若承包人拒不签字的，发包人要求办理竣工验收备案的，承包人不得拒绝提供竣工验收资料，否则，由此造成的损失，承包人应承担相应责任。

合同工程竣工结算核对完成，发、承包双方签字确认后，发包人不得要求承包人与另一个或多个工程造价咨询人重复核对竣工结算。

4）竣工结算款的支付。

① 提交竣工结算支付申请。承包人根据办理的竣工结算文件提交竣工结算支付申请。

② 签发竣工结算支付证书。发包人应在收到承包人提交竣工结算款支付申请后的 7 天内予以核实，向承包人签发竣工结算支付证书。

《建筑工程工程量清单计价规范》（GB50500—2013）给出了"进度款支付申请（核准）表"规范格式，见表 8-3。发包人在该表上选择"同意"并盖章，该表即变为竣工结算款的支付证书。

③ 支付竣工结算款。发包人签发竣工结算支付证书后的 14 天内，按照竣工结算支付证书列明的金额向承包人支付结算款。

6. 质量保证金

质量保证金是发包人与承包人在建设工程承包合同中约定，从应付的工程款中预留，用以保证承包人在缺陷责任期内对建设工程出现的缺陷进行维修的资金。采用工程质量保证担保、工程质量保险等其他保证方式的，发包人不得再预留保证金。

（1）承包人提供质量保证金的方式　承包人提供质量保证金有以下三种方式：

1）质量保证金保函。

2）相应比例的工程款。

3）双方约定的其他方式。

除专有合同条款另有约定外，质量保证金原则上采取第 1 种方式。工程实际中更多采取第 2 种方式，发包人按照合同约定的质量保证金比例从工程结算中预留质量保证金。

（2）质量保证金的扣留　质量保证金的扣留有以下三种方式：

1）在支付工程进度款时逐次扣留，在此情形下，质量保证金的计算基数不包括预付款的支付、扣回以及价格调整的金额。

2）工程竣工结算时一次性扣留质量保证金。

3）双方约定的其他扣留方式。

除专用合同条款另有约定外，质量保证金的扣留原则上采用上述第 1 种方式。工程实际中一般采取第 2 种方式，即在工程竣工结算时一次性扣留质量保证金。如承包人在发包人签发竣工结算支付证书后 28 天内提交质量保证金保函，发包人应同时退还所扣留的作为质量保证金的工程款。

表 8-3　竣工结算款支付申请（核准）表

工程名称：　　　　　　　　　　标段：　　　　　　　　　编号：

致：＿＿＿＿＿＿＿＿＿＿＿＿＿＿＿＿＿＿＿＿＿＿＿＿＿＿＿＿＿＿＿＿（发包人全称）

　　我方于＿＿＿＿＿至＿＿＿＿＿期间已完成合同约定的工作，工程已经完工，根据施工合同的约定，现申请支付竣工结算合同金额为（大写）＿＿＿＿＿＿（小写＿＿＿＿＿），请予核准。

序号	名　称	申请金额（元）	复核金额（元）	备注
1	竣工结算合同价款总额			
2	累计已实际支付的合同价款			
3	应预留的质量保证金			
4	应支付的竣工结算款金额			

承包人（章）

造价人员＿＿＿＿＿　　　承包人代表＿＿＿＿＿　　　日　期＿＿＿＿＿

复核意见：
　□ 与实际施工情况不相符，修改意见见附件。
　□ 与实际施工情况相符，具体金额由造价工程师复核。

监理工程师＿＿＿＿＿
日　期＿＿＿＿＿

复核意见：
　你方提出的竣工结算款支付申请经复核，竣工结算款总额为（大写）＿＿＿＿＿＿（小写＿＿＿＿＿），扣除前期支付以及质量保证金后应支付金额为（大写）＿＿＿＿＿＿（小写＿＿＿＿＿）。

造价工程师＿＿＿＿＿
日　期＿＿＿＿＿

审核意见：
　□ 不同意。
　□ 同意，支付时间为本表签发后的 15 天内。

发包人（章）
发包人代表＿＿＿＿＿
日　期＿＿＿＿＿

注：1. 在选择栏中的"□"内作标识"✓"。
　　2. 本表一式四份，由承包人填报，发包人、监理人、造价咨询人、承包人各存一份。

知识链接

《建设工程质量保证金管理暂行办法》（建质〔2017〕138 号）规定："发包人应按照合同约定方式预留保证金，保证金总预留比例不得高于工程价款结算总额的3%。合同约定由承包人以银行保函替代预留保证金的，保函金额不得高于工程价款结算总额的3%。"

7. 工程结算的具体编制方法

（1）核实工程量　根据原施工图预算工程量进行复核，防止漏算、重算和错算；对根据设计修改而变更的工程量进行调整；根据现场工程变更进行工程量调整。

（2）调整材料价差　由于客观原因发生的材料预算价格的差异，可在工程结算中进行调整。

【例8-4】　某项工程业主与承包商签订了施工合同，合同中含有两个子项目，工程量清单中 A 工作工程量为2300m³，B 工作工程量为3200m³。经协商合同价为 A 工作 180 元/m³，B 工作 160 元/m³。

承包合同规定：

开工前业主应向承包商支付合同价20%的预付款；

业主自第1个月起，从承包商的工程款中，按5%的比例扣留质量保证金；

当子项目工程实际工程量超过估算工程量的15%时，可进行调价，调价系数为0.9；

动态结算根据市场情况规定价格调整系数平均按1.2计算；

工程师签发月度付款最低金额为25万元；

预付款在最后两个月扣除，每月扣50%。

该工程每月实际完成并经工程师签证确认的工程量见表8-4。

表 8-4　某工程每月实际完成并经工程师签证确认的工程量　　（单位：m³）

月　份	3 月	4 月	5 月	6 月
A 工作	500	800	800	600
B 工作	700	900	800	600

问题：1）工程预付款是多少？

　　　2）每月工程量价款、工程师应签证的工程款、实际签发的付款凭证金额各是多少？

【解】1）预付款金额为：（2300 × 180 + 3200 × 160）元 × 20% = 18.52 万元。

2）每月工程量价款、工程师应签证的工程款、实际签发的付款凭证金额计算如下。

① 第1个月（即3月份）：

工程量价款为（500 × 180 + 700 × 160）元 = 20.2 万元；

应签证的工程款为20.2 万元 × 1.2 × （1 − 5%）= 23.028 万元。

由于合同规定工程师签发的最低金额为25万元，故本月工程师不予签发付款凭证。

② 第 2 个月（即 4 月份）：

工程量价款为（800 × 180 + 900 × 160）元 = 28.8 万元；

应签证的工程款为 28.8 万元 × 1.2 × （1 − 5%）= 32.832 万元。

本月应付款为 32.832 万元。

本月工程师实际签发的付款凭证金额为 23.028 万元 + 32.832 万元 = 55.86 万元。

③ 第 3 个月（即 5 月份）：

工程量价款为（800 × 180 + 800 × 160）元 = 27.2 万元；

应签证的工程款为 27.2 万元 × 1.2 × （1 − 5%）= 31.008 万元。

应扣预付款为 18.52 万元 × 50% = 9.26 万元；

本月应付款为 31.008 万元 − 9.26 万元 = 21.748 万元。

因本月应付款金额小于 25 万元，故工程师不予签发付款凭证。

④ 第 4 个月（即 6 月份）：

A 工作累计完成工程量 2700m^3，比原清单工程量 2300m^3 超出 400m^3，已超过清单工程量的 10%，超出部分其单价应进行调整。则

超过清单工程量 10% 的工程量为 2700m^3 − 2300m^3 × （1 + 15%）= 55m^3；

这部分工程量单价应调整为 180 元/m^3 × 0.9 = 162 元/m^3。

A 工作工程量价款为 [（600 − 55）× 180 + 55 × 162] 元 = 10.701 万元；

B 工作累计完成工程量为 3000m^3，比原清单工程量 3200m^3 减少 200m^3，不超过原工程量的 15%，其单价不予进行调整。

B 工作工程量价款为（600 × 160）元 = 9.6 万元；

本月完成 A、B 两项工程量价款合计为（10.701 + 9.6）万元 = 20.301 万元；

应签证的工程款为 20.301 × 1.2 × （1 − 5%）万元 = 23.143 万元；

应扣预付款为 18.52 万元 × 50% = 9.26 万元；

本月应付款为（23.143 − 9.26）万元 = 13.883 万元。

本月工程师实际签发的付款凭证金额为 21.748 万元 + 13.883 万元 = 35.631 万元。

练一练

8.1-1 建筑装饰工程结算即工程价款结算，是承包商在工程实施过程中，依据承包合同中关于_____和_____，并按规定的程序向_____收取工程价款的一项经济活动。

8.1-2 建筑装饰工程结算方式有：按月结算与支付、_____、_____和双方约定的其他结算方式等。

8.1-3 工程预付款是建设工程施工合同订立后由发包人按照合同约定，在_____前预先支付给承包人的工程款。它是_____的主要来源，国内习惯上又称为预付备料款。

8.1-4 确定预付款起扣点的依据是：_____。

8.1-5 工程价款调整的方法有_____、_____、调价文件计算法、调值公式法等。

8.2　建筑装饰工程预（结）算审查

1. 熟悉建筑装饰工程结算的概念。
2. 掌握建筑装饰工程结算的方式。
3. 掌握建筑装饰工程结算编制的方法。

本节导学

建筑装饰工程预（结）算编制质量的好坏，直接影响业主的利益，对建筑装饰工程预（结）算进行审查是落实工程造价的一个有力措施，是建设工程造价管理的重要环节，对于合理使用人力、物力和资金都有非常积极的作用；准确地进行工程结算的审核是更好地获得基本建设投资的一项有力措施。那么建筑装饰工程预（结）算的审查依据有哪些？审查的内容一般包括哪些？审查时应采取什么步骤呢？

8.2.1　建筑装饰工程预（结）算审查依据

建筑装饰工程预（结）算是计算和确定建筑装饰工程产品价格的文件，又是论证建设项目投资效益和制定计划的重要依据。其编制质量的好坏，直接影响到国家和业主的利益。因此，认真进行建筑装饰工程预（结）算的审查，不仅有利于合理确定工程造价，便于国家有效控制建设投资，提高投资效益，而且有利于建筑装饰市场的合理竞争，有利于建筑装饰企业改善经营管理加强建筑企业的经营核算，有利于改进设计的技术经济工作促进限额设计，进一步完善投资控制。

1. 审查的组织形式

审查应尊重客观事实，通过审查工程预（结）算，核实工程造价，对于建设单位、施工单位、设计单位的工作都能起到积极的推动作用。工程预（结）算的审查应由建设单位或其主管部门组织设计单位、施工单位和建设银行共同审查。

现行的审查组织形式有以下几种：

1）建设单位、设计单位、施工单位和建设银行各方代表一起会审。这种会审方法审查全面，并且可以及时地交换意见，所以审查质量高、速度快，多用于重要项目的审查。

2）建设单位、建设银行、设计单位、施工单位分别由主管预（结）算工作的部门单独审查。单独审查后，各自将其审查意见通知有关单位协商解决。

3）建设单位审查。建设单位具备审查预（结）算能力时，可以自行审查，将审查的有关问题与预（结）算编制单位协商解决。

4）专门机构审查。由建设单位委托监理单位、工程咨询单位进行审查。

2. 审查的具体依据

建筑装饰工程预（结）算审查是一项技术性和政策性都很强的工作，审查必须遵循国家和省、市颁布的有关政策、技术规定。工程预（结）算审查的主要依据有：

1）国家或省、市颁布的有关现行定额、补充定额、现行取费标准或费用定额及有关文件规定等。

2）设计图样及有关标准图集。

3）承发包双方签订的合同或协议书。

4）施工组织设计等工程资料。

5）现行的地区材料预（结）算价格、本地区的工资标准及机械台班费用标准。

8.2.2 建筑装饰工程预（结）算审查内容

建筑装饰工程预（结）算审查一般从以下几个方面进行预（结）算内容的审查。

1. 审查编制依据

1）审查预（结）算编制中所采用的编制依据的合法性：编制依据是否经过国家有关部门的批准，未经批准的一律无效。

2）审查预（结）算编制中所采用的编制依据的适用范围是否正确。

3）审查预（结）算编制中所采用的编制依据的时效性是否在国家规定的有效期内，有无调整和新规定。

2. 审查设计图样、施工组织设计

审查建筑装饰工程预（结）算所依据的设计图样是否齐全，施工组织设计是否合理，不同的施工组织设计会对工程预（结）算造成很大的影响。例如土方工程采用人工开挖或机械开挖等应与所列项目和内容一致。

3. 审查技术经济指标和工程造价

首先，应审查工程造价是否控制在设计概算所规定的限额内，如超过设计概算，应对设计图样进行修改，以保证其不突破概算。另外，审查各项技术经济指标是否超过同类工程的参考指标，审查重点是工程量计算是否正确，定额套用、各项取费标准是否符合现行规定或单价计算是否合理。审查的具体内容如下：

（1）审查工程量 对施工图预（结）算中的工程量，可根据工程量计算表，并对照施工图尺寸进行审查。主要审查其工程量是否有漏算、重算和错算。审查工程量主要依据工程量计算规则进行，注意审查是否按照规定工程量计算规则计算工程量，编制预算时是否考虑了施工方案对工程量的影响，定额中要求扣除项或合并项是否按规定执行，工程量的计量单位设定是否与要求的计量单位一致。

审查工程量时，可采用抽查法：一种是抓住那些占预（结）算价值比例较大的重点项目进行，而一般的分项就可免审；另一种是参照技术经济指标，对各分项工程量进行核对，发现超指标幅度较多时，应进行重点审查，当出现与指标幅度相近时，就可免于审查。

审查人员必须熟悉设计图样、工程量计算规则。

（2）审查单价 编制建筑装饰预（结）算时，计算完工程量就要套用定额子目，定额子目的正确套用是确定工程造价的关键工作之一，进行审查时，主要从以下几个方面入手：

1）直接套用定额的项目，审查分项工程的工作内容、规格、计量单位是否与定额中所列内容一致。由于定额内容比较复杂，各种项目和构配件的形式不同，工料消耗也就不同，单价也就不同，若套错定额项目，就会影响计算的准确性。

2）换算定额子目的项目，主要审查所换算的分项工程项目是否符合换算条件；应进行换算的，其换算方法是否正确。

3）补充定额子目的审查。在编制建筑装饰预（结）算时，往往有些分项定额并未列入现行定额中，需要编制分项工程的补充定额。审查补充定额时，应重点审查其计算依据、计算方法是否按国家规定进行，其人工、材料、机械台班的消耗量及价格确定是否合理。

对于采用实物法编制的预算，主要审查资源单价是否反映了市场供需状况和市场趋势。

（3）审查各项费用的汇总 建筑装饰预（结）算中各分项工程汇总时容易出现计算错误、项目重复汇总等现象，因此审查时一定要重新核算汇总的数值。

4. 审查其他有关费用

采用预算单价法计算造价时，审查的主要内容有：是否按本项目的性质取费，有无高套取费标准，利润和增值税的计算基础和费率是否符合规定，有无多算和重算。

建筑装饰预（结）算审查时，由于工程规模大小、繁简程度不同，预（结）算质量水平不同，因此采用的审查方法也就不同，常用的审查方法有全面审查法、标准预算审查法、分组审查法、对比审查法、筛选法和重点审查法。

8.2.3 建筑装饰工程预（结）算审查步骤

1. 做好审查前的准备工作

审查前的准备工作包括熟悉送审工程预（结）算和承发包合同，搜集并熟悉有关设计资料，掌握设计变更的情况，了解施工现场情况，熟悉施工组织设计或施工方案，熟悉送审工程预（结）算所依据的定额或单位估价表、费用标准和有关文件。

2. 选择合适的审查方法，按相应内容审查

根据工程规模、工程性质、审查时间、质量要求、审查能力等情况，确定合理的审查方法。

3. 审查计算

按照选定的审查方法进行具体审查，在审查过程中，应详细记录审查问题。

4. 综合整理审查资料，并与编制单位交换意见

将审查记录中的疑点、错误、重复计算和漏算项目等与编制单位交换意见，做进一步核对，以便更正。

5. 审查定案，编制调整预算

根据交换意见确定的结果，将更正后的项目进行计算并汇总，填制工程预（结）算审查调整表，形成文件，并经编制单位和审查单位双方认可后由各责任人签字并加盖公章，至此预（结）算审查定案。

8.2.4 建筑装饰工程竣工结算的审查时限

单项工程竣工后，承包人应在提交竣工验收报告的同时，向发包人递交竣工结算报告及完整的结算资料，发包人应按表8-5的规定时限进行核对（审查）并提出审查意见。

表8-5　竣工结算审查时间

序　号	工程竣工结算报告金额	审　查　时　间
1	500万元以下	从接到竣工结算报告和完整的竣工结算资料之日起20天
2	500万元~2000万元	从接到竣工结算报告和完整的竣工结算资料之日起30天
3	2000万元~5000万元	从接到竣工结算报告和完整的竣工结算资料之日起45天
4	5000万元以上	从接到竣工结算报告和完整的竣工结算资料之日起60天
5	建设项目竣工总结算在最后一个单项工程竣工结算审查确认后15天内汇总，送发包人后30天内审查完成	

竣工结算送审及审核报告的编制案例详见本书附录A和附录B。

练一练

8.2-1　工程预（结）算审查的主要依据有：国家或省、市颁布的有关现行定额、补充定额、现行取费标准或费用定额及有关文件规定等；_____；承、发包双方签订的合同或协议书；_____；现行的地区材料预（结）算价格、本地区的工资标准及机械台班费用标准。

8.2-2　建筑装饰工程预（结）算审查一般从以下几个方面进行预（结）算内容的审查：审查编制依据；_____；审查技术经济指标和工程造价；_____。

8.2-3　建筑装饰工程预（结）算审查步骤为：做好审查前的准备工作；选择合适的审查方法，按相应内容审查；_____；_____；审查定案；编制调整预算。

8.2-4　建筑装饰预（结）算审查时，常用的审查方法有_____、标准预算审查法、_____、对比审查法、_____和重点审查法。

8.3　建筑装饰工程招标投标

学习目标

1. 熟悉建筑装饰工程招投标的概念。
2. 掌握建筑装饰工程招投标的程序。
3. 掌握建筑装饰工程招投标的方法。

本节导学

随着我国建设行业合同制的推广以及工程量清单计价方法的实施，建筑装饰工程招投标可有效地推广市场竞争机制，促进社会资源优化组合，提高企业的综合素质和竞争能力。招投标制度的实行可保证工程的工期、效益和质量，规范建筑装饰市场的正常秩序，逐步实现建筑装饰工程市场与国际接轨。

本节就建筑装饰工程招投标做介绍。

8.3.1　建筑装饰工程招投标概述

1. 建筑装饰工程招标

建筑装饰工程招标是指招标人将拟建装饰工程的有关内容及要求对外发布信息，吸引或邀请有承包能力的承包单位参与竞争，按照法定的程序择优选择承包单位的法律行为。

招标人招标的目的：引进竞争机制，择优选择承包单位，以最少的资金投入获取最大的经济效益。

知识链接

建设项目招投标的范围：

《中华人民共和国招标投标法》指出，凡在中华人民共和国境内进行下列工程建设项目的，包括项目的勘察、设计、施工、监理以及与工程建设有关的重要设备、材料等的采购，必须进行招标。

1）大型基础设施、公用事业等关系社会公共利益、公众安全的项目。

2）全部或者部分使用国有资金投资或者国家融资的项目。

---

2. 建筑装饰工程投标

建筑装饰工程投标是建筑装饰工程招标的对称概念，是指具有法人资格和能力的投标人根据所掌握的招标信息，按照招标文件的要求参与竞争，并在规定时间内递交投标文件，以获得承包权的法律行为。

投标人通常应当具备与招标文件要求相适应的人力、物力、财力、资质证明和相应的工作经历和业绩证明，以及法律法规规定的其他条件。

3. 建筑装饰工程招投标活动的必备要素

（1）程序要规范　在招投标活动中，从招标、投标、评标、定标到签订工程合同，每个环节都要有严格的程序和规则，当事人不能随意改变。

（2）要编制招标、投标文件　在招投标活动中，招标人必须编制招标文件，投标人根据招标文件的要求编制投标文件参加投标，招标人组织评标委员会对投标文件进行评审和比较，从中选出中标单位。

（3）公开性　招投标活动的基本原则是"公开、公平、公正"，这一原则始终贯穿于招投标活动的各个环节。整个招投标活动被完全置于社会的公开监督之下，以防止不正当的交易行为。

（4）一次成交　在一般的交易活动中，买卖双方往往要经过多次谈判后才能成交，而招标则不同，投标人只能一次报价，不能与招标人讨价还价，并以此报价作为签订合同的基础。

4. 建筑装饰工程招投标的方式

（1）公开招标　公开招标是指招标人以招标公告的方式邀请不特定的法人或者其他组织投标。招标公告样例见表 8-6。

表8-6　某工程招标公告

×× 职工住宅 1 号楼

招标单位：某学校　　　　　　　　　　　　　招标代理机构：某建设工程招标有限公司

招标公告
（招标代码：××××××××××××××）

根据《中华人民共和国招标投标法》等有关法律、法规的规定，××职工住宅1号楼的招标工作已按规定程序到相关部门办理了工程招标备案，现决定对该工程的施工进行公开招标，择优选定施工单位。

1. 本次招标的工程项目情况

（1）建设单位：某学校

（2）项目名称：××职工住宅1号楼　　（3）工程规模：计划投资额800万元

（4）奖金来源：自筹　　　　　　　　　（5）招标范围：土建及装饰工程

（6）建设地点：某市　　　　　　　　　（7）设计质量：市优

（8）项目实施日期：2010年4月1日—2010年9月30日

2. 参加本项目投标的投标人必须是具有工业与民用建筑工程资质三级以上（含三级）的单位。

3. 本工程对投标人的资格审查采用预审方式，凡具备上述资格条件并对本工程感兴趣的投标人可到网上下载资格预审表，将资格预审表按规定填好后附营业执照、资质证书等证明文件的复印件于2010年1月18日下午14时前投递至某建设工程招标有限公司办公室。

4. 某建设工程招标有限公司将于2010年1月19日至2010年1月26日在该公司会议室发出招标文件和其他相关资料。每份招标文件800元，该费用无论中标与否不予退还。

5. 投标文件递交截止时间为2010年2月8日13:30分，递交地点为：某城乡建设局会议室。

6. 投标人的法定代表人或其委托代理人应准时参加2010年2月8日13:30分（与上述投标截止时间相同）在城乡建设局七楼会议室公开进行的本招标工程项目的开标会。

7. 本项目投标的其他相关事宜，请与招标人或招标代理人联系。

招标人：某学校　　　　　　　　　　招标代理人：某建设工程招标有限公司

地址：××××××　　　　　　　　　地址：××××××

联系人：×××　　　　　　　　　　　联系人：×××

联系电话：××××××××××　　　　　联系电话：××××××××××

公开招标的特点：涉及面广、竞争性强、有利于选出比较满意的中标单位，但招标工作量大、所用时间长、费用高。

（2）邀请招标　　邀请招标是指招标人以投标邀请书的方式邀请具有资格的特定的法人或者其他组织投标。邀请招标是向特定的对象发出投标邀请书。一般要求被邀请的对象的数目不低于3家。被邀单位一般都是信誉较好的单位，通常可以保证工程质量。投标邀请书包括的内容与公开招标中的招标公告相同。

邀请招标的特点：不需要发布招标公告，节约招标费用和节省时间；但涉及面窄，竞争激烈程度相对较差，容易失去某些在技术或报价上有竞争实力的潜在投标人。

有下列情形之一，经批准可以进行邀请招标：

1）项目技术复杂或有特殊要求，只有少量几家潜在投标人可供选择的。

2）受自然地域环境限制的。

3）涉及国家安全、国家秘密或者抢险救灾，适宜招标但不宜公开招标的。

4）拟公开招标的费用与项目的价值相比，不值得的。

5）法律、法规规定不宜公开招标的。

除了上述两种基本招标方式外，实际工作中，根据具体的情况还有协商议标、指定投标单位等方式。

5. 工程量清单与招投标

（1）实行工程量清单招标的重要性

1）采用工程量清单报价，投标者可集中力量进行单价分析与施工方案的编写工作，给投标者提供一个平等竞争的基础，符合商品交换要以价值量为基础进行等价交换的原则。推行工程量清单招标，可避免因工程量不统一、不公开引起的弊端，是保障公开、平等竞争的重要改革措施，是有形建筑市场管理改革的必然选择。

工程量清单
与招标投标

2）采用工程量清单招标，可以简化计算方法，避免重复劳动，以提高办事效率和提高工程预（结）算的准确性。

3）采用工程量清单招标，有利于与国际接轨，打开我国的建筑市场，建立一套符合国情、以市场来形成工程价格的管理体系，以适应国内、国际工程建筑市场的需要。

（2）工程量清单招标的优点

1）有利于实现从政府定价到市场定价，从消极自我保护向积极公平竞争的转变。特别是对施工企业，通过采用工程量清单计价，有利于施工企业编制自己的企业定额，从而改变了过去企业过分依赖国家发布定额的状况，可通过市场竞争自主报价。这种方式对计价依据改革具有推动作用。

2）有利于公平竞争，避免暗箱操作。由于工程量清单计价是由招标人提供工程量，所有的投标人是在同一工程量基础上自主报价，充分体现了公平竞争的原则，避免了工程招标中的弄虚作假、暗箱操作等不规范的招标行为。

3）有利于风险合理分担。由于实行工程量清单招标，使招标单位、投标单位要承担各自的风险。投标单位只对自己所报的投标报价的合理性等负责；而对工程量的变更或计算错误等应由招标单位负责。这样将能促进各方面管理水平的提高。

4）有利于施工企业的技术管理水平的提高。中标单位可以根据中标价及投标文件中的承诺，通过对本企业各方面的管理，合理控制现场费用和施工技术措施费用等，以便更好地降低工程成本，履行承诺，保证工程质量和工期，促进技术进步，提高经营管理水平。

5）有利于工程拨付款和工程造价的最终确定。工程招投标中标后，建设单位与中标的施工企业签订合同，工程量清单报价成为签订合同价的基础。投标清单上的单价是拨付工程款的依据，建设单位根据施工企业完成的工程量可以确定进度款的拨付额。工程竣工后，依据设计变更、工程量的增减和相应的单价，确定工程的最终造价。

6）有利于工程造价计价人员素质的提高。采用工程量清单计价后，工程造价计价人员不仅需要能看懂施工图、会计算工程量和套定额子目，而且要既懂经济又精通技术、既熟悉政策又精通法规，向全面发展的复合型人才转变。

（3）工程量清单招投标应注意的环节

1）工程量清单是招标文件的组成部分，招标人必须向投标人提供工程量清单。工程量清单应由招标人或有资质的中介机构编制，招标人应注意在项目安排上为工程量清单编制预留足够的时间。工程量清单中没有表述清楚的内容应当在招标文件中说明，如有招标人自行补充的清单项目，其计算规则必须在招标文件中解释清楚。

2）工程量清单招标，招标文件中必须细化合同价款的调整方式，包括分部分项费用、措施项目费用和其他项目费用。

3）投标单位接到工程量清单后，在工程量清单计价时如发现招标人提供的工程量清单中的项目、工程量与有关施工设计图样计算的项目、工程量差异较大时，招标人应在招标文件要求提交投标文件截止时间至少15日前进行澄清，投标人不得擅自调整工程量清单。保证所有投标单位都按统一的清单项目进行报价，有利于公平竞争。

4）鉴于工程量清单招标的统一性，建议在招投标评标过程中使用电子标书，即工程量清单电子文件随招标文件下发给投标单位，投标单位按统一的电子标书表格进行报价，评标委员会使用商务标软件快速准确地进行评标。

8.3.2 建筑装饰工程招投标的方法

1. 一次性招标

一次性招标指建设工程设计图样、工程概算、建设用地、施工许可证等均已具备后，全部工程进行一次性招标的方法。

采用一次性招标法进行招标，整个招标工作一次性完成，便于管理。但由于招标前须做好各项准备工作，故前期准备工作时间较长。特别是大型工程，若采取此方法投资见效期就要向后推延。

2. 多次性招标

多次性招标是对建设项目实行分阶段招标的方法。分阶段可按单项工程、单位工程招标，也可以按分部工程招标。例如：对基础、主体、装修、室外工程等分别进行招标。

多次性招标适用于大型建设项目。由于分段招标，设计图样、工程概算等技术经济文件可以分批供应，工程可以争取时间提前开工，缩短建设周期，早见投资效益。但这种方法往往容易出现边设计、边施工的现象，可能造成施工脱节，引起矛盾。

3. 一次两段式招标

一次两段式招标指在设计图样尚未出齐之前，与数个建筑企业协商进行意向性招标，择优选择一个承包单位，待施工图样出齐以后再按图样的正式要求签订合同。

4. 两次报价招标

两次报价招标即在第一次公开招标后选择几个较满意的投标单位再进行第二次招标报价。这种方法适用于建设单位对建设项目不熟悉的情况，第一次属摸底性质，第二次作为正式报价。

以上招标方法仅仅是国内外招标中的常用方法，招标中具体采用哪种方法，必须符合当地招标管理部门的规定，在规定的范围内进行选择。

8.3.3 建筑装饰工程招投标程序

一个完整的招投标过程要包括招标、投标、开标、评标和定标五个环节。招标作为第一步，其程序的规范与否将直接关系到以后各个环节能否顺利进行，对于整个招标投标过程有着非常重要的意义。

1. 建筑装饰工程招标程序

实际工作中通常按如图 8-1 所示的程序进行招标。

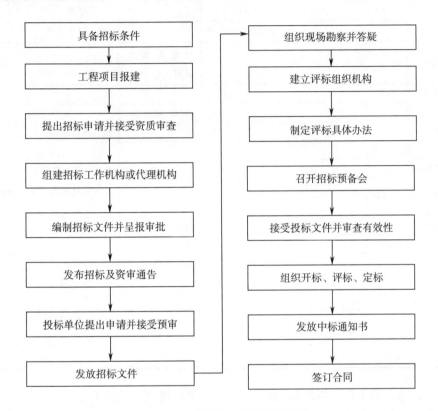

图 8-1　建筑装饰工程招标程序图

（1）具备招标条件　招标条件主要包括：

1）招标人已依法成立。

2）按照国家有关规定需要履行项目审批、合准手续的，已取得批准。

3）相应资金或资金来源已落实。

（2）工程项目报建　工程项目要报招标投标管理部门备案。

（3）提出招标申请并接受资格审查　工程招标在招标投标管理部门备案时要提交申请，并接受资格审查。工程招标申请表样例见表 8-7。

（4）组建招标工作机构或委托具有相应资质的单位代理招标　组织招标的单位应该具备一定的条件，具体如下：

1）具有法人资格或是依法成立的其他经济组织。

2）具有与招标工作相适应的经济、技术管理人员。

3）具有组织编制招标文件的能力。

4）具有审查投标单位资质的能力。

5）具有组织开标、评标、定标的能力。

表8-7 工程招标申请表

工 程 名 称			建 设 地 址		
建筑面积		结构形式		计划投资额	
招标方式		设计单位		层数	
质量要求		投标企事业资质要求		项目资质要求	
招标工程内容			计 划 开 竣 工 时间		
标段划分方案					
招标委托形式			招标代理公司		
投资许可证			批件不全原因:		
建设工程规划许可证					
建设用地规划许可证			招标人确认签字:		
施工图样设计文件审查批准书			分管领导意见（是否办理招投标手续）		
招标单位联系人		联系电话			
招标代理联系人		联系电话			
公告发布日期		截止日期			
招标评标办法		附件	a. 工程量清单 b. 其他		
招标办意见					
			年　　月　　日		

具备上述条件的单位可以组织相应的招标工作机构。不具备上述2）～5）项条件的单位，必须委托招标代理机构进行招标。

招标代理机构：是指依法设立、从事招标代理业务并提供相应服务的社会中介组织。它代表招标人的意思，并在其授权范围内行事。

（5）编制招标文件并呈报审批　招标文件可以由招标单位编制；也可以委托有资质的咨询单位编制，由招标单位审定。注意：招标文件一经发出，招标单位不得擅自变更其内容或增加附加条件。必要的修改或澄清应在招标文件要求的提交投标文件截止时间至少15日前以书面形式通知所有招标文件收受人，这部分内容属于招标文件的组成部分。

招标文件包括：招标提示、目录、投标须知前附表、投标须知，合同格式及条款、合同要求、技术规范、工程规范、商务标投标文件格式、技术标投标文件格式、图样、工程量清单、评标办法及需要说明的其他事项。其中前三项内容所有招标文件所涵盖内容基本一致，见表8-8～表8-10。

对于国有资金投资的工程建设项目，还应该编制招标控制价，投标人的投标报价高于招标控制价的，其投标应予以拒绝；对于非国有资金投资的建筑工程的招标，可以设有招标控制价。招标控制价应在招标时公布，不应上调或下浮，招标人应将招标控制价及有关资料报送工程所在地工程造价管理机构备查。建筑装饰工程招标控制价的编制案例详见本书附录C。

表8-8 招标提示

> 　　参加开标会议的投标人法定代表人或其委托代理人应携带本人身份证，委托代理人应携带授权委托书，以证明其身份，同时投标人必须携带经年检的：营业执照、资质等级证明副本、项目经理证、项目经理投标证、企业安全生产许可证、取费证书（所有证件必须是原件）。对没有提供有效证件的投标单位依据×××××号文件规定，将取消投标人的投标资格。投标人在办理《建设工程申请书》时须携带企业安全生产许可证、项目经理证及项目经理投标证（证件必须是原件）

表8-9 目录

第一章　投标须知

第二章　合同格式及条款

第三章　合同要求

第四章　技术规范

第五章　工程规范

第六章　商务标投标文件格式

第七章　技术标投标文件格式

第八章　图样

第九章　工程量清单

附件一　评标办法

表8-10 投标须知前附表

序号	条款	编 列 内 容
1	1.1	工程名称：某学校职工住宅1号楼 建设地点：某新区6方块 结构类型：砖混　承包方式：包工包料 建筑规模：10491.56m^2　质量标准：市优 招标方式：公开招标　招标范围：土建及装饰工程 要求工期：2010年4月1日开工，2010年9月30日竣工；日历工期183天
2	2	资金来源：自筹
3	3.1	投标单位资质等级：具有独立法人资格，工业与民用建筑工程资质三级以上（含三级）施工单位 项目经理资质等级：工业与民用建筑工程三级以上（含三级）项目经理
4	12	投标有效期从投标截止期（不含当日）28天内（日历日内）有效
5	13	投标保证金：30000元人民币 接　收　人：某建设工程招标有限公司 开户银行：中国工商银行　　　　账号：＊＊＊＊＊＊＊＊＊＊＊ 履约保证金：中标价的10% 接收单位：某学校 开户银行：中国建设银行　　　　账号：＊＊＊＊＊＊＊＊＊＊＊
6	13	业主全称：某学校 联系人：＊＊＊　　　　　　联系电话：＊＊＊＊＊＊＊＊＊＊＊ 招标代理机构全称：某建设工程招标有限公司 办公地址：新抚区西十路 联系人：＊＊　　　　　　　联系电话：＊＊＊＊＊＊＊

（续）

序号	条款	编列内容
7	14	投标预备会 时间：2010 年 2 月 2 日下午 13：30 地点：某城乡建设局七楼会议室
8	15	投标文件：正本一份，副本二份
9	17	投标文件递至：某市城乡建设局七楼会议室 接收单位：某建设工程招标有限公司 投标截止时间：2010 年 2 月 8 日下午 13：30 分
10	19.1	开标时间：2010 年 2 月 8 日下午 13：30 分 开标地址：某城乡建设局七楼会议室
11		评标办法：见附件一

（6）发布招标及资审通告 招标及资审通告由招标投标管理部门代发。

（7）投标单位申请投标并接受资格预审 由招标人或招标代理人审核。

（8）发放招标文件 由招标人或招标代理人发放。

（9）组织各投标单位现场勘察并对招标文件进行答疑 此项活动由招标人组织。进行答疑的目的主要是要澄清招标文件中的疑问，解答投标单位对招标文件和勘察现场中所提出的问题。具体包括书面提出的问题和口头提出的询问。

（10）建立评标组织机构，制定评标、定标办法 由招标人组织工作。

（11）召开招标预备会 由招标人组织，招标管理机构监督。

（12）接受投标文件并审查有效性 由招标人或招标代理人接受。

（13）开标、评标、定标 由招标人或招标代理人组织，招标投标管理部门及监察机构监督。注意：开标时要判断标书的有效性和是否是废标。如果出现无效标书或废标都不能参加评标。出现下列情况之一者属于无效标书：

1）标书未密封。

2）未加盖本单位和负责人的印鉴。

3）标书送达时间已经超过规定的开标时间。

4）标书字迹涂改或字迹不清。

5）投标单位不参加开标会议。

出现下列情况之一者按废标处理：

1）投标文件不符合招标文件意图。

2）投标单位在投标文件中弄虚作假。

3）投标文件没有满足招标文件提出的各项要求。

4）投标文件内容严重违反国家政策。

（14）发放中标通知书 由招标人给中标单位发放中标通知书，并由招标投标管理部门备案。

（15）签订合同 由招标单位和中标单位签订合同。

2. 建筑装饰工程投标程序

建筑装饰工程投标程序如图 8-2 所示。

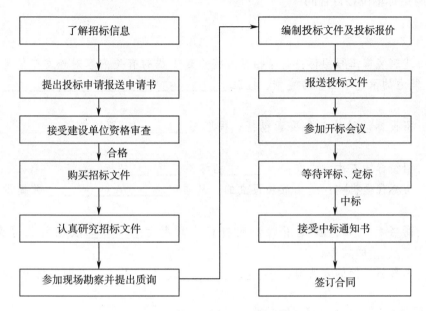

图 8-2　建筑装饰工程投标程序图

（1）收集各种情报，了解招标信息　可以从各种渠道取得。

（2）提出投标申请，报送投标申请书

（3）接受招标单位资格审查

（4）购买招标文件及有关技术资料

（5）研究招标文件

（6）参加现场勘察，并提出质疑

（7）编制投标文件　投标人应当按照招标文件的要求编制投标文件。投标文件应当对招标文件提出的实质性要求和条件做出响应。

投标文件的内容应当包括：拟派出的项目负责人与主要技术人员的简历、业绩和拟用于完成招标项目的机械设备等，通常由商务标投标文件和技术标投标文件组成。

商务标投标文件：就是用以证明投标人履行了合法手续及招标人了解投标人商业资信、合法性的文件。一般包括投标保函、投标人的授权书及证明文件、联合体投标人提供的联合协议、投标人所代表的公司的资信证明、价格文件等，如有分包商，还应出具资信文件供招标人审查。价格文件是商务标投标文件的重要组成部分，它是投标文件的核心，全部价格文件必须完全按照招标文件的规定格式编制，不允许有任何改动，如有漏项，则视为其已经包含在其他价格报价中。

技术标投标文件：主要是用以评价投标人的技术实力和经验。技术复杂的项目对技术文件的编写内容及格式均有详细要求，投标人应当认真按照规定填写。

（8）报送投标文件

（9）参加开标会议

（10）等待评标、定标

（11）接受中标通知书

（12）与招标单位签订合同

练一练

8.3-1　建筑装饰工程招标：是指招标人将拟建工程的有关内容对外发布信息，吸引或邀请有承包能力的承包单位参与竞争，按照_____的法律行为。

8.3-2　招投标活动的必备要素包括：程序要_____；要编制_____；_____；_____。

8.3-3　招投标的基本方式有：_____招标、_____招标。

8.3-4　招标代理机构：是指依法设立的、从事_____并提供相应服务的社会_____。

8.3-5　商务标文件：就是用以证明投标人履行了_____及招标人了解投标人_____、_____的文件。

8.3-6　工程招投标的方法有：_____、_____、_____及两次报价招标。

8.4　建筑装饰工程报价的编制

学习目标

1. 掌握建筑装饰工程报价的编制方法。

2. 掌握建筑装饰工程报价技巧。

本节导学

建筑装饰工程报价是工程投标的核心，报价的高低会直接影响到中标的结果，报价过高会失去中标机会；报价过低，即使中标也会给企业带来亏损的风险。如何投标报价，既达到中标的目的，又能获得较好的经济效益，是本节重点阐述的问题。

8.4.1　建筑装饰工程报价的编制方法

1. 建筑装饰工程报价的概念

建筑装饰工程报价：是投标人按照招标文件中规定的各种因素和要求，根据本企业的实际水平、能力以及各种环境条件等，对承建投标工程所需的成本、拟获利润、相应的风险费用等进行计算后提出的报价。

2. 工程量清单报价的影响因素

（1）对招标文件的研究程度　研究招标文件是为了正确理解招标文件和业主的意图，使投标文件对招标文件的要求进行实质性响应。如：关于招标单位对装饰工程的特殊要求、质量不易控制的方面等要认真细致地分析研究，以便较好地满足招标单位的要求，正确报价，并保证投标报价的有效性，力求中标。

（2）对工程现场情况的调查　投标者在报价前必须全方位地对工程现场情况进行调查，以便了解工地及其周围的政治、经济、地质、气候、法律等方面的情况，这些内容在招标文件中是不可能全部包括的，而它们对报价的结果都有着至关重要的影响。

（3）对竞争对手情况的了解　包括竞争对手的信誉、经营能力、技术水平、设备能力及经常采用的投标策略等，这些内容了解的详细程度，对报价的结果有直接的影响。

（4）主观因素　工程报价除了考虑招标工程本身的要求、招标文件的有关规定、工程现场情况及竞争对手情况等因素外，还要考虑主观因素的影响。如：投标人的自身实力、工程造价人员的业务水平及综合素质、各项业务及管理水平、自己制定的工程实施计划、以往对类似工程的经验等，它们都是影响工程造价的重要因素。

知识链接

通常情况下，下列招标项目应放弃投标：①本施工企业主管和兼管能力之外的项目；②工程规模、技术要求超过本施工企业技术等级的项目；③本施工企业生产任务饱满，且招标工程的盈利水平较低或风险较大的项目；④本施工企业技术等级、信誉、施工水平明显不如竞争对手的项目。

3. 投标报价的编制程序

投标报价的编制程序如图 8-3 所示。

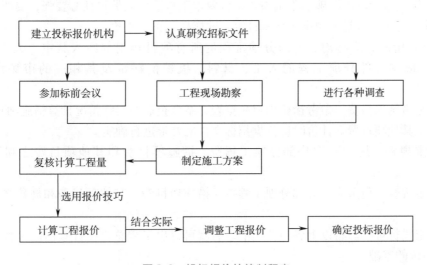

图 8-3　投标报价的编制程序

4. 投标报价的编制原则

1）人工、材料、施工机械台班的消耗量，根据企业定额或参照建设行政主管部门颁布的参考价目表进行计算。

2）人工费、材料费、施工机械台班单价、企业管理费、利润的计取比率，由企业根据自身实力自主确定。

3）对工程的施工风险因素企业应该认真考虑。除了规费、税金外，各个方面的价格、费用、费率企业可以自行调整。

4）措施项目费由企业根据自己的技术力量、管理水平、施工方案和结合工程的实际情况自主确定。

5）投标人的报价不得低于本企业的成本。

5. 建筑装饰工程报价的编制计算方法

（1）理论计算法　该方法是在科学计算的基础上确定的。通常采用综合单价法计算。具体步骤如下：

1）复核工程量清单。在编制工程报价前应对工程量清单进行复核，包括对项目的复核和工程量的复核。

① 项目的复核包括：分部分项工程项目清单、措施项目清单、其他项目清单。

② 工程量的复核是根据《建设工程工程量清单计价规范》（GB 50500—2013）的计算规则来进行的。通常可以采用全面复核法、重点抽查法、凭经验检验复核法等。复核方法的选择往往是由要复核的工程数量、施工时间长短、人员水平以及设备配置来确定的。

2）确定综合单价，计算合价，确定分部分项工程项目费。在投标报价中，复核或计算各个分部分项工程的实物工程量以后，就需确定每一个分部分项工程的单价，并按招标文件中工程量表的格式填写报价，一般是按分部分项工程内容和项目名称填写单价与合价。在投标报价中，没有填写单价和合价的项目将不予支付款项。因此，投标企业应仔细填写每一单价和合价，做到报价时不漏项、不重项。这就要求工程造价人员责任心要强，要严格遵守职业道德，并本着实事求是的原则来认真计算，才能做到正确报价。

在计算单价时，应将构成分部分项工程的所有项目费用都归入其中。人工、材料、机械费用应根据分部分项工程的人工、材料、机械消耗量及其相应的市场价格计算而得。

3）确定措施项目费。参考措施项目一览表，结合企业的实际情况计算措施项目费用。

4）确定其他项目费。计价时应依据招标文件的要求进行确定。

5）确定规费。规费应按分部分项工程费、措施项目费和其他项目费之和乘以费率计算。

6）确定税金。税金应按分部分项工程费、措施项目费、其他项目费和规费之和乘以增值税率计算。

7）确定投标价格。将以上各项费用汇总后就可得出工程总价，计算出的工程总价可以作为投标报价的基础。

（2）适时调整法　适时调整法是在理论计算基础上进行的，往往这两种方法要结合起来使用。

用理论计算法计算出工程总价以后，在实际工作中往往要结合实际运用报价技巧，根据各种影响因素和工程具体情况灵活机动用调整法来确定报价，以提高企业的市场竞争能力。调整投标价格应当建立在对工程盈亏分析的基础上，盈亏预测应用多种方法从多角度进行，找出计算中的问题以及分析可以通过采取哪些措施降低成本、增加利润，确定最后的投标报价。

8.4.2 建筑装饰工程报价技巧

1. 报价技巧的概念

报价技巧是指在投标报价中采用一定的手法或技巧使建设单位可以接受从而中标，并在中标后能获得更多的利润的对策和方法。

2. 常用的报价技巧

（1）不平衡报价法 不平衡报价法是指在保持工程总价不变的情况下，调整内部各个项目的报价，使其既不提高总价又能在结算时得到理想的经济效益。实际工作中可以在以下几方面考虑采用不平衡报价法。

1）能够早日结账收款的项目可以适当提高单价，以利资金周转；后期工程项目可适当降低单价。

2）设计图样不明确，估计核定后工程量要增加的项目可以提高单价；而工程内容不清楚的则可以降低一些单价。

3）经过工程量核算后，预计今后工程量会增加的项目单价可适当提高。这样在最终结算时可多得利润；工程量可能会减少的项目可降低单价，结算时损失不大。

4）报单价的项目，没有工程量，可适当提高单价。这样做既不影响投标总价，以后发生时承包人又可以多获利。有假定的工程量，单价要适中。

5）招标文件要求投标者对工程量大的项目报"单价分析表"投标时，可将表中的人工费及机械设备费算得较高而材料费算得较低。这是为了在今后补充项目时可以参考选用"单价分析表"中较高的人工费和机械费，而材料费则往往采用市场价，因而可获得较高的利润。

6）要分析建设项目在开工后可能使用的计日工数量确定报价方针。如果是单纯报计日工单价，可以适当高一些，便于从实报实销中多获利。

（2）多方案报价法 多方案报价法是指按原招标文件的条件报一个价，然后再提出如果对招标文件进行合理的修改，报价可降低的额度，在修改的基础上报出价格，以吸引业主的方法。

例如：在标书中说明，只要修改了招标文件中某一个不合理的设计，标价就可以降低多少。用这种方法来吸引发包方，只要修改意见有道理，发包方就会采纳，从而使采用多方案报价法的投标单位在竞争中处于有利地位，扩大了中标机会。

这种方法适合于招标文件工程范围不很明确，条款不清楚、不合理或技术规范要求过于苛刻的情况，在充分估计投标风险的基础上，投标人可以按多方案报价法处理，既可以提高中标机会，又可以减少风险。

（3）先亏后赢法 先亏后赢法是施工企业为了参与市场竞争开辟新业务，在第一次参加投标时，依靠某财团或自身雄厚的资本实力，采取的一种不惜代价只求中标，用最低限度的保本价、低利润价进行投标中标后，在施工中充分发挥本企业专长，在质量上、工期上（出乎业主估计的短工期），创优质工程、创立新信誉、缩短工期、取得业主的信任和同情，以获取奖励的形式给予补助使总价不亏本的方法。

（4）突然降价法（突袭法） 突然降价法是指先按一般情况报价或表现出自己对此项

工程兴趣不大，到投标截止前的关键时刻降价，待中标后采用不平衡报价法再行调整项目单价，取得较高效益的方法。这是一种迷惑对手的方法。

采用突然降价法时，一定在准备投标报价的进程中考虑好降价的幅度，在临近投标截止时根据情报信息与分析判断作出最后决策。

（5）敞口升级报价法　敞口升级报价法是指将投标看成与发包方协商的开始，力图先以低价中标，在谈判合同时再与发包方协商，将标价升至合理的水平的方法。

敞口升级报价法的具体做法是：首先分析招标文件，找出不明确处或疑难问题，投标中对这些项目报出最低价并在标书中加以注解，使竞争对手无法与自己竞争而中标，获得与发包方协商的机会。然后在谈判合同时根据工程实际条件和标书中的注解说明，通过协商适当升价。

（6）无利润算标　无利润算标是指缺乏竞争优势的承包商，在不得已的情况下，只好在算标中根本不考虑利润而争取中标的方法。这种方法适用于以下几种情况：

1）有可能在得标后，将大部分工程分包给索价较低的一些分包商。

2）对于分期建设的项目，先以低价获得首期工程，而后赢得机会创造第二期工程中的竞争优势，并在以后的实施中赚得利润。

3）较长时期内，承包商没有在建的工程项目，如果再不得标，就难以维持生存。虽然本工程无利可图，只要保证有一定的管理费用维持公司的正常运转，就可设法渡过暂时的困难，以求将来的发展。

（7）其他投标报价法　有些施工企业在投标报价时，采用种种评选活动争取中标，其策略是以最小的代价获得较大的经济效益。具体做法如下：

1）修改设计降低造价而中标。这是投标报价竞争中的一个有效办法。施工企业在编制标书过程中，仔细研究设计图样、合同文件和规范，发现有不合理或未尽完善之处或者认为可利用某项新技术，能达到降低造价的目的，在这种情况下按原设计编制报价中标后，提出新工艺和修改设计方案往往可以得到监理工程师的批准，从而达到降低标价的目的。

2）利用招标文件中附带优惠条件而中标。施工企业在购买招标文件后，得知建设单位在资金和材料方面有一定困难，但工期很紧，有的施工单位主动自带资金、材料先行开工，待数月后建设单位资金到位一并归还。利用这种优惠条件解决业主短期困难，替建设单位分忧从而创造夺标条件。

3）依靠企业管理水平取胜的策略而中标。有的企业施工技术水平和管理水平高，设备先进，为了中标，他们认真做好施工组织设计，发挥本企业管理水平和设备先进的优势，运用网络图指导施工计划，利用班组优化组合、工艺先进、交叉作业、平衡施工、科学管理等优势，达到缩短工期、降低造价的目的。

4）低价中标注重索赔。有些企业在购买招标文件之后，通过认真研究合同条款、技术规范及补遗文件，找出不相符之处，在报价时价格较低，先争取中标。中标后注重索赔，注意图样工程量变化，从而取得工期的延长和费用的增加。如：额外的地质变化、材料价格上涨、业主要求赶工提前竣工及业主的违约责任等，从而也可以获得一定的利润。

练一练

8.4-1　建筑装饰工程报价：是指投标人按照_____中规定的各种要求，根据本企业的实际水平和能力等，对承建工程所需的_____、拟获_____、相应的风险费用等进行计算后提出的报价。

8.4-2　建筑装饰工程报价的编制方法有：_____、_____。

8.4-3　建筑装饰工程报价的影响因素主要有：_____、_____、_____、主观因素。

8.4-4　影响工程报价的主观因素主要有：_____、_____、_____、_____、_____。

8.4-5　在投标报价中，没有填写单价和合价的项目将_____。

8.4-6　报价技巧：是指在投标报价中采用一定的_____使建设单位可以接受从而中标，并在中标后能获得更多_____的对策和方法。

8.4-7　不平衡报价法：是指在保持_____的情况下，调整内部各个项目的报价，使其既不提高_____又能在结算时得到理想的_____。

8.4-8　突然降价法属于在报价时采取的_____的方法。

【本章回顾】

1. 建筑装饰工程结算即工程价款结算，是承包商在工程实施过程中，依据承包合同中关于付款条款和已经完成的工程量，并按规定的程序向建设单位收取工程价款的一项经济活动。

2. 工程竣工结算是指施工企业按照合同规定的内容全部完成所承包的工程，经验收质量合格，并符合合同要求之后，双方按照约定的合同价款及合同价款调整内容以及索赔事项，进行工程竣工结算。

3. 工程进度款主要结算方式：按月结算与支付、竣工后一次结算、分段结算与支付、双方约定的其他结算方式。

4. 工程价款调整的方法有工程造价指数调整法、实际价格调整法、调价文件计算法、调值公式法等。

5. 建筑装饰工程预（结）算审查一般从以下几个方面进行：审查编制依据，审查设计图样、施工组织设计，审查技术经济指标和工程造价，审查其他有关费用。

6. 建筑装饰工程招标是指招标人将拟建装饰工程的有关内容对外发布信息，吸引或邀请有承包能力的承包单位参与竞争，按照法定的程序择优选择承包单位的法律行为。

7. 建筑装饰工程投标是工程招标的对称概念，是指投标人根据所掌握的招标信息，按照招标文件的要求参与竞争，并在规定时间内递交投标文件，以获得承包权的法律行为。

8. 建筑装饰工程招投标的基本方式有公开招标、邀请招标。

9. 建筑装饰工程招投标的方法有一次性招标、多次性招标、一次两段式招标、两次报价招标。

10. 建筑装饰工程报价技巧是指在投标报价中采用一定的手法或技巧使建设单位可以接受从而中标，并在中标后能获得更多的利润的对策和方法。常用的报价技巧有：不平衡报价法、多方案报价法、先亏后盈法、突然降价法、敞口升级报价法、无利润算标、其他投标报价法等。

附 录

附录 A 竣工结算送审报告编制案例

表 A-1 竣工结算送审报告封面格式

合同号：<u>XJZHL001</u>

<u>********新建综合楼</u> 工程

竣工结算送审报告

档案号：

发包人：_____ 公章：

编制日期：   年   月   日

表 A-2 竣工结算送审报告签署页格式

合同号： XJZHL001

_____ ★★★★★★★★ 新建综合楼 _____ 工程

竣工结算送审报告

档案号：

工程咨询企业执业专用章：

编 制 人：_____ ［签章］ _____

审 核 人：_____ ［签章］ _____

审 定 人：_____ ［签章］ _____

法定代表人或其授权人：_____

注：因专业和工作量需要，编制、审核、审定分别可以由多人完成，编制人员自行扩展。

表 A-3　竣工结算送审报告编制说明

_____********新建综合楼__　工程

竣工结算送审报告
编 制 说 明

1. 工程概况

2. 编制范围

3. 编制依据

4. 编制方法

5. 有关材料、设备、参数和费用说明

6. 其他有关问题的说明

表 A-4　竣工结算款支付申请表

工程名称：＊＊＊＊＊＊＊＊新建综合楼工程　　　　　　　　　　　　合同号：XJZHL001

致：_＊＊＊＊＊＊＊＊_____（发包人全称）

我方于2013 年2 月至2014 年11 月期间已完成合同约定的工作，工程已经完工，根据施工合同的约定，现申请支付竣工决算合同款额为（大写）伍佰伍拾肆万玖仟捌佰叁拾叁元陆角贰分（小写5,549,833.62 元），请与核准。

序号	费 用 名 称	合同金额/元	申请金额/元	备 注
1	竣工结算合同价款总额	23,533,326.71	25,704,911.38	
2	累计已实际支付的合同价款		18,826,661.37	
3	应预留的质量保证金		1,328,416.39	
4	应支付的竣工结算款金额		5,549,833.62	

编制人：　　　　　　审核人：　　　　　　审定人：

表 A-5　最终结清支付申请表

工程名称：＊＊＊＊＊＊＊＊新建综合楼工程　　　　　　　　　　　　　　　　合同号：XJZHL001

致：＊＊＊＊＊＊＊＊_____（发包人全称）

我方于2014 年 10 月至2014 年 11 月期间已完成缺陷修复工作，根据施工合同的约定，现申请支付最终结清合同款额为（大写）贰仟伍佰柒拾万零肆仟玖佰壹拾壹元叁角捌分（小写25,704,911.38 元），请与核准。

序号	费 用 名 称	申请金额/元	备　注
1	已预留的质量保证金	1,328,416.39	
2	应增加因发包人原因造成的缺陷的修复金额	500,000.00	
3	应扣减承包人不修复缺陷、发包人组织修复的金额	35,000.00	
4	最终应支付的合同价款	25,704,911.38	

编制人：　　　　　　　　　审核人：　　　　　　　　　审定人：

表 A-6 项目工程竣工结算送审汇总表

工程名称：********新建综合楼工程　　　　　合同号：XJZHL001　　　　第 页　 共 页

序　 号	单项工程名称	结算金额/元	其　 中	
			安全文明施工费/元	规费/元
一	新建综合楼工程	26,568,327.77	889,308.88	850,009.04
合　 计		26,568,327.77	889,308.88	850,009.04

编制人：　　　　　　　　　审核人：　　　　　　　　　审定人：

表 A-7　单项工程竣工结算送审汇总表

工程名称：********新建综合楼工程　　　　　　合同号：XJZHL001　　　　　第　页　共　页

序　号	单项工程名称	结算金额/元	其　中	
			安全文明施工费/元	规费/元
一	土建工程	19,608,858.57	778,155.78	759,233.63
二	安装工程	6,959,469.20	111,153.10	90,775.42
	合　计	26,568,327.77	889,308.88	850,009.04

编制人：　　　　　　　　　审核人：　　　　　　　　　审定人：

表 A-8　单位工程竣工结算送审汇总表

工程名称：＊＊＊＊＊＊＊＊新建综合楼工程　　　　合同号：XJZHL001　　　　第　页　共　页

序　号	汇 总 内 容	结算金额/元
1	分部分项工程	15,285,892.70
1.1	土石方工程	1,072,503.49
1.2	砌筑工程	662,420.30
1.3	混凝土及钢筋混凝土工程	7,839,205.13
1.4	楼地面工程	2,061,547.38
1.5	……	3,650,216.40
2	措施项目	3,321,432.24
2.1	其中：安全文明施工费	778,155.78
3	其他项目	242,300.00
3.1	其中：计日工	52,500.00
3.2	其中：总承包服务费	189,800.00
	结算总价合计 = 1 + 2 + 3	18,849,624.94

编制人：　　　　　审核人：　　　　　审定人：

注：如无单位工程划分，单项工程也使用本表汇总。

表 A-9　分部分项工程和单价措施项目清单计价表

工程名称：＊＊＊＊＊＊＊＊新建综合楼工程　　　　　合同号：XJZHL001　　　　　第　页　共　页

序号	项目编码	项目名称	项目特征描述	计量单位	结算工程量	金额/元	
						综合单价	结算合价
1	010101001001	平整场地	1. 一般土 2. 根据现场情况土方运距自主考虑	m²	13,991.64	5.33	74,575.44
2	010101003001	挖基础土方	1. 一般土 2. 设计基础底标高至自然地坪（含桩间土） 3. 凿、截桩头 4. 挖土深度 5m 以内 5. 根据现场情况土方运距自主考虑	m³	68,586.12	14.55	997,928.05
……	……	……	……	……	……	……	……
3	010401003001	满堂基础	1. 商品混凝土 C40 2. 混凝土抗渗等级 P6 3. 商品混凝土运输根据现场情况自主考虑	m³	1,775.91	428.30	760,621.74
4	010402004001	构造柱	1. 商品混凝土 C25 2. 商品混凝土运输根据现场情况自主考虑	m³	230.31	498.99	114,922.39
5	010405001003	有梁板	1. 层高 4.8m 2. 板厚度 100mm 以上 3. 商品混凝土 C30 4. 商品混凝土运输根据现场情况自主考虑	m³	496.01	402.86	199,823.23
6	010416001003	现浇混凝土钢筋	Ⅲ级钢筋φ10 以内	t	379.81	3,847.03	1,461,136.62
7	010416001004	现浇混凝土钢筋	Ⅲ级钢筋φ10 以上	t	596.09	4,184.06	2,494,057.41
……	……	……	……	……	……	……	……
		本页小计					6,103,064.88
		合计					15,285,892.70

编制人：　　　　　　　　　　　　　　　　审核人：

表 A-10　总价措施项目清单计价表

工程名称：＊＊＊＊＊＊＊新建综合楼工程　　　　合同号：XJZHL001　　　　第　页　共　页

序号	项目编码	项目名称	计算基础	综合费率（%）	金额/元	调整费率（%）	结算金额/元	备注
1	011707001001	安全文明施工	（综合工日×34＋技术措施费综合工日×34）×1.66	17.76	773,312.07	17.76	889,308.88	
2	011707002001	夜间施工						
3	011707004001	二次搬运						
4	011707005001	冬雨季施工						
5	011707007001	已完工程及设备保护						
	合　计				773,312.07		889,308.88	

编制人：　　　　　　　　　　　审核人：

表 A-11　其他项目清单计价汇总表

工程名称：*******新建综合楼工程　　　　　合同号：XJZHL001　　　　第　页　共　页

序　号	项目名称	结算金额/元	备　注
1	计日工	52,500.00	
2	总承包服务费	189,800.00	
合　　计		242,300.00	

编制人：　　　　　　　　　　　　　　审核人：

表 A-12　计日工表

工程名称：＊＊＊＊＊＊＊＊新建综合楼工程　　　　合同号：XJZHL001　　　　第　页　共　页

序号	项目名称	单位	暂定数量	实际数量	综合单价/元	合价/元	
						暂定	实际
一	劳务（人工）						
1	零星用工	工日	500.00	350.00	150.00	75,000.00	52,500.00
	劳务（人工）小计						
二	材料						
1							
	材料小计						
三	施工机械						
1							
	施工机械小计						
	合计					75,000.00	52,500.00

编制人：　　　　　　　　　　　　　审核人：

注：结算时，此表按发、承包双方确认的实际数量计算合价。

表 A-13　总承包服务费计价表

工程名称：********新建综合楼工程　　　　　合同号：XJZHL001　　　　　第　页　共　页

序号	项目编码	项目价值/元	服务内容	计算基础	综合费率（%）	本期计算金额/元
1	消防工程	1,980,000.00	分包配合	1,980,000.00	2.00	39,600.00
2	空调工程	3,980,000.00	分包配合	3,980,000.00	2.00	79,600.00
3	弱电智能化	780,000.00	分包配合	780,000.00	2.00	15,600.00
4	精装工程	2,750,000.00	分包配合	2,750,000.00	2.00	55,000.00
合　计						189,800.00

编制人：　　　　　　　　　　　　　审核人：

注：此表按合同签订结算方式计算合价。

附录 B 竣工结算审核报告编制案例

表 B-1 竣工结算审核报告封面格式

合同号：XJZHL001

_____**********新建综合楼**_____ 工程

竣工结算审核报告

档案号：

（ 年 月 日 ～ 年 月 日）

（编制单位名称）

（工程造价咨询企业执业印章）

编制日期： 年 月 日

表 B-2　竣工结算审核报告签署页格式

_____**********新建综合楼**___工程

竣工结算审核报告

工程咨询企业执业专用章：

编　制　人：_____　［签章］_____

审　核　人：_____　［签章］_____

审　定　人：_____　［签章］_____

法定代表人或其授权人：_____

注：因专业和工作量需要，编制、审核、审定分别可以由多人完成，编制人员自行扩展。

表 B-3　竣工结算审核报告书格式

<u>＊＊＊＊＊＊＊＊新建综合楼</u>　工程

竣工结算审核报告书

1. 概述

2. 审查范围

3. 审查原则

4. 审查依据

5. 审查方法

6. 审查程序

7. 审查结果

8. 主要问题

9. 有关建议

表 B-4　竣工结算款支付核准表

工程名称：＊＊＊＊＊＊＊＊新建综合楼工程　　　　　　　　　　　　合同号：XJZHL001

致：＊＊＊＊＊＊＊＊_____（承包人全称）

　　你方提出的竣工结算申请经审核，竣工结算款总额为（大写）贰仟肆佰柒拾万零捌佰柒拾元贰角壹分（小写 24,700,870.21元），扣除前期支付以及质量保证金应支付金额为（大写）叁佰玖拾叁万玖仟壹佰贰拾壹元捌角贰分（小写3,939,121.82 元）。

序号	名　称	合同金额/元	申请金额/元	复核金额/元	调整金额/元	调整说明
1	竣工结算合同价款总额	23,533,326.71	25,704,911.38	24,000,826.70	1,704,084.68	
2	累计已实际支付的合同价款		18,826,661.37	18,826,661.37	—	
3	应预留的质量保证金		1,328,416.39	1,235,043.51	93,372.88	
4	应支付的竣工结算款金额		5,549,833.62	3,939,121.82	1,610,711.80	

　　　　　　　　　　　　　　　　　　　　　　　　　　承包人（章）

造价人员　　　　　　　　承包人代表　　　　　　　　日　期

复核意见：
　　□与实际施工情况不相符，修改意见见附件。
　　☑与实际施工情况相符，具体金额由造价工程师复核
　　　　　　监理工程师
　　　　　　日　期

复核意见：
　　经复核，应支付的金额为：
　　（大写）_____（小写_____）
　　　　　　造价工程师
　　　　　　日　期

审核意见：
　　□不同意
　　☑同意，支付时间为本表签发后的15天内

　　　　　　　　　　　　　　　　　　　发包人（章）
　　　　　　　　　　　　　　　　　　　发包人代表
　　　　　　　　　　　　　　　　　　　日　期

注：1. 在选择栏中的"□"内做标识"√"；
　　2. 本表一式四份，发包人、监理人、造价咨询人、承包人各存一份。

表 B-5 最终结清支付核准表

工程名称：*******新建综合楼工程   合同号：XJZHL001

致：_____*********_____（承包人全称）

你方提出的支付申请经复核，最终应支付金额为（大写）壹佰柒拾万零肆仟零捌拾肆元陆角捌分（小写1,704,084.68元）。

序号	费用名称	申请金额/元	复核金额/元	调整金额/元	调整说明
1	已预留的质量保证金	1,328,416.39	1,235,043.51	93,372.88	
2	应增加因发包人原因造成缺陷的修复金额	500,000.00	500,000.00	—	
3	应扣减承包人不修复缺陷、发包人组织修复的金额	35,000.00	35,000.00	—	
4	最终支付的合同价款	25,704,911.38	24,000,826.70	1,704,084.68	

造价人员   承包人代表   承包人（章）
                                                     日　期

复核意见：	复核意见：
□ 与实际施工情况不相符，修改意见见附件。 ☑ 与实际施工情况相符，具体金额由造价工程师复核 　　　　　　监理工程师 　　　　　　日　期	经复核，应支付的金额为： 　（大写）_____（小写_____） 　　　　　　造价工程师 　　　　　　日　期

审核意见：
□不同意
☑同意，支付时间为本表签发后的15天内

　　　　　　　　　　　　　　　　　　发包人（章）
　　　　　　　　　　　　　　　　　　发包人代表
　　　　　　　　　　　　　　　　　　日　期

注：1. 在选择栏中的"□"内做标识"√"；
　　2. 本表一式四份，发包人、监理人、造价咨询人、承包人各存一份。

表 B-6　竣工结算审定签署表

工程名称	********* 新建综合楼工程		工程地址	*********
发包人	*********		承包人	*********
委托合同编号	*********		审定日期	
报审结算金额/元	26,568,327.77	调整金额/元	核增	1,867,457.55
			核减	
审定结算金额/元	大写	贰仟肆佰柒拾万零捌佰柒拾元贰角壹分	小写	24,700,870.21

委托单位： （签章）	发包人： （签章）	承包人： （签章）	工程造价咨询企业： （签章）
法定代表人或其授权人： （签字或盖章）	法定代表人或其授权人： （签字或盖章）	法定代表人或其授权人： （签字或盖章）	法定代表人或其授权人： （签字或盖章）
法定代表人或其授权人： （签字或盖章）			技术负责人： （签字并盖执业章）

注：调整金额＝报审结算金额－审定结算金额。

229

表 B-7 项目工程竣工结算审核汇总对比表

工程名称：********* 新建综合楼工程

合同号：XJZHL001

第 页 共 页

序号	单项工程名称	合同金额/元	报 审			审 定			调整金额
			金额/元	其中		金额/元	其中		
				安全文明施工费/元	规费/元		安全文明施工费/元	规费/元	
一	新建综合楼工程	23,533,326.71	26,568,327.77	889,308.88	850,009.04	24,700,870.21	844,020.28	787,045.41	1,867,457.55
合计			26,568,327.77	889,308.88	850,009.04	24,700,870.21	844,020.28	787,045.41	1,867,457.55

编制人：　　　　　　　　　审核人：　　　　　　　　　审定人：

表 B-8　单项工程竣工结算审核汇总对比表

工程名称：＊＊＊＊＊＊＊新建综合楼工程　　　　　　　合同号：XJZHL001　　　　　　　　　第　页　共　页

序号	单项工程名称	合同金额/元	报审				审定				调整金额
			金额/元	其中			金额/元	其中			
				安全文明施工费/元	规费/元			安全文明施工费/元	规费/元		
一	土建工程	17,560,549.51	19,608,858.57	778,155.78	759,233.63		18,256,917.25	741,100.74	702,994.10		1,351,941.32
二	安装工程	5,972,777.20	6,959,469.20	111,153.10	90,775.42		6,443,952.96	102,919.54	84,051.31		515,516.24
合计		23,533,326.71	26,568,327.77	889,308.88	850,009.04		24,700,870.21	844,020.28	787,045.41		1,867,457.55

编制人：　　　　　　　　　　　　审核人：　　　　　　　　　　　　审定人：

表 B-9 单位工程竣工结算审核汇总对比表

工程名称：********新建综合楼工程   合同号：XJZHL001   第 页 共 页

序号	单位工程名称	合同金额/元	报审金额/元	审定金额/元	调整金额/元
1	分部分项工程	13,422,080.61	15,285,892.70	14,153,604.35	1,132,288.35
1.1	土石方工程	986,703.21	1,072,503.49	893,752.91	178,750.58
1.2	砌筑工程	613,352.13	662,420.30	630,876.48	31,543.82
1.3	混凝土及钢筋混凝土工程	7,258,523.27	7,839,205.13	7,465,909.65	373,295.48
1.4	楼地面工程	1,908,840.17	2,061,547.38	1,963,378.46	98,168.92
1.5	……	2,654,661.83	3,650,216.40	3,199,686.86	450,529.54
2	措施项目	2,888,201.95	3,321,432.24	3,163,268.80	158,163.44
2.1	其中:安全文明施工费	676,657.20	778,155.78	741,100.74	37,055.04
3	其他项目	—	242,300.00	237,050.00	5,250.00
3.1	其中:计日工	—	52,500.00	47,250.00	5,250.00
3.2	其中:总承包服务费	—	189,800.00	189,800.00	—
	结算总价合计 = 1 + 2 + 3	16,310,282.56	18,849,624.94	17,553,923.15	1,295,701.79

编制人：   审核人：   审定人：

注:如无单位工程划分,单项工程也使用本表汇总。

工程名称：　　　　　　　　　　　　　　　　　　　　　合同号：　　　　　　　　　　　　　　　　　　第　页　共　页

表 B-10　分部分项工程和单价措施项目清单计价审核对比表

序号	项目编码	项目名称	项目特征描述	计量单位	报审			审定			调整金额/元	备注
					工程量	综合单价/元	结算合价/元	工程量	综合单价/元	结算合价/元		
1	010101001001	平整场地	1. 一般土 2. 根据现场情况土方运距自主考虑	m²	13,991.64	5.33	74,575.44	11,659.70	5.33	62,146.20	12,429.24	
2	010101003001	挖基础土方	1. 一般土 2. 设计基础底标高至自然地坪(含桩间土) 3. 凿、截桩头 4. 挖土深度5m以内 5. 根据现场情况土方运距自主考虑	m³	68,586.12	14.55	997,928.05	57,155.10	14.55	831,606.71	166,321.34	
……	……	……	……	……	……	……	……	……	……	……	……	
3	010401003001	满堂基础	1. 商品混凝土 C40 2. 混凝土抗渗等级 P6 3. 商品混凝土运输根据现场情况自主考虑	m³	1,775.91	428.30	760,621.74	1,598.32	428.30	684,559.57	76,062.17	
4	010402004001	构造柱	1. 商品混凝土 C25 2. 商品混凝土运输根据现场情况自主考虑	m³	230.31	498.99	114,922.39	195.76	498.99	97,684.03	17,238.36	
5	010405001003	有梁板	1. 层高4.8m 2. 板厚度100mm以上 3. 商品混凝土 C30 4. 商品混凝土运输根据现场情况自主考虑	m³	496.01	402.86	199,823.23	436.49	402.86	175,844.45	23,978.79	
6	010416001003	现浇混凝土钢筋	III级钢筋Φ10以内	t	379.81	3,847.03	1,461,136.62	322.84	3,847.03	1,241,966.12	219,170.49	
7	010416001004	现浇混凝土钢筋	III级钢筋Φ10以上	t	596.09	4,184.06	2,494,057.41	566.28	4,184.06	2,369,354.54	124,702.87	
……		……	……	……	……	……	……	……	……	……	……	
		本页小计					6,103,064.88			5,463,161.61	639,903.26	
		合　计					15,285,892.70			14,153,604.35	1,267,377.29	

编制人：　　　　　　　　　　　　　　　　　　　　　　审核人：

表 B-11 总价措施项目清单计价审核对比表

工程名称：＊＊＊＊＊＊新建综合楼工程　　合同号：XJZHL001　　第　页　共　页

序号	项目编码	项目名称	报审			审定			调整金额/元
			计算基础	综合费率（%）	金额/元	计算基础	综合费率（%）	金额/元	
1	011707001001	安全文明施工	（综合工日×34＋技术措施费综合工日×34）×1.66	17.76	889,308.88	（综合工日×34＋技术措施费综合工日×34）×1.66	17.76	823,434.15	65,874.73
2	011707002001	夜间施工							
3	011707004001	二次搬运							
4	011707005001	冬雨季施工							
	合　计				889,308.88			823,434.15	65,874.73

编制人：　　　　　　　　　　　　　　　审核人：

表 B-12　其他项目清单计价审核汇总对比表

工程名称：＊＊＊＊＊＊＊＊新建综合楼工程　　　合同号：XJZHL001　　　　　　　第　页　共　页

序号	项 目 名 称	计量单位	报审金额/元	审定金额/元	调整金额/元	备注
1	计日工		52,500.00	47,250.00	5,250.00	
2	总承包服务费		189,800.00	189,800.00	—	
	合　　计		242,300.00	237,050.00	5,250.00	

编制人：　　　　　　　　　　　　　　　审核人：

表 B-13　计日工审核对比表

工程名称：*******新建综合楼工程　　　合同号：XJZHL001　　　　　　　　　　第　页　共　页

序号	项目名称	单位	报审				审定				调整金额/元	备注
			数量	综合单价/元	结算合价/元		数量	综合单价/元	结算合价/元			
一	劳务（人工）											
1	零星用工	工日	350.00	150.00	52,500.00		315.00	150.00	47,250.00		5,250.00	
	小计											
二	材料											
1												
	小计											
三	施工机械											
1												
	小计											
	本页小计				52,500.00				47,250.00		5,250.00	
	合　计				52,500.00				47,250.00		5,250.00	

编制人：　　　　　　　　　　　　　　　　　　　　审核人：

表 B-14　总承包服务费审核对比表

工程名称：＊＊＊＊＊＊＊新建综合楼工程

合同号：XJZHL001

第　页　共　页

序号	项目名称	项目价值/元	服务内容	报　审				审　定			备注
				计算基础	综合费率（%）	结算金额/元		计算基础	综合费率（%）	结算金额/元	
1	消防工程	1,980,000.00	分包配合	1,980,000.00	2.00	39,600.00		1,980,000.00	2.00	39,600.00	
2	空调工程	3,980,000.00	分包配合	3,980,000.00	2.00	79,600.00		3,980,000.00	2.00	79,600.00	
3	弱电智能化	780,000.00	分包配合	780,000.00	2.00	15,600.00		780,000.00	2.00	15,600.00	
4	精装工程	2,750,000.00	分包配合	2,750,000.00	2.00	55,000.00		2,750,000.00	2.00	55,000.00	
	合　计					189,800.00				189,800.00	

编制人：

审核人：

附录 C   建筑装饰工程招标控制价编制案例

表 C-1 _____ **地块住宅项目 1#楼装饰** _____ 工程

招 标 控 制 价

招标控制价 （小写）： _____3,267,123.89_____

（大写）： _____叁佰贰拾陆万柒仟壹佰贰拾叁元捌角玖分_____

招 标 人： _____ 造价咨询人： _____

　　　　　（单位盖章）　　　　　　　　　　　（单位资质专用章）

法定代表人　　　　　　　　　　　法定代表人

或其授权人： _____ 或其授权人： _____

　　　　　（签字或盖章）　　　　　　　　　（签字或盖章）

编 制 人： _____ 复核人： _____

　　（造价人员签字盖专用章）　　　　（造价工程师签字盖专用章）

编 制 时 间：　年　月　日　　复 核 时 间：　年　月　日

表 C-2　总说明

工程名称： ＊＊装饰抹灰工程　　　　　　　　　　　　　　　第 1 页　　共 1 页

＊＊地块住宅项目 1#楼总说明

一、工程概况

本工程建筑面积：12881.17m² （不含地下一层建筑面积 791.21m²）；本建筑耐火等级为二级；结构类型为剪力墙结构；设防烈度：7 度，抗震等级：三级。

二、编制范围

河南省＊＊地块住宅项目 1#楼招标文件与施工图范围内的装饰工程。

三、编制依据

1. 本工程施工图样及建设工程相关文件。

2. 工程量清单根据《建设工程工程量清单计价规范》（GB50500—2013）、《房屋建筑与装饰工程工程量计算规范》（GB50854—2013）编制。

3. 本工程定额及计价程序依据《河南省房屋建筑与装饰工程预算定额》（HA01—31—2016）。

四、编制方法

采用工程量清单计价。

五、其他说明

土建工程

1. 详见标段总说明。

表 C-3　单位工程招标控制价汇总表

工程名称：＊＊地块住宅项目 1#楼装饰工程　　　标段：1#　　　　　　第 1 页　　　共 1 页

序号	汇 总 内 容	金额/元	其中：暂估价/元
1	分部分项工程	2723183.43	
1.1	装饰装修工程	2723183.43	
2	措施项目	148264.87	
2.1	其中：安全文明施工费	101551.16	
2.2	其他措施费（费率类）	46713.71	
2.3	单价措施费		
3	其他项目		
3.1	其中：1）暂列金额		
3.2	2）专业工程暂估价		
3.3	3）计日工		
3.4	4）总承包服务费		
3.5	5）其他		
4	规费	125913.07	
4.1	定额规费	125913.07	
4.2	工程排污费		
4.3	其他		
5	不含税工程造价合计	2997361.37	
6	增值税	269762.52	
7	含税工程造价合计	3267123.89	
	招标控制价合计 = 1 + 2 + 3 + 4 + 6	3267123.89	0

注：本表适用于单位工程招标控制价或投标报价的汇总，如无单位工程划分，单项工程也使用本表汇总。

表 C-4　分部分项工程和单价措施项目清单与计价表

工程名称：＊＊地块住宅项目1#楼装饰工程　　　标段：1#　　　　　　　第　页　共　页

序号	项目编码	项目名称	项目特征描述	计量单位	工程量	金额/元		其中
						综合单价	合价	暂估价
1	011101003001	细石混凝土楼地面	1. 部位：楼 2（户内除卫生间、盥洗间、洗衣阳台、非封闭阳台外其余房间） 2. 找平层：50mm 厚 C15 细石混凝土表面拉毛 3. 结合层：素水泥浆一道 4. 基层：钢筋混凝土楼板 5. 混凝土类型：商品混凝土 6. 其他说明：详见相关设计图样、要求及规范	m²	7891.2	47.71	376489.15	
2	011101003002	细石混凝土楼地面	1. 部位：楼 4（卫生间、盥洗间、洗衣阳台、非封闭阳台） 2. 找坡层：C20 细石混凝土找坡抹平，坡度不小于 0.5%，最薄处不小于 40mm 厚 3. 结合层：素水泥结合层一遍 4. 基层：钢筋混凝土楼板 5. 混凝土类型：商品混凝土 6. 其他说明：详见相关设计图样、要求及规范	m²	966.97	48.93	47313.84	
3	010904002002	楼（地）面涂膜防水	1. 部位：楼 4（卫生间、盥洗间、洗衣阳台、非封闭阳台） 2. 防水层：2mm 厚聚氨酯防水涂膜，四周高出地面 300mm，门口外伸 300mm（防水涂料为甲供材料） 3. 其他说明：详见相关设计图样、要求及规范	m²	1582.42	6.06	9589.47	
4	011105003001	块料踢脚线	1. 部位：踢 1（二层及以上电梯前室、合用前室、公共走廊、地下车库通道） 2. 踢脚线高度：100mm 3. 面层：5～7mm 厚面砖，白水泥浆擦缝或填缝剂填缝 4. 黏贴层：4mm 厚 1:1 水泥砂浆加重 20% 建筑胶（用专用胶黏剂黏贴时无此道工序） 5. 结合层：素水泥浆一道（用专用胶黏剂黏贴时无此道工序） 6. 找平层：6mm 厚 1:2 水泥砂浆，9mm 厚 1:3 水泥砂浆 7. 结合层：刷专用界面剂一遍 8. 砂浆种类：预拌干混砂浆 9. 其他说明：详见相关设计图纸、要求及规范	m²	88.62	88.05	7802.99	

（续）

序号	项目编码	项目名称	项目特征描述	计量单位	工程量	综合单价	合价	其中 暂估价
5	010404001001	垫层	1. 部位：草坪散水、绿化散水 2. 垫层：150mm 厚3:7 灰土 3. 基层处理：素土夯实，向外坡4% 4. 其他说明：详见相关设计图样、要求及规范	m³	20.91	230.12	4811.81	
6	010904001001	楼（地）面卷材防水	1. 部位：草坪散水、绿化散水 2. 防水层：4mm 厚 SBS 改性沥青聚酯胎卷材防水层Ⅱ型（防水卷材为甲供材料） 3. 其他说明：详见相关设计图样、要求及规范	m²	139.43	8.5	1185.16	
7	010404001002	垫层	1. 部位：草坪散水、绿化散水 2. 垫层：80mm 厚 C15 混凝土垫层 3. 混凝土类型：商品混凝土 4. 其他说明：详见相关设计图样、要求及规范	m³	11.15	526.39	5869.25	
8	011702029001	散水	1. 部位：散水垫层模板 2. 模板：包含模板及支撑制作、安装、拆除、堆放、运输及清理模内杂物、刷隔离剂等 3. 其他说明：详见相关设计图样、要求及规范	m²	19.2	77.6	1489.92	
9	050101009001	种植土回（换）填	1. 部位：草坪散水、绿化散水 2. 回填：350mm 厚种植土、植草皮 3. 其他说明：详见相关设计图纸、要求及规范	m³	48.8	9.14	446.03	

（续）

序号	项目编码	项目名称	项目特征描述	计量单位	工程量	金额/元		其中
						综合单价	合价	暂估价
10	011201001001	墙面一般抹灰	1. 部位：内墙1（厨房、卫生间、盥洗间） 2. 面层：6mm厚1:2水泥砂浆找平拉毛 3. 底层：9mm厚1:3水泥砂浆 4. 结合层：刷专用界面剂一遍 5. 砂浆种类：预拌干混砂浆 6. 其他说明：详见相关设计图样、要求及规范	m²	5295.85	28.03	148442.68	
11	011201001002	墙面一般抹灰	1. 部位：内墙5（户内除厨房及卫生间外其余房间） 2. 面层：6mm厚1:0.5:3水泥石灰砂浆（压入玻纤网，规格≥160g/m²） 3. 底层：9mm厚1:1:6水泥石灰砂浆 4. 结合层：刷专用界面剂一遍 5. 砂浆种类：预拌干混砂浆 6. 其他说明：详见相关设计图样、要求及规范	m²	18578	27.9	518326.2	
12	010903003002	墙面砂浆防水（防潮）	1. 部位：外墙5（真石漆外墙面，保温外墙） 2. 防水层：20mm厚1:3聚合物水泥防水砂浆 3. 砂浆种类：预拌干混砂浆 4. 其他说明：详见相关设计图样、要求及规范	m²	6660.74	27.42	182637.49	
13	011001003004	保温隔热墙面	1. 部位：外墙5（真石漆外墙面，保温外墙） 2. 保温层：60mm厚单面钢丝网片B1级挤塑聚苯板 3. 其他说明：详见相关设计图样、要求及规范	m²	6207.07	108.96	676322.35	
14	011001003005	保温隔热墙面	1. 部位：外墙5（真石漆外墙面，保温外墙） 2. 保护层：15mm厚聚合物抗裂砂浆保护层（压入耐碱涂塑玻纤网格布一层） 3. 其他说明：详见相关设计图样、要求及规范	m²	6207.07	91.17	565898.57	

（续）

序号	项目编码	项目名称	项目特征描述	计量单位	工程量	金额/元		其中
						综合单价	合价	暂估价
15	011301001001	顶棚抹灰	1. 部位：顶2（厨房、卫生间、盥洗间、洗衣阳台等湿度大的房间） 2. 面层：3mm厚1:0.5:3水泥石灰砂浆 3. 底层：5mm厚1:1:4水泥石灰砂浆 4. 基层处理：钢筋混凝土板地面清理干净 5. 砂浆种类：预拌干混砂浆 6. 其他说明：详见相关设计图样、要求及规范	m²	1107.45	19.06	21108	
16	011406003001	满刮腻子	1. 部位：顶2（厨房、卫生间、盥洗间、洗衣阳台等湿度大的房间） 2. 面层：满挂白色腻子一遍，且阴角处沿墙下翻100mm 3. 其他说明：详见相关设计图样、要求及规范	m²	1325.72	9.46	12541.31	
17	011301001002	顶棚抹灰	1. 部位：顶4（户内除厨房、卫生间、盥洗室、洗衣阳台、非封闭阳台外其余房间） 2. 面层：3mm厚1:0.5:3水泥石灰砂浆 3. 底层：5mm厚1:1:4水泥石灰砂浆 4. 基层处理：钢筋混凝土板地面清理干净 5. 砂浆种类：预拌干混砂浆 6. 其他说明：详见相关设计图纸、要求及规范	m²	7497.86	19.06	142909.21	
		分部小计					2723183.43	
		措施项目						
		合　计					2723183.43	

表 C-5　楼地面综合单价分析表

工程名称：＊＊地块住宅项目 1#楼装饰工程　　　标段：1#　　　第　页　共　页

项目编码	01110100003001	项目名称	细石混凝土楼地面	计量单位	m²	工程量	7891.2

清单综合单价组成明细

定额编号	定额项目名称	定额单位	数量	单价/元				合价/元			
				人工费	材料费	机械费	管理费和利润	人工费	材料费	机械费	管理费和利润
11-4+11-5×20	细石混凝土地面找平层 30mm 实际厚度（mm）：50	100m²	0.01	1699.27	2322.89		457.23	16.99	23.23		4.57
12-23	墙面抹灰 装饰抹灰 打底素水泥浆界面剂	100m²	0.01	138.23	106.49		47.26	1.38	1.06		0.47
人工单价			小　计					18.37	24.29		5.04
128 元/工日			未计价材料费								
			清单项目综合单价					47.71			

材料费明细	主要材料名称、规格、型号	单位	数量	单价/元	合价/元	暂估单价/元	暂估合价/元
	建筑胶	kg	0.2915	1.28	0.37		
	水	m³	0.0043	5.41	0.02		
	预拌细石混凝土 C15	m³	0.0505	459.55	23.21		
	水泥 42.5	t	0.0017	418.11	0.71		
	材料费小计			—	24.31	—	

表C-6　踢脚线综合单价分析表

工程名称：**地块住宅项目 1#楼装饰工程　　　　标段：1#　　　　　　第　页　共　页

项目编码	01110500 3001	项目名称	块料踢脚线	计量单位	m²	工程量	88.62

清单综合单价组成明细

定额编号	定额项目名称	定额单位	数量	单价/元				合价/元			
				人工费	材料费	机械费	管理费和利润	人工费	材料费	机械费	管理费和利润
11-59	踢脚线陶瓷地面砖	100m²	0.01	5292.49	1991.53	83.59	1436.94	52.92	19.92	0.84	14.37
人工单价			小计					52.92	19.92	0.84	14.37
128元/工日			未计价材料费								
			清单项目综合单价					88.05			

材料费明细	主要材料名称、规格、型号	单位	数量	单价/元	合价/元	暂估单价/元	暂估合价/元
	棉纱头	kg	0.01	12	0.12		
	石料切割锯片	片	0.003	31.52	0.09		
	陶瓷地砖 综合	m²	1.04	18.1	18.82		
	锯木屑	m³	0.006	18	0.11		
	电	kW·h	0.0906	0.65	0.06		
	水	m³	0.022	5.41	0.12		
	胶粘剂DTA砂浆	m³	0.001	497.85	0.5		
	白水泥	kg	0.1428	0.577	0.08		
	材料费小计			—	19.9	—	

表 C-7　墙面综合单价分析表

工程名称：＊＊地块住宅项目 1#楼装饰工程

项目编码	011201001001	项目名称	墙面一般抹灰	计量单位	m²	工程量	5295.85

标段：1#　　　　第　页　共　页

清单综合单价组成明细

定额编号	定额项目名称	定额单位	数量	单价/元				合价/元			
				人工费	材料费	机械费	管理费和利润	人工费	材料费	机械费	管理费和利润
12-1+3×(12-5)	墙面抹灰 一般抹灰 内墙（14+6）mm 实际厚度（mm）：15mm	100m²	0.01	1253.86	827.01	60.8	442.37	12.54	8.27	0.61	4.42
12-22	墙面抹灰 装饰抹灰 打底 墙面界面剂	100m²	0.01	138.31	29.2	3.97	48.13	1.38	0.29	0.04	0.48
人工单价	127.98元工日	小　计						13.92	8.56	0.65	4.9
		未计价材料费									
		清单项目综合单价						28.03			

材料费明细	主要材料名称、规格、型号	单位	数量	单价/元	合价/元	暂估单价/元	暂估合价/元
	建筑胶	kg	0.051	1.28	0.07		
	水	m³	0.0139	5.41	0.08		
	干混界面砂浆 DIT M10	m³	0.0011	180	0.2		
	干混抹灰砂浆 DP M15	m³	0.0174	472.32	8.22		
	材料费小计				8.57	—	

表 C-8 总价措施项目清单与计价表

工程名称：＊＊地块住宅项目1#楼装饰工程　　　标段：1#　　　　　　第　页　共　页

序号	项目编码	项目名称	计 算 基 础	费率(%)	金额/元	调整费率（%）	调整后金额/元	备注
1	011707001001	安全文明施工费	分部分项安全文明施工费＋单价措施安全文明施工费		101551.16			
2		其他措施费（费率类）			46713.71			
2.1	011707002001	夜间施工增加费	分部分项其他措施费＋单价措施其他措施费	25	11678.43			
2.2	011707004001	二次搬运费	分部分项其他措施费＋单价措施其他措施费	50	23356.85			
2.3	011707005001	冬雨季施工增加费	分部分项其他措施费＋单价措施其他措施费	25	11678.43			
3		其他（费率类）						
	合　计				148264.87			

编制人（造价人员）：　　　　　　　　　　　　　　复核人（造价工程师）：

注：1. "计算基础"中安全文明施工费可为"定额基价""定额人工费"或"定额人工费＋定额机械费"，其他项目可为"定额人工费"或"定额人工费＋定额机械费"；

　　2. 按施工方案计算的措施费，若无"计算基础"和"费率"的数值，也可只填"金额"数值，但应在备注栏说明施工方案出处或计算方法。

表 C-9 规费、税金项目计价表

工程名称：＊＊地块住宅项目1#楼装饰工程　　　标段：1#　　　第 页 共 页

序号	项 目 名 称	计 算 基 础	计 算 基 数	计算费率 （%）	金额/元
1	规费	定额规费＋工程排污费＋其他	125913.07		125913.07
1.1	定额规费	分部分项规费＋单价措施规费	125913.07		125913.07
1.2	工程排污费				
1.3	其他				
2	增值税	不含税工程造价合计	2997361.37	9	269762.52
	合　　计				395675.59

编制人（造价人员）：　　　　　　　　　　　　　复核人（造价工程师）：

表 C-10　主要材料价格表

工程名称：＊＊地块住宅项目1#楼装饰工程　　　　　　　　　　第　页　共　页

序号	材料编码	材料名称	规格、型号等特殊要求	单位	数量	单价/元	合价/元
1	02090101	塑料薄膜		m²	53.269125	0.26	13.85
2	02270123	棉纱头		kg	0.8862	12	10.63
3	03010942	圆钉		kg	0.2208	7	1.55
4	03012789	膨胀螺栓	M12×120	套	37242.42	2.26	84167.87
5	03131971	石料切割锯片		片	0.267632	31.52	8.44
6	03131975	水砂纸		张	26.5144	0.42	11.14
7	03210355	钢丝网片		m²	7138.1305	9.23	65884.94
8	03210593@1	铁件	综合	kg	1.53024	5.009	7.66
9	04010107@1	白水泥		kg	12.654936	0.577	7.3
10	04010133	水泥	42.5	t	14.615981	418.11	6111.09
11	04090213@1	生石灰		t	5.182753	407.77	2113.37
12	04090406@1	粘土		m³	24.52743	38.83	952.4
13	05030105@1	板方材		m³	0.086784	1813.47	157.38
14	07050101	陶瓷地砖	综合	m²	92.1648	18.1	1668.18
15	09270116	玻璃纤维网格布（耐碱）		m²	49234.47924	2.05	100930.68
16	13030133	成品腻子粉		kg	1353.029832	0.7	947.12
17	13030237@1	聚氨酯防水涂膜	2mm厚	kg	4283.294456		
18	13030245	聚合物胶乳		kg	10763.75584	2.87	30891.98
19	13330105@2	SBS改性沥青防水卷材	4mm厚，Ⅱ型	m²	161.229881		
20	13350117@1	SBS弹性改性沥青防水胶		kg	40.323156	10.36	417.75
21	13350169	改性沥青嵌缝油膏		kg	8.333731	12	100
22	14330169	二甲苯		kg	199.38492	7	1395.69
23	14350193	隔离剂		kg	1.92	0.82	1.57
24	14350235	界面剂		kg	1601.42406	1.813	2903.38
25	14390137	液化石油气		kg	37.634946	5.15	193.82
26	14410191	建筑胶		kg	3799.811487	1.28	4863.76
27	14430175	塑料粘胶带	20mm×50m	卷	0.768	17.83	13.69
28	15130111@3	挤塑聚苯板	60mm厚，B1级	m²	7597.45368	34.813	264490.15
29	34090122	锯木屑		m³	0.53172	18	9.57
30	34110103	电		kW·h	10.604622	0.65	6.89

（续）

序号	材料编码	材料名称	规格、型号等特殊要求	单位	数量	单价/元	合价/元
31	34110117	水		m³	701.847161	5.41	3796.99
32	35010101@1	复合模板		m²	5.880768	23.73	139.55
33	35030163	木支撑		m³	0.096	1800	172.8
34	80070256	聚合物抗裂砂浆		kg	136555.54	1.382	188719.76
35	80070266	聚合物黏接砂浆		kg	41401.1569	1.382	57216.4
36	80210555	预拌混凝土	C15	m³	11.2615	459.55	5175.22
37	80210701	预拌细石混凝土	C20	m³	48.831985	483.82	23625.89
38	80210701@2	预拌细石混凝土	C15	m³	398.5056	459.55	183133.25
39	80010543	干混抹灰砂浆	DP M10	m³	401.049202	464.526	186297.78
40	80010543@1	干混抹灰砂浆	DP M15	m³	92.14779	472.32	43523.24
41	80010747	预拌地面砂浆（干拌）	DS M15	m³	136.611777	456.75	62397.43
42	80010811	胶黏剂DTA砂浆		m³	0.090392	497.85	45
43	80051251	干混界面砂浆	DIT M10	m³	26.977451	180	4855.94

参 考 文 献

[1] 闫瑾. 建筑工程计价 [M]. 北京：地震出版社，2004.

[2] 夏清东，刘钦. 工程造价管理 [M]. 北京：科学出版社，2004.

[3] 祁慧增. 工程量清单计价招投标案例 [M]. 郑州：黄河水利出版社，2007.

[4] 赵延军. 建筑装饰装修工程预算 [M]. 北京：机械工业出版社，2006.

[5] 柯洪，杨红雄. 工程造价计价与控制 [M]. 北京：中国计划出版社，2012.

[6] 但霞，何永萍. 建筑装饰工程预算 [M]. 北京：中国建筑工业出版社，2008.

[7] 肖伦斌，罗滔. 建筑装饰工程计价 [M]. 武汉：武汉理工大学出版社，2010.

[8] 代学灵，林家农. 建筑工程计量与计价 [M]. 郑州：郑州大学出版社，2007.

[9] 邢莉燕. 工程量清单的编制与投标报价 [M]. 济南：山东科学技术出版社，2005.

[10] 梁庚贺，王和平. 2004 年造价工程师继续教育培训教材 [M]. 天津：天津人民出版社，2004.

[11] 袁建新. 建筑装饰工程预算 [M]. 3 版. 北京：科学出版社，2013.

[12] 王永胜. 建设工程招标文件示范文本 [M]. 沈阳：东北大学出版社，2002.

[13] 中华人民共和国住房和城乡建设部. 房屋建筑与装饰工程消耗量定额：TY01—31—2015 [S]. 北京：中国计划出版社，2015.

[14] 林毅辉. 全国统一建筑装饰装修工程消耗量定额应用百例图解 [M]. 济南：山东科学技术出版社，2004.

[15] 中华人民共和国住房和城乡建设部，中华人民共和国国家质量监督检验检疫总局. 建设工程工程量清单计价规范：GB 50500—2013 [S]. 北京：中国计划出版社，2013.

[16] 中华人民共和国住房和城乡建设部，中华人民共和国国家质量监督检验检疫总局. 房屋建筑与装饰工程工程量计算规范：GB 50854—2013 [S]. 北京：中国计划出版社，2013.

[17] 中华人民共和国住房和城乡建设部. 建筑工程建筑面积计算规范：GB/T50353—2013 [S]. 北京：中国计划出版社，2013.